Brunngasse 36
CH-3011 Bern
www.ta-swiss.ch

TA-SWISS 80/2023

Martin Cames, Clemens Mader, Andreas Hermann, Andreas R. Köhler, Nadia Malinverno, Martin Möller, Björn Niesen, Claudia Som, Patrick Wäger

Chancen und Risiken von Methoden zur Entnahme und Speicherung von CO_2 aus der Atmosphäre

Empfehlungen aufgrund der Analyse des Wissen-standes und einer systematischen Befragung von Fachleuten in der Schweiz

vdf

Bibliografische Information der Deutschen Nationalbibliothek
Die Deutsche Nationalbibliothek verzeichnet diese Publikation in der Deutschen Nationalbibliografie; detaillierte bibliografische Daten sind im Internet über http://dnb.dnb.de abrufbar.

Zitiervorschlag
Cames, M., Mader, C., Hermann, A., Köhler, A. R, Malinverno, N., Möller, M., Niesen, B., Som, C., Wäger, P. (2023):
Chancen und Risiken von Methoden zur Entnahme und Speicherung von CO_2 aus der Atmosphäre. Empfehlungen aufgrund der Analyse des Wissenstandes und einer systematischen Befragung von Fachleuten in der Schweiz.
TA-SWISS Publikationsreihe (Hrsg.): TA 80/2023. Zürich: vdf.

Coverabbildungen:
© Links: Sandra Ósk Snæbjörnsdóttir, https://de.wikipedia.org/wiki/CarbFix (Image of calcite formed in basalt due to CO_2-charged water-rock interaction at the CarbFix site)
© Rechts: https://climeworks.com/

Icons (S. 120–123, 162, 206–207): © Hannes Saxer, Bern

ISBN 978-3-7281-4152-1 (Printausgabe)

Download open access:
ISBN 978-3-7281-4153-8 / DOI 10.3218/4153-8

www.vdf.ethz.ch
verlag@vdf.ethz.ch

Inhaltsverzeichnis

Abbildungsverzeichnis

Tabellenverzeichnis

Abkürzungen

Abkürzung	Erläuterung
BAFU	Bundesamt für Umwelt
BECCS	Bioenergienutzung mit CO_2-Abscheidung und -Speicherung
BG	Begleitgruppe
BLW	Bundesamt für Landwirtschaft
CCS	Carbon Capture and Storage; CO_2-Abscheidung und -Speicherung
CCU	Carbon Capture and Utilization; CO_2-Abscheidung und -Nutzung
CDM	Clean Development Mechanism
CO_2	Kohlendioxid
CO_2eq	Kohlendioxidäquivalent
DACCS	Direct Air Carbon Capture and Storage; direkte CO_2-Abscheidung und -Speicherung
EBC	European Biochar Certificate
EHS	Emissionshandelssystem
HWP	Harvested Wood Products
ILUC	Indirect Land Use Change
IPCC	Intergovernmental Panel on Climate Change; Weltklimarat
LCA	Lebenszyklusanalyse; Life Cycle Assessment
LOTA	Landscape of Opinions for Technology Assessment
MRV	Monitoring, Reporting and Verification
MWh	Megawattstunden
NE	Negativemissionen
NET	Negativemissionstechnologien
PSM	Pflanzenschutzmittel
SDG	Sustainable Development Goals
SOC	Soil Organic Carbon

Abkürzung	Erläuterung
THG	Treibhausgas
THGI	Treibhausgasinventar
TRL	Technology Readiness Level
UN	United Nations
UNFCCC	United Nations Framework Convention on Climate Change
UVEK	Eidgenössisches Departement für Umwelt, Verkehr, Energie und Kommunikation
VBSA	Verband der Betreiber schweizerischer Abfallverwertungsanlagen
VVEA	Verordnung über die Entsorgung und die Vermeidung von Abfällen

Zusammenfassung

Um die weltweiten langfristigen Klimaziele zu unterstützen und einen Beitrag zur Beschränkung der globalen Erwärmung auf 1,5 °C zu leisten, hat der Bundesrat am 28. August 2019 beschlossen, die Treibhausgasemissionen (THG) bis spätestens 2050 auf netto null zu reduzieren. Das bedeutet, dass die THG-Emissionen aus Quellen in der Schweiz bis zu diesem Zeitpunkt im Gleichgewicht mit verfügbaren THG-Senken stehen müssen. Dieses Ziel soll in erster Linie dadurch erreicht werden, dass der Verbrauch fossiler Energieträger auf ein Minimum reduziert wird. Verbleibende, z. T. schwer vermeidbare Emissionsquellen (z. B. Landwirtschaft und Zementproduktion) sollen durch negative Emissionen ausgeglichen werden. Durch Methoden zur CO_2-Entnahme aus der Atmosphäre und -Speicherung (im Folgenden Negativemissionstechnologien [NET] genannt) soll der Atmosphäre CO_2 entnommen und dauerhaft gespeichert werden.

Ausgangslage

Vor diesem Hintergrund wurden in einer inter- und transdisziplinär angelegten Studie die Chancen und Risiken von fünf für die Schweiz und ihre Bevölkerung relevanten NET auf Basis eines partizipativen Methodenzugangs evaluiert: Waldmanagement und Holzverwendung, Bodenmanagement und Pflanzenkohle, Bioenergienutzung mit CO_2-Abscheidung und -Speicherung (BECCS), direkte CO_2-Abscheidung aus der Luft und -Speicherung (DACCS) sowie Carbonatisierung (beschleunigte Verwitterung). Damit soll eine kompetente und faktenbasierte gesellschaftliche Debatte über die Nutzung von NET sowie ein nachhaltiger Umgang mit den untersuchten NET in der Schweiz ermöglicht werden.

Negativemissionstechnologien (NET)

Waldmanagement und Holzverwendung: CO_2-Bindung und Speicherung in Biomasse in Form von Holz durch Fotosynthese mittels Waldmanagement (Aufforstung, natürliche Wiederbewaldung und Waldbewirtschaftung) und Holzverwendung.

Bodenmanagement und Pflanzenkohle: CO_2-Bindung und -Speicherung in Form von komplexen Kohlenstoffverbindungen (Humus oder Pflanzenkohle) mittels gezielten Bodenmanagements (z. B. Ansätze der konservierenden Landwirtschaft oder Agroforstsysteme).

BECCS: Die Bioenergienutzung mit CO_2-Abscheidung und -Speicherung (BECCS) ist eine Kombination aus energetischer Nutzung von Biomasse und anschliessender CO_2-Abscheidung aus dem Abgas und -Speicherung.

DACCS: Die direkte CO_2-Abscheidung und -Speicherung (DACCS) ist eine Technologie, mit der CO_2 mittels eines Sorptionsmittels aus der Umgebungsluft abgeschieden und anschliessend in Speichern einlagert wird.

Carbonatisierung: Mit der technisch beschleunigten Carbonatisierung von zementhaltigen Produkten wie Beton oder von Silicatgestein kann CO_2 in mineralischer Substanz gebunden und damit dauerhaft aus der Atmosphäre entfernt werden.

Alle NET sind vorerst noch mit grossen technischen, ökonomischen und politischen Herausforderungen verbunden, die in den nächsten Jahren gelöst werden müssen, damit sie den derzeit geplanten Beitrag zum Netto-Null-Ziel im Jahr 2050 leisten können. Keine der NET ist ohne Risiken, weder in technisch-ökonomischer noch in sozial-ökologischer Hinsicht. Insofern muss von vornherein darauf geachtet werden, dass diese Risiken durch eine adäquate und umfassende Regulierung (Monitoring, Grenzwerte, Haftung etc.) soweit möglich minimiert werden. Allerdings sind die durch den Klimawandel induzierten Risiken ungleich grösser, sodass ein Teil der Risiken der NET im Rahmen einer Risikoabwägung akzeptiert werden muss.

Neben den Risiken gibt es sowohl Konkurrenz um Ressourcen (Boden, Biomasse, erneuerbare Energie, Speicherkapazität etc.) wie auch Synergien (Kaskadennutzung Biomasse, erneuerbare Wärme etc.) zwischen den einzelnen NET, aber auch zwischen NET und anderen Industriesektoren. Da die NET in absehbarer Zeit noch nicht marktreif sind, muss die effiziente Allokation der Ressourcen und die systematische Mobilisierung der Synergien durch eine vorausschauende Koordination und Planung seitens der verantwortlichen Akteure (Bund, Kantone, Industrie etc.) gewährleistet werden.

Die Potenzial- und Kostenschätzungen sind mit beträchtlichen Unsicherheiten behaftet, zum Teil auch, weil die technischen, geografischen oder zeitlichen Abgrenzungen in den verschiedenen Studien voneinander abweichen. Alles in allem zeigt die Analyse dennoch, dass keine der NET ein Allheilmittel darstellt, mit dem die gesamten unvermeidbaren Emissionen der Schweiz ausgeglichen werden könnten. Dies bestätigt auch die Analyse der Meinungslandschaften: Keine der Stakeholdergruppen sieht eine spezifische NET als die allein entscheidende Lösung an. Vielmehr betrachten die Stakeholder eine gemeinsame Umsetzung in Form eines spezifischen «Swiss Mix» als notwendig für die Schweiz. Wie dieser Swiss Mix zusammengesetzt sein soll, hängt von der weiteren technologischen Entwicklung, der politischen Umsetzung in der Schweiz und in Europa sowie der gesellschaftlichen Transformation ab. Die Stakeholder sind sich einig, dass die NET kein «Weiter-wie-bisher» ermöglichen werden und dass ihre gesellschaftlichen Risiken und Kosten umso geringer ausfallen dürften, je schneller und besser es gelingt, die THG-Emissionen zu reduzieren.

Zielsetzung und Methodik

Die Studie soll einen Beitrag dazu leisten, die gesellschaftliche Debatte über die Nutzung von NET in der Schweiz kompetent und faktenbasiert führen zu können, sowie generell eine ökologisch, ökonomisch und gesellschaftlich nachhaltige und effiziente Entwicklung der untersuchten NET ermöglichen.

Zu diesem Zweck wurden Faktenblätter zu den einzelnen NET entwickelt, aufgrund einer Onlinebefragung Meinungslandschaften analysiert, gezielte Tiefeninterviews geführt und ein Stakeholderworkshop durchgeführt. Auf dieser Basis hat das Projektteam daraufhin detaillierte Empfehlungen für die zukünftige Nutzung der einzelnen NET sowie für die Nutzung der NET in der Schweiz insgesamt erarbeitet.

Negativemissionstechnologien

Während einige der für NET notwendigen Prozesse und Technologien bereits weit entwickelt oder sogar Jahrhunderte alte Praxis sind (z. B. die nachhaltige Waldbewirtschaftung), stehen andere noch am Anfang ihrer technologischen Entwicklung und werden erst in wenigen Anlagen im industriellen Massstab angewendet (z. B. DACCS). Damit NET den angestrebten Ausgleich von schwer vermeidbaren Emissionen erbringen können, muss neben der Entwicklung der einzelnen Prozessschritte auch das Zusammenwirken aller Prozesse in der gesamten Prozesskette einschliesslich Infrastruktur, Logistik etc. erprobt und optimiert werden. Dies könnte – wie beispielsweise die Entwicklung der erneuerbaren Energien seit der Jahrtausendwende gezeigt hat – im Rahmen einer zunehmenden NET-Nutzung vor allem durch ein systematisches und partizipatives Learning-by-Doing ermöglicht werden.

Zwar gibt es grosse Unterschiede bei den spezifischen Minderungskosten zwischen den verschiedenen NET sowie grosse Bandbreiten innerhalb der NET, aber abgesehen von einigen kostengünstigen Nischen liegen die Minderungskosten der NET derzeit meist deutlich über dem aktuellen Preisniveau im europäischen Emissionshandelssystem. Insofern wird eine ganze Palette von politischen Instrumenten benötigt (Forschungsförderung, Subventionen für Investition und/oder Betrieb, Standards, öffentliche Beteiligung etc.), um die Anwendung der NET zu beschleunigen und dabei das technologische Lernen zu ermöglichen, durch das die spezifischen Minderungskosten gesenkt und die NET mittelfristig zur Marktreife geführt werden können.

Meinungsvielfalt und Wirkungskategorien

Mittels der erstmals angewandten Onlinebefragungsmethodik LOTA (Landscape of Opinions for Technology Assessment) wurden Meinungslandschaften generiert. Diese stellen dar, wie die Stakeholder (Fachleute aus Wirtschaft, Wissenschaft und öffentlicher Verwaltung oder von NGOs) Chancen und Risiken der NET in Bezug auf neun globale Zielstellungen (z. B. gesunde Umwelt, Wohlstand, Gleichberechtigung, Sicherheit und Frieden) einschätzen. Daraus lassen sich folgende Erkenntnisse ziehen:

- Beschreibung von **Meinungsgruppen, die eine bestimmte NET als chancen- oder risikoreich sehen oder als ambivalent einschätzen:** Bei der Analyse aller NET gibt es stark ambivalente Gruppen, die sowohl auf Chancen wie auch auf Risiken hinweisen. Dies zeigt zum einen die reflektierte Einstellung der befragten Stakeholder, zum anderen ist es ein Indiz für die vielen noch offenen Fragen, die mit der Nutzung der NET verbunden sind. Für die Stakeholder erfolgt der Einsatz der NET weitgehend noch im Kontext ungewisser Szenarien; er kann somit je nach der technologischen, politischen und gesellschaftlichen Entwicklung mit Chancen oder Risiken behaftet sein.
- **Die zweitgrösste Meinungsgruppe besteht aus Stakeholdern, die die Technologien als eher chancenreich für die oben erwähnten primären globalen Zielstellungen betrachten.** In dieser Gruppe finden sich Vertreterinnen und Vertreter aus allen Stakeholdergruppen, insbesondere aber aus der Wirtschaft.
- **Aufzeigen globaler Ziele, die durch die jeweiligen NET besonders beeinflusst werden:** Gesunde Umwelt, Wohlstand und Erfüllung der Grund-

bedürfnisse sind aus Sicht der Stakeholder die drei der insgesamt neun globalen Ziele, auf die der Einsatz der NET den stärksten Einfluss ausüben dürfte.

- **Identifizierung der wesentlichen Chancen- oder Risikofaktoren, welche die Wirkung der einzelnen NET beeinflussen (Wirkungskategorien):** Die Stakeholder ordneten den NET nicht nur Chancen oder Risiken zu, sondern lieferten auch vertiefte Begründungen für diese Zuordnung. Diese Begründungen wurden in 23 Wirkungskategorien zusammengefasst. Sie stellen relevante Einflussfelder der NET auf die globalen Ziele dar.
- Die Stakeholderanalysen sowie die von den befragten Meinungsgruppen identifizierten Wirkungskategorien gaben den Impuls für die Entwicklung und Strukturierung der Empfehlungen. Die aus der Stakeholderbefragung gewonnenen Meinungslandschaften können zudem die Diskursgestaltung bei der Umsetzung der Empfehlungen unterstützen.

Empfehlungen

Diese Studie enthält Empfehlungen für die Finanzierung von NET, die (Weiter-) Entwicklung von Regelungen, Standards, Definitionen und Methoden (Systemgrenzen, Monitoring, Accounting, Permanenz, Emissionsfaktoren etc.), Empfehlungen für die Fortbildung und Schulung von involvierten Akteuren (z. B. Landwirte und Landwirtinnen) und die Etablierung von Reallaboren. Dazu kommen Empfehlungen zur vorausschauenden Koordinierung und Planung zwischen Regionen (Kantone und Gemeinden) oder verschiedenen Akteursgruppen (Forstwirtschaft, Baugewerbe etc.), für die Weiterentwicklung des Wissensstandes hinsichtlich der NET (Langzeitwirkungen, Minderungspotenzial, Kosten etc.) sowie Empfehlungen zur (Weiter)Entwicklung von Strategien (z. B. Biomasse) und Zielen (z. B. getrennt für NET und THG-Minderung), aber auch die Empfehlung, bestimmte Optionen nicht zu verfolgen (z. B. keine Förderung von grossflächigen DACCS-Anlagen im Inland, keine Nutzung von Silicatgestein).

Allgemeine Empfehlungen

NET-übergreifend wird eine Multistakeholder-NET-Taskforce empfohlen. Um die Entwicklung und die Umsetzung aller NET fördern zu können, bedarf es einer Strategie für begrenzte Ressourcen, einer Finanzierungsstrategie und einer Koordination der Forschungsprogramme zu NET. Um den Bewertungsrahmen für die NET zu stärken, wird empfohlen, die in der CO_2-Verordnung verankerte Permanenz von 30 Jahren CO_2-Speicherung zu hinterfragen, Accounting- und Monitoringmethoden für die einzelnen NET zu entwickeln und getrennte Ziele für die Emissionsreduktion und die Menge an NE festzulegen. Um die Kommunikation und die Partizipation zu verbessern, soll die Öffentlichkeit durch eine faktenbasierte, konsistente und nachvollziehbare Darstellung der NET informiert werden.

Waldmanagement und Holzverwendung

Ein geeigneter Bewertungsrahmen für Waldmanagement und Holzverwendung bedarf einer verifizierbaren Regelung der Berechnungsmethoden für das NET-Accounting und einer Grundlage für eine Lebenszyklusanalyse (LCA) zur gesamten Kaskade. Es wird zudem empfohlen, den letzten Schritt der kaskadenartigen Nutzung von Holz zu regeln und die Kostenanalyse für das Waldmanagement und die Holzverwendung zu konkretisieren, um die Chancen und Risiken besser zu verstehen und zu adressieren. Für die Entwicklung und Umsetzung von Waldmanagement und Holzverwendung wird empfohlen, eine Biomassestrategie für die Schweiz zu erarbeiten.

Bodenmanagement und Pflanzenkohle

Für Bodenmanagement und Pflanzenkohle bedarf es eines geeigneten Monitorings und Berechnungsmethoden für das NET-Accounting. Um die Kommunikation und Partizipation zu fördern, wird empfohlen, Landwirtinnen und Landwirte über die Aspekte der verschiedenen CO_2-Senken im Rahmen der Bodenmanagementmassnahmen zu informieren. Darüber hinaus wird empfohlen, die Senkenleistung von Pflanzenkohle über einen Grundbucheintrag zu diskutieren. Um die Chancen und Risiken dieser NET besser zu verstehen, sollen die Langzeitwirkungen von Pflanzenkohle erforscht, deren Mengen- und Materialeinsatz debattiert und Verwertungspfade von Pflanzenkohle analysiert und geregelt werden.

Bioenergienutzung mit CO_2-Abscheidung und -Speicherung (BECCS)

Die Hochskalierung dieser NET ist durch die verfügbare Biomasse in der Schweiz limitiert. Deshalb wird die energetische Nutzung von inländischen biogenen Rest- oder Abfallstoffen, aber keine Nutzung von Anbaubiomasse empfohlen. Ausserdem ist BECCS eher bei bestehenden Anlagen einzusetzen und es sollen Investitionsanreize durch die Integration in bestehende Regelungen (z. B. CO_2-Abgabe) oder durch die Schaffung eines separaten Marktes geschaffen werden. Bei der Planung von grossskaligen Infrastrukturen für CO_2-Transport und Speicherung sollte die Wahrnehmung von Chancen und Risiken seitens aller betroffenen Bevölkerungsgruppen berücksichtigt werden.

Direkte CO_2-Abscheidung aus der Luft und -Speicherung (DACCS)

Von der staatlichen Förderung einer grossflächigen Implementierung von DACCS-Anlagen mit zugehörigen Infrastrukturen für CO_2-Transport und -Speicherung im Inland wird abgeraten. Der Einsatz von Fördermitteln für eine gezielte Weiterentwicklung der Technologie und deren Demonstration wird jedoch für sinnvoll erachtet. Für den Ausbau der DACCS-Technologie sollten Standorte im Ausland priorisiert werden, an denen sowohl erneuerbare Energie als auch CO_2-Speicher zur Verfügung stehen. Im Zuge der Planung von DACCS-Anlagen im Inland wie im Ausland empfiehlt sich eine innovationsbegleitende Chancen- und Risikobewertung unter Einbezug der betroffenen Bevölkerungsgruppen. Hierzu bietet sich die Methode der Reallabore an. Zudem sollten international einheitliche Reporting- und Qualitätsstandards sowie auch Anrechnungsmethoden zu CO_2-Zertifikaten für die DACCS-Technologie erarbeitet werden.

Carbonatisierung

Hinsichtlich dieser NET wird zunächst empfohlen, als Speichermaterial nur Abbruchbeton und keine natürlichen Gesteine zu verwenden. Die Carbonatisierung sollte ausschliesslich in kontrollierten technischen Anlagen erfolgen. Es bedarf einer Regelung der Berechnungsmethoden von in Abbruchbeton fixierbaren CO_2-Mengen und eine Festlegung der Systemgrenze für die Ausstellung von CO_2-Zertifikaten. Ausserdem wird empfohlen, die grossskalige Carbonatisierung von Abbruchbeton und die Verwendung der carbonatisierten Produkte in der Baulogistik einzuplanen.

Schlussfolgerungen und Ausblick

Für die Implementierung der NET ist die Mitwirkung von verschiedenen Akteuren vor allem aus Regierung und Verwaltung (Bund, Kantone, Gemeinden) sowie aus der Wissenschaft und den Unternehmen erforderlich. Da die NET einen wichtigen Beitrag zum Netto-Null-Ziel der Schweiz erbringen sollen, steht der Bund hinsichtlich ihrer Weiterentwicklung und Implementierung in besonderer Verantwortung. Wenn die involvierten Akteure konstruktiv zusammenarbeiten und die Empfehlungen zeitnah umgesetzt werden, besteht die Chance, dass die NET den angestrebten Beitrag zur Erreichung des Schweizer Netto-Null-Ziels in 2050 erbringen können.

Das Netto-Null-Ziel der Schweiz bis 2050 steht im Einklang mit dem Ziel des globalen Klimaabkommens. Die Reduktion der THG-Emissionen hat in diesem Zusammenhang klare Priorität, und auch die langfristige Klimastrategie des Bundesrates bekennt sich zum Vorrang der Emissionsvermeidung. Der Einsatz von NET als ergänzende Option zur Erreichung des Netto-Null-Ziels soll nicht von den Anstrengungen zur Emissionsvermeidung ablenken. Im politischen Diskurs mitzudenken sind auch die gesamtgesellschaftlichen Kosten und Risiken der Klimaerhitzung, die im Falle einer Nichtrealisierung des angestrebten NE-Beitrags von der Bevölkerung getragen werden müssten.

Vor diesem Hintergrund sollten folgende Fragen breit diskutiert und beantwortet werden:

- Wie viele THG-Restemissionen will sich die Schweiz in Zukunft noch «leisten» und was bedeutet «schwer vermeidbar» im Zusammenhang mit verbleibenden THG-Restemissionen?
- In Anbetracht der Feststellung, dass die NET keine schnell verfügbare Lösung darstellen und auch die Zielgrössen der Entnahme eher optimistisch erscheinen, stellt sich die Frage: Sollten nicht ehrgeizigere Reduktionsziele als die heute geplanten umgesetzt werden?
- Einerseits ist es ratsam, die Forschung und Entwicklung der NET aus Steuermitteln des Bundes mitzufinanzieren, um sie möglichst schnell zur Anwendungsreife zu bringen. Andererseits gilt es aber auch, eine verursachergerechte Finanzierung der Implementierungs- und Betriebskosten der NET und der CO_2-Speicherung zu gewährleisten. Wie sollen in diesem Spannungsfeld die Entwicklung und Implementierung der Technologien finanziert werden?
- Was soll und muss nach 2050 geschehen, wenn zur Stabilisierung des Klimas weitere Senkungen der THG in der Atmosphäre notwendig werden (netto-negativ)?

Die genaue Ausgestaltung und Implementierung der NET zur Zielerreichung in der Schweiz ist nicht vordefiniert, sondern bleibt abhängig von der technologischen Entwicklung sowie einer gesellschaftlichen und (grenzüberschreitend) politischen Aushandlung (Synergien zwischen Ländern und Stakeholdern). Teil dieses komplexen Prozesses werden Interessenkonflikte sein, beispielsweise hinsichtlich der Nutzung begrenzter Ressourcen wie Biomasse, Wasser, Land und erneuerbare Energien. Aber auch aus den Prozessen der technologischen und sozialen Innovationen werden sich neue Herausforderungen und neue Lösungswege ergeben. Es wird darauf ankommen, diese Innovationen anhand der in diesem Bericht entwickelten Empfehlungen und Massnahmen regelmässig zu reflektieren.

Summary

Translation: Keith Hewlett, Transcripta AG, Zug

In order to support the global, long-term climate goals and contribute towards the limitation of global warming to 1.5° C, on 28 August 2019 the Federal Council adopted a resolution aimed at reducing greenhouse gas emissions to net zero by 2050. This means that, by 2050, greenhouse gas emissions from sources in Switzerland must be in equilibrium with available greenhouse gas sinks. This target is primarily to be achieved by minimising the consumption of fossil fuels. With respect to the remaining emission sources that will still be more or less unavoidable (e.g. from the agriculture sector and the cement production industry), the objective is to offset them through negative emissions. With the aid of methods such as carbon capture and storage (methods that are collectively referred to in this report as negative emission technologies), the objective is to extract CO_2 from the atmosphere and permanently store it.

Background

Against this backdrop, the opportunities and risks for Switzerland and its population regarding five negative emission technologies of relevance for Switzerland were evaluated in an inter- and transdisciplinary study on the basis of a participatory methods approach: forest management and utilisation of wood; soil management and biochar; use of bioenergy with carbon capture and storage (BECCS); direct air capture and carbon sequestration (DACCS); and carbonation (accelerated weathering). The intention is to facilitate a knowledgeable and fact-based social debate on the use of negative emission technologies and foster a sustainable approach to the technologies examined in Switzerland.

Negative emission technologies

Forest management and utilisation of wood: CO_2 capture and storage in biomass in the form of wood through photosynthesis by means of forest management (afforestation, natural reforestation and forest cultivation) and utilisation of wood.

Soil management and biochar: CO_2 capture and storage in the form of complex carbon compounds by means of targeted soil management (e.g.

conservation agriculture concepts or agriforestry systems) as humus or biochar.

Bioenergy with carbon capture and storage (BECCS): Use of bioenergy with carbon capture and storage is a combination of the use of biomass for energy production with subsequent capture and storage of carbon from the waste gas.

Direct air capture and carbon sequestration (DACCS): This is a technology by means of which carbon is captured from the ambient air with the aid of a sorbent and is subsequently sequestrated.

Carbonation: With the aid of accelerated carbonation of cementitious products such as concrete or silicate rock, CO_2 can be bound in a mineral substance and thus permanently removed from the atmosphere.

All negative emission technologies are still associated with major technical, economic and political challenges that will have to be overcome in the next few years so that the technologies concerned will be able to make the currently planned contribution towards the 2050 net-zero target. None of the negative emission technologies are entirely free of risk, either in a techno-economic or a socio-ecological dimension. It is therefore necessary to minimise the associated risks as far as possible with the aid of effective and comprehensive regulation (monitoring, limit levels, liability, etc.). Furthermore, the risks induced in the context of climate change are disproportionately greater, and in view of this some of those associated with negative emission technologies have to be accepted when performing a risk assessment.

In addition to risks there is also the problem of competition for resources (land, biomass, renewable energy, storage capacity, etc.), as well as synergies (cascaded use of biomass, renewable heat, etc.) between the individual negative emission technologies, as well as with other industry sectors. In view of the fact that negative emission technologies will continue to operate outside the scope of market-induced signals in the foreseeable future, it will be necessary to secure the efficient allocation of the resources and the systematic mobilisation of the synergies through forward-looking planning and coordination among the various involved players (federal government, cantons, industry, etc.).

Estimating the potentials and costs is associated with considerable uncertainties, partly because the technological, geographic and temporal delimitations often vary in the existing studies. Overall, the analysis shows that none of the negative emission technologies can deliver a universal remedy by means of which Switzerland's entire quantity of unavoidable emissions could be offset. And the analysis of the views of the various stakeholders confirms this: none of them regard a specific negative emission technology as the sole decisive solution. In their view, the application of the various technologies in the form of a "Swiss mix" is the answer. However, the composition of this "Swiss mix" depends on future technological development, implementation at the political level in Switzerland and Europe, and the transformation of society. The stakeholders share the view that negative emission technologies will not facilitate a "business as usual" scenario, and that the risks and costs for society will lessen in line with the pace and magnitude of the reduction of greenhouse gas emissions.

Objectives and methodology

The objectives of the study are to foster knowledgeable and fact-based social debate on the application of negative emission technologies in Switzerland, and in general to facilitate an ecologically, economically and socially sustainable and efficient development of the examined technologies.

For this purpose, detailed recommendations were formulated by the project team for the future use of individual negative emission technologies and for their application in Switzerland in particular, based on the development of fact sheets, an analysis of the input from stakeholders collected in an online survey, in-depth interviews and a stakeholders workshop.

Negative emission technologies

While some of the necessary processes and methods for negative emission technologies are already well developed or in some cases have been in use for centuries (e.g. sustainable forest management), others are still in their early stage of development and are initially being applied in new facilities on an industrial scale (e.g. DACCS). In order for negative emission technologies to achieve the targeted compensation of emissions that remain very difficult to avoid, it will be necessary not only to develop the individual process steps, but also to trial and optimise the interaction between all involved processes in the chain, including infrastructure, logistics, etc. As the development of renewable energy forms since the turn of the millennium has demonstrated, this could above all be facilitated with the aid of a systematic and participatory "learning by doing" process within the scope of increasing use of the various negative emission technologies.

There are significant discrepancies in terms of specific reduction costs between the various negative emission technologies, as well as large bandwidths within the technologies, but – with the exception of some specific cost-efficient niches – the reduction costs associated with these technologies are generally well above the current price level in the European Emissions Trading System. Thus a comprehensive range of policy instruments will be required (promotion of research, subsidies for investment and/or operation, standards, public participation, etc.) in order to speed up the use of negative emission technologies and thus facilitate "technological learning", by means of which the specific reduction costs can be lowered and the various technologies can be brought onto the market in the medium term.

Diversity of opinions, impact categories

Thanks to the first-time use of an online survey method called Landscape of Opinions for Technology Assessment (LOTA), it was possible to produce a kind of map depicting the views of the various stakeholders. The resulting product shows how economists, scientists, representatives of non-governmental organisations and public administrations assess the opportunities and risks associated with negative emission technologies for achieving global objectives (e.g. a healthy environment, well-being, equality, peace and security). Through the application of this method it was possible to obtain the following findings:

- Description of **opinion groups that regard the respective negative emission technologies as promising, risky or both:** In the analysis, there are strongly ambivalent groups that envisage both opportunities and risks in all negative emission technologies. On the one hand this indicates the views of the participating stakeholders, while on the other hand it points to the diverse pending issues associated with the use of negative emission technologies. These stakeholders still see the application of these technologies in the context of uncertain scenarios. Depending on the technological, political and social development, the use of individual technologies can give rise to opportunities as well as risks.
- **The second largest opinion group concerns those stakeholders who tend to regard the technologies as promising for the declared primary global targets.** This opinion group, too, includes representatives of all stakeholder groups, with economists as the most pronounced group.

- **Identification of the global objectives that are especially influenced by the respective negative emission technologies:** For the stakeholders, a healthy environment, well-being and fulfilment of basic needs are the three global objectives out of the total of nine that are the most strongly influenced through the application of negative emission technologies.
- **Formulation of impact categories that represent significant opportunity or risk factors for the negative emission technologies:** When they classified negative emission technologies as opportunity or risk, the stakeholders also indicated the grounds for their classification. These were then summarised in a total of 23 impact categories, which in turn represent relevant fields of influence of the various technologies on the global targets.
- The analysis of the opinion groups and impact categories formed the basis for the development and starting point for the formulation of the recommendations. In addition, the resulting "landscape" of opinions can be used as an indicator for integrating stakeholders at the implementation stage.

Recommendations

This study contains recommendations for the financing of negative emission technologies, the (further) development of regulations, standards, definitions and methods (system boundaries, monitoring, accounting, permanence, emission factors, etc.), as well as for the training and further education of the involved players (e.g. farmers) and for real-world laboratories. It also contains recommendations regarding forward-looking planning and coordination between regions (cantons and municipalities) or various groups of players (e.g. from the forestry and construction sectors), as well as for the further development of the status of knowledge regarding negative emission technologies (long-term impacts, reduction potential, costs, etc.) and for the (further) development of strategies (e.g. use of biomass) and targets (e.g. separately for negative emission technologies and reduction of greenhouse gases), plus recommendations concerning options that should not be pursued (e.g. no promotion of large-scale DACCS facilities in Switzerland; no use of silicate rock).

General recommendations

The formation of a comprehensive multi-stakeholder task force is recommended. In order to ensure the promotion of the development and implementation of all negative emission technologies, there is a need for a strategy for limited resources, a financing strategy and the coordination of research programmes for these technologies. In order to strengthen the evaluation framework for negative emission technologies, it is recommended to question the 30-year duration of CO_2 storage specified in the Federal CO_2 Ordinance, to develop the accounting and monitoring methods for the individual negative emission technologies, and to define separate targets for the reduction of emissions and the quantity of negative emissions. In order to improve communication and encourage participation, it is important to provide the public with fact-based, consistent and comprehensible information about the various negative emission technologies.

Forest management and utilisation of wood

To provide a suitable evaluation framework for forest management and utilisation of wood, a verifiable regulation of the calculation method for negative emission technologies accounting is required, plus a basis for a life cycle analysis for the entire cascade. It is also recommended to regulate the final step in the cascaded use of wood and to define the cost analysis for forest management and the utilisation of wood in order to better understand and address the opportunities and risks. For the development and implementation of forest management and utilisation of wood it is recommended to formulate a biomass strategy for Switzerland.

Soil management and biochar

For soil management and biochar, a suitable monitoring system and a calculation method for the accounting of negative emission technologies are required. For the promotion of communication and participation it is recommended to inform farmers within the scope of soil management measures about various aspects of carbon sinks. It is also recommended to discuss the sink capacity for biochar via an entry in the land register. To be able to better understand this negative emission technology, the long-term effects of biochar should be researched, a debate should be held concerning the usable quantity and material, and the utilisation options should be researched and regulated.

Bioenergy with carbon capture and storage (BECCS)

Upscaling this negative emission technology is limited in Switzerland by the quantity of available biomass. For this reason, the use of domestic biogenic residual or waste substances for energy production is recommended, but not the use of cultivated biomass. BECCS should primarily be used in existing facilities, and investment incentives should be created through its integration into existing regulatory instruments (e.g. the federal CO_2 levy) or the creation of a separate market. For the planning of large-scale infrastructure for CO_2 transport and storage, it is important to take account of the perception of the opportunities and risks among all involved population groups.

Direct air capture and carbon sequestration (DACCS)

State support for a large-scale implementation of DACCS facilities with the associated infrastructure for CO_2 transport and storage in Switzerland is not recommended. However, the use of funding for a targeted further development of the technology and its demonstration is regarded as expedient. For the expansion of DACCS technology, priority should be given to locations abroad where both renewable energy and CO_2 storage facilities are available. In the course of the planning of DACCS facilities both in Switzerland and abroad, it is recommended to carry out an innovation-supported evaluation of opportunities and risks, with the inclusion of the involved population groups. For this purpose, the real-world laboratories method would be suitable. In addition, internationally uniform reporting and quality standards and imputation methods for CO_2 certificates for DACCS technology should be developed.

Carbonation

For this technology, it is initially recommended to use demolition concrete instead of natural rock. Carbonation should only take place in controlled technical facilities. This technology requires regulation of the calculation methods for fixable quantities of CO_2 in demolition concrete, and a definition of the system boundary for imputation for CO_2 certificates. It is also recommended to incorporate the large-scale carbonation of demolition concrete and the use of carbonated products into the logistics of the construction industry.

The implementation of this technology calls for the involvement of various players, especially from the public sector (federal government, cantons, municipalities), but also from the private sector (scientists, companies). Because negative emission technologies are intended to make a significant contribution towards Switzerland's declared net-zero target, the federal government bears special responsibility for the further development and implementation of the various technologies. If the involved players work constructively together and the recommendations are implemented without delay, there is a good chance that the negative emission technologies will be able to help Switzerland achieve its declared net-zero target in 2050.

Conclusions and outlook

The implementation of negative emission technologies calls for the involvement of various players, especially from the public sector (federal government, cantons, municipalities), but also from the private sector (scientists, companies). Because negative emission technologies are intended to make a significant contribution towards Switzerland's net-zero target, the federal government bears special responsibility for the further development and implementation of the various technologies. If the involved players work constructively together and the recommendations are implemented without delay, there is a good chance that the negative emission technologies will be able to help Switzerland achieve its declared net-zero target in 2050.

Switzerland's target of net-zero emissions by 2050 is in line with the objective of the global climate agreement. In this context, the reduction of greenhouse gas emissions is of the highest priority, and the Federal Council's long-term climate strategy also prioritises the avoidance of these emissions. The application of negative emission technologies as a complementary option for achieving the net-zero target should not be allowed to divert attention from the efforts aimed at preventing emissions. In the political discourse, it is important to take account of the overall social costs and the risks of climate warming which would have to be borne by the population in the event that the targeted contribution of the negative emission technologies should not be realised.

Against this backdrop, the following questions should be discussed and answered in the future:

- What residual quantity of greenhouse gas emissions will Switzerland still produce in the future, and what does the term "difficult to avoid" mean in the context of residual greenhouse gas emissions?

- The fact that the negative emission technologies cannot offer a readily available solution and the capture targets appear to be optimistic raises the question whether more ambitious reduction targets should be implemented than those currently planned.
- On the one hand it is advisable to co-finance research and development on negative emission technologies from federal fiscal resources in order to bring the technologies to application maturity as quickly as possible. But on the other hand, financing of the implementation and operating costs of the negative emission technologies and CO_2 storage on the basis of the user pays principle also has to be assured. In this situation, how are the development and implementation of the technologies to be financed?
- What is to happen after 2050 if additional reductions of greenhouse gases in the atmosphere should be required (net negative) in order to stabilise the climate?

The exact structure and implementation of the negative emission technologies for achieving the target in Switzerland are not predefined, but rather still depend on technological development and social and (cross-border) political negotiation (synergies between countries and between stakeholders). Conflicts of interest – for example, the use of limited resources such as biomass, water, land and renewable energy – will be an integral part of this complex process. But new challenges and solutions will also arise from the processes as a result of technological and social innovations. It will be important to react to these innovations in the form of periodical reflection on the recommendations and measures.

Résumé

Traduction: Alexandra de Bourbon, >>pro-verbial Sàrl, Zurich

Afin de contribuer aux efforts internationaux à long terme destinés à limiter le réchauffement climatique à 1,5° C, le Conseil fédéral a décidé le 28 août 2019 de réduire les émissions de gaz à effet de serre (GES) à zéro émission nette d'ici à 2050 au plus tard. Cela signifie qu'à ce moment-là, les émissions de GES provenant de sources situées en Suisse doivent être en équilibre avec les puits de GES disponibles. Pour atteindre cet objectif, la première mesure à prendre est de réduire au maximum la consommation d'énergie fossile. Les émissions restantes, parfois difficiles à éviter (comme celles provenant de l'agriculture et de la production de ciment), doivent être compensées par des émissions négatives. Des méthodes capables de retirer durablement le CO_2 de l'atmosphère et de le stocker existent, désignées ci-après technologies d'émissions négatives (en anglais, negative emission technologies, ou NET).

Contexte

Dans ce contexte et sur la base d'une approche méthodologique participative, une vaste étude inter- et transdisciplinaire a évalué cinq NET pertinentes pour la Suisse sous l'angle de leurs opportunités et de leurs risques pour le pays et sa population : gestion des forêts et utilisation du bois, gestion des sols et charbon végétal, utilisation de la bioénergie avec captage et stockage du CO_2 (bioenergy with carbon capture and storage, BECCS), captage direct du CO_2 dans l'air et stockage (direct air carbon capture and storage, DACCS) et recarbonatation (altération accélérée). L'étude a pour but de mettre des compétences et des faits au service du débat de société sur la gestion durable des NET étudiées ici et leur utilisation en Suisse.

Technologies d'émission négative (NET)

Gestion des forêts et utilisation du bois : Captage et stockage du CO_2 dans la biomasse sous forme de bois par photosynthèse grâce à la gestion forestière (boisement, reboisement naturel et foresterie) et à l'utilisation du bois.

Gestion du sol et charbon végétal : Captage et stockage du CO_2 sous forme de composés carbonés complexes au moyen d'une gestion ciblée du sol (par ex. approches de l'agriculture de conservation ou systèmes agroforestiers) comme l'humus ou le charbon végétal.

BECCS : L'utilisation de la bioénergie avec captage et stockage du CO_2 est une combinaison de l'utilisation énergétique de la biomasse et du captage du CO_2 dans les effluents gazeux suivi de son stockage.

DACCS : Le captage direct du CO_2 dans l'air avant stockage est une technologie qui permet de capter le CO_2 dans l'air ambiant à l'aide d'un agent de sorption, puis de le stocker dans des réservoirs.

Accélération de l'altération : La recarbonatation techniquement accélérée de produits à base de ciment comme le béton ou de roches siliceuses permet de fixer le CO_2 dans la substance minérale et de l'éliminer ainsi durablement de l'atmosphère.

Pour que les NET soient en mesure de contribuer comme prévu actuellement à l'objectif zéro émission nette à partir de 2050, il faudra encore, dans les années à venir, trouver des solutions aux importants défis techniques, économiques et politiques qu'elles présentent. Aucune de ces technologies n'est sans risque, que ce soit dans sa dimension technico-économique ou socio-environnementale. Il faut donc veiller dès le départ à minimiser ces aléas par une réglementation adéquate et complète (monitoring, valeurs limites, responsabilité, etc.). En outre, le changement climatique constitue une menace incomparablement plus importante, de sorte que certains risques identifiés dans le cadre d'une évaluation des différentes NET devront être acceptés.

À ces risques s'ajoutent d'une part la concurrence pour les ressources (sol, biomasse, énergie renouvelable, capacité de stockage, etc.), et d'autre part les synergies qui existent entre les différentes NET (utilisation en cascade de la biomasse, chaleur renouvelable, etc.) et à l'interface avec d'autres secteurs industriels. Comme les NET opèrent encore, dans un avenir prévisible, au-delà des signaux induits par le marché, il faut que les institutions responsables (Confédération, cantons, industrie, etc.) garantissent l'efficacité de l'allocation des ressources et la mobilisation systématique des synergies en les coordonnant et les planifiant.

Estimer le potentiel et les coûts comporte des incertitudes considérables, notamment parce que les délimitations techniques, géographiques ou temporelles diffèrent d'une étude à l'autre. Il n'en reste pas moins que, selon cette étude, aucune NET ne constitue une solution miracle qui permettrait de compenser l'ensemble des émissions impossibles à éviter en Suisse. L'analyse du tableau d'opinions le confirme également : aucun groupe de parties prenantes n'estime qu'une NET spécifique constitue à elle seule le remède absolu. Au contraire tous les groupes considèrent que la Suisse a besoin d'une mise en œuvre commune, c'est-à-dire d'une sorte de « Swiss Mix » dont la composition dépend toutefois encore de l'évolution technologique, de l'application des décisions politiques en Suisse comme en Europe et de changements sociétaux. De l'avis général, même si les NET ne permettront pas de continuer à « faire comme avant », les risques et les coûts pour la société diminueront d'autant que la réduction des émissions de GES sera rapide et importante.

Objectif et méthodologie

L'étude a pour but de contribuer à mettre des compétences et des faits au service du débat de société sur l'utilisation des NET en Suisse et de permettre, d'une manière générale, un développement écologique, économique et social durable et efficace des NET étudiées ici.

C'est pourquoi, sur la base de l'élaboration des fiches d'information sur les NET, de l'analyse du tableau d'opinions résultant de l'enquête en ligne, d'entretiens approfondis et d'un atelier réunissant les parties prenantes, l'équipe de projet a formulé des recommandations détaillées pour l'utilisation des différentes NET à l'avenir, ainsi que pour l'utilisation des NET en Suisse en général.

Technologies d'émissions négatives

Tandis que certains des processus et technologies nécessaires aux NET sont déjà très développés, et que certaines pratiques sont même séculaires (par ex. la gestion durable des forêts), d'autres en sont encore au début de leur développement technologique et commencent à trouver une application dans les premières installations à l'échelle industrielle (comme par ex. le captage direct du CO_2 dans l'air et stockage, ou direct air carbon capture and storage, DACCS). Pour que les NET puissent compenser les émissions difficiles à éviter comme souhaité, il faut non seulement développer les différentes étapes des processus, mais aussi tester et optimiser l'interaction de tous les processus entre eux dans l'ensemble de la chaîne processuelle, y compris l'infrastructure, la logistique, etc. Un apprentissage systématique et participatif de type « learning by doing » dans le cadre d'une utilisation croissante des NET pourrait permettre d'atteindre cet objectif – à l'image du développement des énergies renouvelables depuis le début du millénaire.

Pour l'heure, dans la plupart des cas, les coûts d'atténuation des NET sont nettement supérieurs au niveau de prix actuel du système européen d'échange de quotas d'émission, même s'il existe de grandes différences entre les coûts d'atténuation spécifiques des différentes NET et au sein des NET elles-mêmes – à l'exception de quelques niches spécifiques à faible coût. Il faut par conséquent recourir à toute une palette d'instruments politiques (encouragement de la recherche, subventions à l'investissement et/ou à l'exploitation, normes, participation publique, etc.) pour accélérer l'utilisation des NET et permettre un apprentissage technologique qui réduira leurs coûts d'atténuation spécifiques et les mènera à la maturité commerciale à moyen terme.

Diversité des opinions et catégories d'impact

Utilisée pour la première fois, la méthodologie d'enquête en ligne LOTA (Landscape of Opinions for Technology Assessment) a généré un tableau d'opinions qui permet de visualiser comment les participantes et participants à cette enquête (parties prenantes spécialistes des NET du monde de l'économie, de la science, des ONG et de l'administration publique) évaluent les opportunités et les risques des NET pour neuf objectifs mondiaux (notamment un environnement sain, la prospérité, la parité de droit, la sécurité et la paix). Cette méthode a donné les résultats suivants pour l'étude :

- Description des **groupes d'opinion pour lesquels la NET en question représente une opportunité, un risque ou une ambivalence :** l'analyse montre que toutes les NET suscitent une grande ambivalence au sein des groupes qui y voient à la fois des opportunités et des risques. D'une part, cela révèle l'attitude réflexive des parties prenantes interrogées et, d'autre part, c'est le signe que de nombreuses questions liées à l'utilisation des NET sont encore ouvertes. Pour les participantes et participants, les scénarios d'utilisation des NET sont encore incertains et, selon l'évolution technologique, politique et sociale, l'utilisation des différentes NET peut autant entraîner des opportunités que des risques.

- **Le deuxième groupe d'opinion le plus important comprend les parties prenantes interrogées qui considèrent que les NET offrent plutôt des opportunités pour atteindre les objectifs mondiaux primaires cités.** Dans ce groupe d'opinion, tandis qu'on trouve des représentantes et représentants de tous les groupes de parties prenantes, c'est le groupe de l'économie qui est le plus présent.
- **Mise en évidence des objectifs mondiaux particulièrement influencés par chaque NET :** du point de vue des participantes et participants, un environnement sain, la prospérité et la satisfaction des besoins fondamentaux sont, sur les neufs objectifs cités, les trois objectifs mondiaux les plus fortement impactés par l'utilisation des NET.
- **Formulation de catégories d'impact représentant les facteurs d'opportunités ou de risques essentiels pour les NET :** en classant chaque NET sous l'angle des opportunités ou des risques, les participantes et participants ont également établi des critères regroupés en 23 catégories d'impact et représentant les champs d'influence pertinents de la NET en question sur certains objectifs mondiaux.
- L'analyse des groupes d'opinion et des catégories d'impact a servi d'impulsion à l'élaboration des recommandations, et de point de départ pour leur structuration. Par ailleurs, le tableau d'opinions fournit des repères concernant l'implication des parties prenantes en termes d'application des recommandations.

Recommandations

Cette étude contient des recommandations en matière de financement des NET, des recommandations pour l'élaboration (continue) de réglementations, de normes, de définitions et de méthodes (limites du système, monitoring, comptabilité, permanence, facteurs d'émission, etc.), des recommandations pour la formation continue et la formation des parties prenantes (par ex. les agriculteurs et agricultrices) et des laboratoires réels. Elle présente aussi des recommandations en matière de coordination et de planification prospective entre les régions (cantons et communes) ou les différents groupes d'intérêt (sylviculture, construction, etc.), des recommandations en matière d'approfondissement des connaissances sur les NET (effets à long terme, potentiel de réduction, coûts, etc.) ainsi que des recommandations pour l'élaboration (continue) de stratégies (par ex. la biomasse) et d'objectifs (par ex. la séparation des objectifs pour les NET et pour la réduction des GES). Enfin, elle comporte encore des recommandations de ne pas choisir certaines options (par ex. pas de promotion des installations DACCS à grande échelle dans le pays, pas d'utilisation de roches siliceuses).

Recommandations générales

La création d'une « taskforce NET » multipartite est préconisée. Pour encourager le développement et la mise en œuvre de toutes les NET, il faut une stratégie des ressources limitées, une stratégie de financement et une coordination des programmes de recherche sur ces technologies. Afin d'améliorer le cadre général d'évaluation des NET, il est recommandé de remettre en question la permanence du piégeage du carbone durant 30 ans inscrite dans l'ordonnance sur le CO_2, de développer les méthodes de comptabilisation et de monitoring pour chaque NET individuellement, et de fixer des objectifs distincts pour la réduction des émissions et pour la quantité d'émissions négatives. Afin d'améliorer la communication et la participation, il faut informer le public en présentant les NET de manière factuelle, cohérente et compréhensible.

Gestion des forêts et utilisation du bois

Afin de créer une grille d'évaluation appropriée pour la gestion des forêts et l'utilisation du bois, il faut une réglementation vérifiable des méthodes de calcul pour la comptabilisation des NET et une base pour une analyse de cycle de vie (life cycle assessment, LCA) de l'ensemble de la cascade. Il est également recommandé de réglementer la dernière étape de l'utilisation en cascade du bois et d'analyser les coûts de la gestion forestière et de l'utilisation du bois afin de mieux comprendre et aborder la question des opportunités et des risques. En matière de développement et d'application de la gestion forestière et de l'utilisation du bois en Suisse, il est recommandé de mettre au point une stratégie de la biomasse.

Gestion du sol et charbon végétal

Pour gérer les sols et le charbon végétal, la comptabilisation des NET doit faire l'objet d'un monitoring et de méthodes de calcul appropriées. Afin de promouvoir la communication et la participation des agricultrices et agriculteurs, il est recommandé de les informer sur les aspects liés aux puits de CO_2 dans le cadre des mesures de gestion des sols. En outre, il est recommandé d'aborder la question des prestations de puits de charbon végétal via l'inscription au registre foncier. Afin de mieux comprendre les opportunités et les risques de cette NET, il convient d'étudier les effets à long terme du charbon végétal, de débattre de son utilisation en termes de quantité et de matériaux, et d'étudier et de réglementer ses filières de valorisation.

Utilisation de la bioénergie avec captage et stockage du CO_2 (bioenergy with carbon capture and storage, BECCS)

La mise à grande échelle de cette NET est limitée par la biomasse disponible en Suisse. C'est pourquoi l'utilisation énergétique de résidus ou de déchets biogènes nationaux est recommandée, mais pas celle de biomasse de culture. En outre, il faudrait plutôt recourir à la BECCS pour les installations existantes et créer des incitations à l'investissement en l'intégrant dans les réglementations existantes (par ex. dans la taxe sur le CO_2) ou en créant un marché séparé. Lors de la planification d'infrastructures à grande échelle pour le transport et le stockage du CO_2, la manière dont les opportunités et les risques sont perçus par tous les groupes de population concernés devrait être prise en compte.

Captage direct du CO_2 dans l'air et stockage (direct air carbon capture and storage, DACCS)

Il est déconseillé aux pouvoirs publics d'encourager l'implémentation à grande échelle d'installations DACCS avec des infrastructures associées de transport et de stockage du CO_2 en Suisse. Recourir à des subventions pour développer la technologie et en faire la démonstration est toutefois perçu comme judicieux. Pour le développement de la technologie DACCS, la priorité devrait être donnée aux sites à l'étranger où l'on dispose à la fois d'énergie renouvelable et de puits de CO_2. Lors de la planification d'installations DACCS en Suisse et à l'étranger, il est recommandé d'évaluer les opportunités et les risques parallèlement à l'innovation, en incluant les groupes de population concernés. La méthode des laboratoires réels s'impose dans ce contexte. Il faudrait encore créer des normes internationales de rapport et de qualité ainsi que des méthodes de prise en compte des certificats de CO_2 pour la technologie DACCS.

Accélération de l'altération

Pour cette NET, il est recommandé de n'utiliser comme matériau de stockage que du béton de démolition et non des roches naturelles. Seules des installations techniques contrôlées devraient pratiquer la recarbonatation. Une réglementation des méthodes de calcul de la quantité de CO_2 pouvant être fixée dans le béton de démolition est nécessaire, de même qu'une définition de la limite du système pour sa prise en compte comme certificats de CO_2. En outre, dans la logistique du secteur de la construction, il convient de planifier la recarbonatation à grande échelle du béton de démolition et l'utilisation des produits recarbonatés.

Conclusions et perspectives

L'implémentation des technologies d'émission négatives requiert la participation de différentes parties prenantes, principalement l'État et les administrations (Confédération, cantons, communes), mais aussi celle de la communauté scientifique et du secteur privé. Comme les NET sont appelées à apporter une contribution importante à l'objectif zéro émission nette de la Suisse, il incombe tout particulièrement à la Confédération de les développer et de les implémenter. Si les parties prenantes coopèrent dans un esprit constructif et que les recommandations en la matière sont appliquées sans délai, il y a des chances pour que les NET contribuent en effet à cet objectif national d'ici 2050.

L'objectif zéro émission nette d'ici 2050 de la Suisse est conforme à l'objectif de l'accord mondial sur le climat. Dans ce contexte, la réduction des émissions de GES est clairement prioritaire et constitue d'ailleurs un des engagements premiers de la stratégie climatique à long terme du Conseil fédéral. L'utilisation des NET comme option complémentaire pour atteindre l'objectif zéro émission nette ne doit pas détourner l'attention des efforts de réduction des émissions. Le discours politique doit également prendre en compte les coûts et risques sociétaux du réchauffement climatique que la population serait amenée à supporter au cas où l'objectif de contribution des NET visé n'est pas atteint.

Dans cette perspective, il s'agit de lancer un vaste débat sur les questions suivantes et de leur trouver des réponses :

- Combien d'émissions résiduelles de GES la Suisse veut-elle encore « se permettre » à l'avenir et que signifie « difficiles à éviter » dans le contexte des émissions résiduelles de GES ?
- Sachant que les NET n'offrent pas de solutions rapidement disponibles et que les objectifs d'extraction semblent eux aussi optimistes, une question se pose : ne faudrait-il pas fixer des objectifs de réduction plus ambitieux que ceux prévus aujourd'hui ?
- D'une part, il parait judicieux de cofinancer la recherche et le développement des NET par les ressources fiscales de la Confédération et de les amener ainsi le plus rapidement possible au stade de l'application. D'autre part, il s'agit également de garantir le financement des coûts d'implémentation et d'exploitation des NET et du stockage du CO_2 selon le principe du pollueur-payeur. Comment financer le développement et l'implémentation des technologies dans ce contexte contradictoire ?
- Que doit-il se passer après 2050 si de nouvelles réductions des GES dans l'atmosphère sont nécessaires pour stabiliser le climat (émission nette négative) ?

Comment exactement concevoir et implémenter les NET pour atteindre l'objectif fixé par la Suisse n'est pas prédéfini : cela dépendra de l'évolution des technologies et des synergies entre pays et entre parties prenantes qui résulteront des négociations sociales et politiques (transfrontalières). Ce processus complexe fera surgir des conflits d'intérêt, notamment l'utilisation de ressources limitées telles que la biomasse, l'eau, la terre et les énergies renouvelables. Il fera émerger de nouveaux défis mais aussi de nouvelles solutions grâce aux innovations technologiques et sociales. Il s'agira d'y réagir en renouvelant régulièrement notre réflexion en matière de recommandations et de mesures à prendre.

Sintesi

Traduzione: Giovanna Planzi, Zurigo

Per promuovere il raggiungimento degli obiettivi climatici a lungo termine a livello mondiale e contribuire al contenimento del riscaldamento globale a 1,5°C, il 28 agosto 2019 il Consiglio federale ha deciso di azzerare entro il 2050 il saldo netto delle emissioni di gas a effetto serra. In altre parole, entro questa data le emissioni di gas serra prodotte da fonti svizzere dovranno essere compensate dai pozzi di carbonio disponibili. A tal fine dovrà in particolare essere ridotto al minimo il consumo di vettori energetici fossili. Le fonti di emissioni restanti, in parte difficilmente eliminabili (p. es. l'agricoltura e la produzione di cemento), dovranno essere compensate mediante emissioni negative. Si tratterà di rimuovere il CO_2 presente nell'atmosfera e immagazzinarlo durevolmente tramite metodi atti a catturare il CO_2 dall'atmosfera e a sequestrarlo, le cosiddette tecnologie a emissioni negative (NET).

Situazione iniziale

In questo contesto sono stati valutati, attraverso un approccio metodologico partecipativo, i rischi e le opportunità per la Svizzera e la sua popolazione di cinque NET applicabili sul nostro territorio: gestione forestale e uso del legno, gestione del suolo e carbone vegetale, uso della bioenergia con cattura e sequestro del CO_2 (BECCS), cattura diretta dall'aria e sequestro del CO_2 (DACCS) nonché carbonatazione (azione accelerata degli agenti atmosferici). L'obiettivo è di consentire un dibattito sociale competente e fattuale sullo sfruttamento delle NET nonché un uso sostenibile delle NET in Svizzera.

Tecnologie a emissioni negative (NET)

Gestione forestale e uso del legno: assorbimento del CO_2 e immagazzinamento nella biomassa sotto forma di legno mediante la fotosintesi facendo leva sulla gestione forestale (rimboschimento, rinnovazione naturale e selvicoltura) e sull'uso del legno.

Gestione del suolo e carbone vegetale: assorbimento del CO_2 e immagazzinamento sotto forma di composti di carbonio complessi (humus o carbone vegetale) facendo leva su una gestione mirata del suolo (p. es. agricoltura conservativa o sistemi agroforestali).

BECCS: l'uso della bioenergia con cattura e sequestro del CO_2 combina sfruttamento energetico della biomassa e successiva cattura dai gas di scarico e sequestro del CO_2.

DACCS: la cattura e il sequestro diretto del CO_2 è una tecnologia che cattura il CO_2 dall'aria ambiente mediante un assorbente per poi immagazzinarlo in pozzi.

Carbonatazione: la carbonatazione accelerata di prodotti contenenti cemento, come il calcestruzzo o la roccia silicea, permette di legare il CO_2 in sostanze minerali eliminandolo durevolmente dall'atmosfera.

Per garantire il previsto contributo all'obiettivo di emissioni nette pari a zero nel 2050, nei prossimi anni tutte le NET dovranno ancora superare grandi sfide tecniche, economiche e politiche. Nessuna NET è priva di rischi, sia sul piano tecnico-economico sia su quello socioecologico. Occorre quindi assicurarsi sin dall'inizio che questi rischi siano ridotti al minimo, per quanto possibile, mediante una regolamentazione adeguata e completa (monitoraggio, valori limite, responsabilità ecc.). Siccome i rischi indotti dai cambiamenti climatici sono di gran lunga superiori, alcuni dei rischi delle NET dovranno però essere accettati nell'ambito di una ponderazione dei rischi.

Al di là dei rischi si assiste sia a una concorrenza per le risorse (suolo, biomassa, energie rinnovabili, capacità di immagazzinamento ecc.) sia a sinergie (uso a cascata della biomassa, calore rinnovabile ecc.) tra le singole NET come pure con altri settori industriali. Siccome nel prossimo futuro le NET opereranno ancora indipendentemente dai segnali indotti dal mercato, l'allocazione efficiente delle risorse e la mobilitazione sistematica delle sinergie dovranno essere garantite mediante un coordinamento e una pianificazione lungimiranti da parte degli attori responsabili (Confederazione, Cantoni, industria ecc.).

Le stime del potenziale e dei costi sono associate a grandi incognite, in parte anche perché, nei vari studi, le delimitazioni tecniche, geografiche o temporali variano. In sostanza, l'analisi evidenzia tuttavia che nessuna NET è una panacea che consentirà di compensare la totalità delle emissioni inevitabili della Svizzera. È quanto conferma anche l'analisi del ventaglio di opinioni: nessuno dei gruppi di stakeholder vede la soluzione perfetta in una NET specifica. Tutti ritengono che la Svizzera abbia bisogno di un'attuazione combinata sotto forma di «Swiss

Mix». La composizione di questo «Swiss Mix» dipenderà anche dal progresso tecnologico, dall'attuazione politica in Svizzera e in Europa nonché dalla trasformazione sociale. Gli stakeholder concordano nel dire che le NET non consentiranno di «andare avanti come prima» e che più rapidamente ed efficacemente saranno ridotte le emissioni di gas serra, minori saranno i rischi e i costi sociali.

Obiettivo e metodologia

Lo studio vuole contribuire a un dibattito sociale competente a fattuale sull'uso delle NET in Svizzera nonché consentire in generale uno sviluppo ecologicamente, economicamente e socialmente sostenibile ed efficiente delle NET selezionate.

A tal fine, partendo dall'elaborazione di schede informative sulle NET e dall'analisi delle opinioni emerse da un'indagine online, interviste approfondite e un workshop con gli stakeholder, il team di progetto ha formulato raccomandazioni dettagliate per l'uso futuro delle singole NET nonché per l'uso delle NET in generale in Svizzera.

Tecnologie a emissioni negative

Se alcuni dei processi e delle tecnologie necessari per le NET sono già molto avanzati o addirittura praticati da secoli (p. es. la selvicoltura sostenibile), altri sono ancora agli esordi del loro sviluppo tecnologico e impiegati su scala industriale in primi impianti (p. es. DACCS). Per consentire alle NET di assicurare la perseguita compensazione delle emissioni difficilmente evitabili, oltre a sviluppare le singole fasi di processo bisognerà anche collaudare e ottimizzare l'interazione tra i processi lungo l'intera catena, comprese l'infrastruttura, la logistica ecc. Ciò potrebbe avvenire – come ha mostrato ad esempio lo sviluppo delle energie rinnovabili dall'inizio del millennio – soprattutto attraverso un «learning by doing sistematico» e partecipativo nell'ambito dell'uso sempre più diffuso delle NET.

Malgrado le grandi differenze a livello dei costi specifici di riduzione delle emissioni delle varie NET e le grandi fluttuazioni all'interno delle singole NET, al momento, fatta eccezione per alcune specifiche nicchie a basso costo, in genere i costi delle NET sono nettamente superiori al livello attuale dei prezzi nel sistema europeo di scambio di quote di emissioni. Occorre quindi un intero ventaglio di strumenti politici (promozione della ricerca, sussidi agli investimenti e/o all'esercizio, norme, partecipazione pubblica ecc.) per accelerare l'applicazione delle NET e consentire l'apprendimento tecnologico atto a calmierare i costi specifici di riduzione delle emissioni e, a medio termine, di portare le NET alla «maturità di mercato».

Diversità di opinioni e categorie di impatto

La metodologia di indagine online LOTA (Landscape of Opinions for Technology Assessment), utilizzata per la prima volta, ha consentito di generare un ventaglio di opinioni, che rispecchia come gli stakeholder (specialisti dell'economia, della scienza, di ONG e dell'amministrazione pubblica) valutano le opportunità e i rischi delle NET per nove obiettivi globali (p. es. ambiente sano, prosperità, pari opportunità, sicurezza e pace). La procedura adottata per lo studio permette di formulare le seguenti osservazioni.

- Descrizione dei **gruppi di opinione che considerano una determinata NET come una fonte di opportunità, una fonte di rischi o hanno una posizione ambivalente:** per tutte le NET, l'analisi evidenzia consistenti gruppi ambivalenti, che intravedono sia opportunità sia rischi. Da un lato ciò rispecchia i vari atteggiamenti degli stakeholder interpellati e dall'altro è un indizio dei molteplici interrogativi tuttora senza risposta associati all'uso delle NET. L'impiego delle tecnologie è ancora visto nel contesto di scenari incerti. A seconda dello sviluppo tecnologico, politico e sociale, l'uso delle singole tecnologie potrà comportare sia opportunità sia rischi.
- **Il secondo gruppo di opinione più numeroso è quello degli stakeholder che considerano le tecnologie tendenzialmente come una fonte di opportunità per gli obiettivi globali primari menzionati.** Anche in questo gruppo di opinione figurano rappresentanti di tutte le categorie di stakeholder, anche se a spiccare sono i rappresentanti dell'economia.
- **Identificazione degli obiettivi globali particolarmente influenzati dalle singole NET:** per gli stakeholder, ambiente sano, prosperità e soddisfacimento dei bisogni di base sono i tre dei nove obiettivi globali che saranno maggiormente influenzati dall'uso delle NET.
- **Formulazione di categorie d'efficacia che costituiscono fattori essenziali di opportunità o di rischio per le NET**: classificando le NET tra le opportunità o i rischi, gli stakeholder hanno formulato anche una motivazione.

Queste motivazioni sono state riassunte in 23 categorie d'efficacia complessive, che rappresentano aree d'influenza pertinenti delle NET in vista degli obiettivi globali.

- Le analisi degli stakeholder nonché le categorie d' efficacia formulate dai gruppi di opinione hanno favorito l'elaborazione delle raccomandazioni e sono state il punto di partenza della loro strutturazione. Il ventaglio di opinioni può anche fornire spunti per coinvolgere gli stakeholder nell'attuazione delle raccomandazioni.

Raccomandazioni

Il presente studio contiene raccomandazioni concernenti il finanziamento delle NET, lo sviluppo (ulteriore) di regolamentazioni, norme, definizioni e metodi (limiti del sistema, monitoraggio, contabilizzazione, permanenza, fattori di emissione ecc.), la formazione e il perfezionamento degli attori coinvolti (p. es. gli agricoltori) nonché la creazione di laboratori viventi. Sono previste anche raccomandazioni sul coordinamento e la pianificazione lungimiranti tra le regioni (Cantoni e Comuni) o gruppi di attori distinti (selvicoltura, edilizia ecc.), sull'ulteriore sviluppo delle conoscenze sulle NET (effetti a lungo termine, potenziale di riduzione, costi ecc.) nonché sullo sviluppo (ulteriore) di strategie (p. es. biomassa) e obiettivi (p. es. obiettivi separati per le NET e la riduzione dei gas serra), ma anche raccomandazioni di non perseguire determinate opzioni (p. es. nessuna promozione degli impianti DACCS su larga scala in Svizzera, nessuna utilizzazione della roccia silicea).

Raccomandazioni generali

È raccomandata l'istituzione di una «task force NET» multistakeholder, che abbracci tutte le NET. Per poter promuovere lo sviluppo e l'attuazione di tutte le NET, occorrono una strategia relativa alle risorse limitate, una strategia di finanziamento e un coordinamento dei programmi di ricerca sulle NET. Per rafforzare il quadro di valutazione delle NET, si raccomanda di analizzare criticamente il termine di 30 anni di permanenza nei pozzi di carbonio previsto dall'ordinanza sul CO_2, di elaborare metodi di contabilizzazione e monitoraggio per le singole NET e di stabilire obiettivi separati per la riduzione delle emissioni e la quantità di emissioni negative. Per migliorare la comunicazione e la partecipazione occorre informare l'opinione pubblica tramite una descrizione fattuale, coerente e trasparente delle NET.

Gestione forestale e uso del legno

Un quadro di valutazione adeguato per la gestione forestale e l'uso del legno necessita una regolamentazione verificabile dei metodi di calcolo della contabilizzazione delle NET e una base per l'analisi del ciclo di vita (LCA) lungo l'intero uso a cascata. Si raccomanda inoltre di disciplinare l'ultima fase dell'uso a cascata del legno e di concretizzare l'analisi dei costi per la gestione forestale e l'uso del legno al fine di capire e orientare meglio le opportunità e i rischi. Per lo sviluppo e l'attuazione della gestione forestale e dell'uso del legno si raccomanda di elaborare una strategia svizzera per la biomassa.

Gestione del suolo e carbone vegetale

Per la gestione del suolo e il carbone vegetale occorrono metodi adeguati di monitoraggio e calcolo per la contabilizzazione delle NET. Per promuovere la comunicazione e la partecipazione si raccomanda di informare gli agricoltori, nell'ambito delle misure di gestione del suolo, sui pozzi di carbonio. Si raccomanda inoltre di discutere della capacità di assorbimento del carbone vegetale attraverso un'iscrizione nel registro fondiario. Per capire meglio le opportunità e i rischi di questa NET bisognerebbe studiare gli effetti a lungo termine del carbone vegetale, discutere del suo impiego in termini di volumi e materiali nonché analizzare e disciplinare i percorsi di valorizzazione del carbone vegetale.

Uso della bioenergia con cattura e sequestro del CO_2 (BECCS)

L'espansione di questa NET è limitata dalla biomassa disponibile in Svizzera. Per questo motivo si raccomanda lo sfruttamento energetico di scarti e rifiuti biogeni indigeni, ma non l'uso di biomassa coltivata. Bisognerebbe inoltre impiegare la tecnologia BECCS tendenzialmente negli impianti esistenti e incentivare gli investimenti mediante l'integrazione nelle regolamentazioni esistenti (p. es. tassa sul CO_2) o la creazione di un mercato separato. Nell'ambito della pianificazione di infrastrutture su grande scala per il trasporto e il sequestro del CO_2 bisognerebbe tener conto della percezione delle opportunità e dei rischi da parte di tutti i gruppi di popolazione interessati.

Cattura diretta dall'aria e sequestro del CO_2 (DACCS)

Si sconsiglia la promozione statale di un'implementazione su larga scala di impianti DACCS con le relative infrastrutture per il trasporto e l'immagazzinamento del CO_2 in Svizzera. È tuttavia considerato sensato l'impiego di sussidi per un ulteriore sviluppo mirato della tecnologia e la sua dimostrazione. Per potenziare la tecnologia DACCS bisognerebbe dare la priorità ai siti all'estero dove sono disponibili sia energia rinnovabile sia pozzi di carbonio. Nell'ambito della pianificazione di impianti DACCS sia in Svizzera sia all'estero si raccomanda una valutazione delle opportunità e dei rischi che accompagni l'innovazione, con il coinvolgimento dei gruppi di popolazione interessati. Un metodo idoneo a tal fine è quello dei laboratori viventi. Bisognerebbe inoltre elaborare a livello internazionale norme uniformi di rendicontazione e qualità nonché metodi uniformi di computo dei certificati di CO_2 per la tecnologia DACCS.

Carbonatazione

Per questa NET, per il momento si raccomanda di utilizzare quale materiale per il sequestro solo calcestruzzo di demolizione e non rocce naturali. La carbonatazione dovrebbe avvenire esclusivamente in impianti tecnici controllati. Occorre disciplinare i metodi di calcolo dei volumi di CO_2 fissabili nel calcestruzzo di demolizione e definire i limiti di sistema per il computo come certificati di CO_2. Si raccomanda inoltre di integrare la carbonatazione su larga scala del calcestruzzo di demolizione e l'impiego di prodotti carbonatati nella logistica dell'edilizia.

Conclusioni e prospettive

Per implementare le NET è necessaria la partecipazione di diversi attori, soprattutto di esponenti del governo e dell'amministrazione (Confederazione, Cantoni, Comuni) come pure della scienza e delle aziende. Siccome le NET dovranno fornire un contributo importante all'obiettivo di emissioni nette pari a zero della Svizzera, la Confederazione riveste una responsabilità particolare nell'ulteriore sviluppo e nell'implementazione di queste tecnologie. Se gli attori convolti collaboreranno in modo costruttivo e le raccomandazioni saranno attuate tempestivamente, vi sono buone probabilità che le NET forniranno l'auspicato contributo al raggiungimento dell'obiettivo svizzero di emissioni nette pari a zero nel 2050.

L'obiettivo delle Svizzera di emissioni nette pari a zero entro il 2050 è in linea con quello dell'accordo globale sul clima. In questo contesto, la priorità va chiaramente alla riduzione delle emissioni di gas serra, come riconosce anche la strategia climatica a lungo termine del Consiglio federale. L'uso delle NET quale opzione complementare per raggiungere l'obiettivo di emissioni nette pari a zero non deve distogliere l'attenzione dagli sforzi volti a prevenire le emissioni. Nel dibattito politico occorre tener presenti anche i costi e i rischi del riscaldamento climatico per l'intera società, di cui dovrà farsi carico la popolazione in caso di mancata realizzazione del previsto contributo delle emissioni negative.

Alla luce di queste considerazioni, in futuro bisognerà discutere ampiamente e cercare delle risposte ai seguenti interrogativi:

- Quante emissioni residue di gas serra vorrà ancora «permettersi» in futuro la Svizzera e cosa significa «difficilmente evitabile» in relazione alle emissioni residue di gas serra?
- Di fronte alla constatazione che le NET non offrono soluzioni rapide e che anche gli obiettivi di prelievo sembrano ottimisti, è lecito chiedersi se non bisognerebbe attuare obiettivi di riduzione più ambiziosi di quelli previsti attualmente?
- Da un lato è consigliabile cofinanziare la ricerca e lo sviluppo delle NET tramite mezzi finanziari della Confederazione per portarle alla maturità di mercato il più rapidamente possibile. Dall'altro occorre però anche garantire un finanziamento basato sul principio di causalità dei costi d'implementazione e d'esercizio delle NET e del sequestro del CO_2. Come finanziare lo sviluppo e l'implementazione delle tecnologie in questo contesto?
- Cosa dovrebbe e dovrà succedere dopo il 2050 se per stabilizzare il clima occorreranno ulteriori riduzioni dei gas serra nell'atmosfera (saldo netto negativo)?

L'impostazione e l'implementazione esatta delle NET ai fini del raggiungimento degli obiettivi in Svizzera non sono predefinite, ma restano dipendenti dallo sviluppo tecnologico nonché da una negoziazione sociale e politica (transfrontaliera, sinergie tra Paesi e tra stakeholder). In questo processo complesso emergeranno conflitti d'interessi, come lo sfruttamento delle risorse limitate, come la biomassa, l'acqua, il suolo e le energie rinnovabili. Attraverso innovazioni tecnologiche e sociali, i processi genereranno però anche nuove sfide e nuove possibili soluzioni. Si tratterà di reagire a queste innovazioni mediante una riflessione costante sulle raccomandazioni e sulle misure.

1. Einleitung

1.1. Ausgangslage

Um die weltweiten, langfristigen Klimaziele zu unterstützen und einen Beitrag zur Beschränkung der globalen Erwärmung auf 1,5 °C zu leisten, hat der Bundesrat am 28. August 2019 beschlossen, die Emission von Treibhausgasen (THG) bis spätestens 2050 auf netto null zu reduzieren (Der Bundesrat 2019). Das bedeutet, dass THG-Emissionen aus Quellen in der Schweiz zu diesem Zeitpunkt im Gleichgewicht mit verfügbaren THG-Senken stehen müssen. Dieses Ziel soll in erster Linie dadurch erreicht werden, dass der Verbrauch fossiler Energieträger auf ein Minimum reduziert wird. Verbleibende, z. T. schwer vermeidbare Emissionsquellen (z. B. Landwirtschaft und Zementproduktion) sollen durch negative Emissionen ausgeglichen werden. Durch Methoden zur CO_2-Entnahme aus der Atmosphäre und Speicherung, im Folgenden Negativemissionstechnologien (NET) genannt, soll der Atmosphäre CO_2 entnommen und dauerhaft gespeichert werden.

Diese Herangehensweise an die Begrenzung der globalen Klimaerwärmung auf maximal 1,5 °C ist aufgrund ihres nachsorgenden Charakters umstritten. Kritikerinnen und Kritiker verweisen darauf, dass NET ein Risiko für Fehlanreize (Moral Hazards) sein können. Beispielsweise dafür, das eigene klimaschädliche Verhalten unter der Annahme, das Klimaproblem könne durch NET gelöst werden, nicht zu verändern. Andere betrachten NET im Hinblick auf die notwendigen Investitionen in technische Infrastrukturen und den teilweise hohen Energie- und Flächenbedarf als inadäquate Schwerpunktsetzung, da die Minderung von THG-Emissionen in der Regel als der wirksamere und kosteneffizientere Ansatz gilt.

Andererseits argumentieren Befürworterinnen und Befürworter, dass das Ziel der THG-Neutralität ohne den Einsatz von NET nicht erreicht werden kann. Die langfristige Klimastrategie des Bundesrats stellt die Emissionsminderung im Inland in den Vordergrund, sieht aber gleichzeitig langfristig die Nutzung von NET zum Ausgleich verbleibender, schwer reduzierbarer THG-Emissionen im Einklang mit den wissenschaftlichen Erkenntnissen des Weltklimarats (IPCC 2022; 2018) vor.

Da die diskutierten NET in den meisten Fällen noch nicht im klimarelevanten Umfang einsatzbereit sind, stellen sich eine Reihe von grundlegenden Fragen zu den Chancen und Risiken ihres möglichen Einsatzes. Dabei reicht die Bandbreite der ungeklärten Punkte von technischen Fragen (z. B. im Hinblick auf die Machbarkeit, Dauerhaftigkeit und tatsächliche Klimawirksamkeit der einzelnen Technologien) über ökonomische Gesichtspunkte (z. B. Kosten je Tonne CO_2) bis hin zu Umweltaspekten (z. B. spezifischer Material- und Energieaufwand, Ressourcenverbrauch und Flächenbedarf) sowie zu den etwaigen Nebenwirkungen auf die Biosphäre, Landwirtschaft und Bevölkerung in der Schweiz. Zudem bestehen Wissenslücken bezüglich der Akzeptanz der verschiedenen Technologieansätze bei verschiedenen gesellschaftlichen Stakeholdern.

Die Studie bietet eine Möglichkeit zu einer ergebnisoffenen Beurteilung der NET, deren Voraussetzungen, Folgen und Nebenwirkungen. Bevor auf politischer Ebene entschieden wird, in welchem Umfang einzelne Technologieoptionen zur Beeinflussung des Klimas eingesetzt werden sollen, besteht noch ein erheblicher Spielraum für die Gestaltung und Kommunikation des Entscheidungsfindungsprozesses. Eine vorausschauende Auseinandersetzung mit den Erwartungen und Befürchtungen in Bezug auf NET sowie eine Bewertung des vorhandenen Wissens und der Wissenslücken können dazu beitragen, politische, technische oder wirtschaftliche Lock-in-Situation zu vermeiden, die zu einem späteren Zeitpunkt nicht mehr leicht revidiert werden können. In diesem Sinne dient diese Studie dazu, trotz der derzeit noch bestehenden Ungewissheiten hinsichtlich der technischen Aspekte von NET die Chancen und Risiken dieser Technologien aus verschiedenen gesellschaftlichen Perspektiven aufzuzeigen und Empfehlungen für die weitere politische Entscheidungsfindung abzuleiten. Dabei gilt es, auch den internationalen Kontext der Verpflichtungen der Schweiz im Rahmen des Pariser Abkommens (1,5°C-Ziel) und anderer völkerrechtlicher Vereinbarungen zu berücksichtigen, um zu klären, welche Rolle NET in Zukunft beim Klimaschutz spielen können.

1.2. Methodisches Vorgehen

Vor dem Hintergrund der oben skizzierten Ausgangslage werden in der vorliegenden inter- und transdisziplinären Studie die Chancen und Risiken von fünf durch TA-SWISS ausgewählten NET für die Schweiz und ihre Bevölkerung mit einem partizipativen methodischen Ansatz evaluiert. Im Einzelnen sind dies: Waldmanagement und Holzverwendung, Bodenmanagement und Pflanzenkohle, Bioenergienutzung mit CO_2-Abscheidung und -Speicherung (BECCS), direkte CO_2-Abscheidung aus der Luft und -Speicherung (DACCS) sowie Carbonatisierung (beschleunigte Verwitterung).

Im Rahmen einer ausführlichen Literaturrecherche wird der aktuelle Wissensstand zu den fünf betrachteten NET hinsichtlich relevanter technischer, gesellschaftlicher, psychologischer, politischer, rechtlicher, ethischer, ökonomischer und ökologischer Aspekte zusammengetragen. Auf dieser Grundlage werden die Meinungen der Stakeholder und das Wissen von Expertinnen und Experten zu den fünf betrachteten NET mithilfe innovativer partizipativer Methoden gesammelt, systematisch ausgewertet und darauf unter Berücksichtigung der angesprochenen Chancen und Risiken Empfehlungen erarbeitet.

Im Zentrum dieser Studie steht die Analyse der Wahrnehmung und Meinungsvielfalt unterschiedlicher Stakeholdergruppen in Bezug auf die fünf betrachteten NET. Zu diesem Zweck wurde ein Mapping der Meinungsvielfalt der verschiedenen Stakeholdergruppen erstellt, um sowohl wahrgenommene Chancen als auch Risiken zu identifizieren.

Als Ergebnis der Studie wurden konkrete Handlungsempfehlungen formuliert. Diese richten sich insbesondere an Politikerinnen und Politiker auf den verschiedenen föderalen Ebenen in der Schweiz und orientieren sich gleichzeitig auch an den aktuellen internationalen Diskussionen um Klimaschutz und NET. Die Gesamtbewertung der untersuchten NET durch das transdisziplinäre Projektteam und der transdisziplinäre Einbezug gesellschaftlicher Akteure sowie die daraus resultierenden Politikempfehlungen bilden den Kern des erwarteten Erkenntnisgewinns dieser Studie.

1.3. Zielsetzung und Inhalt

Die Studie soll zu einer kompetenten und faktenbasierten gesellschaftlichen Debatte über die Nutzung von NET in der Schweiz beitragen sowie generell eine ökologisch, ökonomisch und sozial nachhaltige und effiziente Entwicklung der untersuchten NET ermöglichen.[1] Dafür wurden durch eine breite Stakeholderbeteiligung Chancen und Risiken der NET zusammengetragen, mittels Literaturanalyse reflektiert und Empfehlungen für die ökologisch und gesellschaftlich verträgliche Nutzung der NET erarbeitet.

---

1 Darüber hinaus soll die Studie auch einen Beitrag zu den im Kontext der Gletscherinitiative stattfindenden Debatten leisten (siehe auch Abschnitt 3.1.1).

In Kapitel 2 werden zunächst die verschiedenen Analyseschritte sowie die dafür verwendeten Methoden erläutert. Darauf folgt in Kapitel 3 eine fokussierte Erläuterung der im Kontext dieser Studie relevanten Dimensionen der einzelnen NET (Potenzial, Kosten, Umweltwirkungen, Synergien etc.).

In Kapitel 4 werden die Ergebnisse der Analyse der Meinungen relevanter Stakeholder als Meinungslandschaften dargestellt. Auf den vorhergehenden Analyseschritten aufbauend werden im 5. Kapitel konkrete Empfehlungen entwickelt, die für den Beitrag der NET zur Erreichung des Schweizer Netto-Null-Ziels von Bedeutung sind. Im abschliessenden 6. Kapitel werden die übergeordneten Schlussfolgerungen der Studie zusammengefasst und ein Blick auf die zukünftig notwendigen Schritte geworfen.

2. Vorgehen und Methodik

Die Empfehlungen der Studie wurden auf Basis eines strukturierten Methodensettings aus Literaturrecherche, Stakeholderanalyse, zweistufiger Onlinebefragung, Tiefeninterviews und einem Stakeholderworkshop entwickelt. Die Literaturanalyse diente während des gesamten Projekts als faktenbasierter Reflexionsrahmen für die Analyse der Meinungen verschiedener Fachleute, die auf der Grundlage der Stakeholderanalyse ausgewählt und durch die Onlinebefragung, Tiefeninterviews und den Stakeholderworkshop einbezogen wurden. Mithilfe der erstmals angewandten LOTA-Onlinebefragungsmethodik konnten Meinungslandkarten generiert werden, die zeigen, ob die befragten Fachleute die jeweilige Technologie als eher chancen-, risikoreich oder ambivalent einschätzen. Als Ergebnis der Befragung konnten zudem Wirkungskategorien formuliert werden, die für die NET wesentliche Chancen- oder Risikofaktoren darstellen. Der Schwerpunkt liegt auf der Entwicklung von Empfehlungen auf der Grundlage der Meinungen der Fachleute verschiedener Stakeholdergruppen und der Reflexion dieser Meinungen in einem systemischen und wissenschaftlichen Kontext.

2.1. Literaturanalyse und Faktenblätter

Die Faktenblätter bauen auf der Aufarbeitung der einschlägigen Fachliteratur (im Zeitraum von November 2021 bis Februar 2022) auf. Sie dienen den Stakeholdern als Grundlage für die systemische Einordnung und Eingrenzung der Technologie im Rahmen der Onlinebefragung. Darüber hinaus wurden bei der Erarbeitung der Faktenblätter offene Punkte identifiziert, die in den Leitfragen für die Tiefeninterviews aufgegriffen wurden. Für die Erstellung der Faktenblätter wurde folgende Literatur berücksichtigt:

- offizielle Berichte des Schweizer Bundesrates und der Bundesämter (z. B. zur langfristigen Klimastrategie des Bundesrates),
- Schweizer Forschungsstudien und Studien mit direktem Bezug zur Schweiz,
- aktuelle internationale und in Peer-Reviews überprüfte wissenschaftliche Originalstudien,
- offizielle EU-Dokumente,

- weitere wichtige internationale Berichte,
- weitere überprüfbare Quellen.

In den Faktenblättern wurden alle Aussagen mit Referenzen hinterlegt. Zur weiteren Qualitätsabsicherung wurde der Inhalt der Faktenblätter in-house von Fachleuten der Empa und des Öko-Instituts sowie Mitgliedern der Begleitgruppe (BG) kommentiert und an einer BG-Sitzung besprochen. Die Kommentare der Fachleute wurden gesammelt, reflektiert und entsprechend in den Bericht integriert. Die Literaturrecherche wurde während der gesamten Studie fortgesetzt, da die Kommentare der BG, Tiefeninterviews und der Workshop neue Inputs und Hinweise auf Berichte und Studien lieferten, die in diesen Bericht einflossen.

Fünf verschiedene NET wurden umfassend untersucht. Die Literaturanalyse ist insofern limitiert, als dass es nicht beabsichtigt war, technisch in die Tiefe zu gehen. Die wichtigsten Aspekte in Bezug auf die CO_2-Abscheidung wurden hingegen aufgegriffen. Die Auswahl dieser Aspekte wurde auf der Grundlage von Inputs aus der Literatur, von Fachleuten und von der BG konsolidiert. Neu sind zudem gewisse Ansätze oder aufkommende Technologien, die in der Literatur anders oder nur in geringem Umfang thematisiert werden.

Derzeit gibt es viele parallele gesellschaftliche Initiativen und technologische Entwicklungen im Bereich der NET. Je nach Entwicklungsstand der Technologie (TRL[2]) und dem Bezugsrahmen der gesellschaftlichen Initiative wurde eine genauere Berücksichtigung angestellt.

2.2. Stakeholderanalyse

NET erfahren eine neue gesellschaftliche und politische Relevanz. Das Wissen über den Einsatz, die Entwicklung, Chancen und Risiken von NET ist daher noch nicht in der Erfahrung der breiten Bevölkerung zu finden, sondern bei Fachleuten, die in dieser Studie als Stakeholder bezeichnet werden. Diese zeichnen sich durch ihr technologiebezogenes Fakten- und/oder Erfahrungswissen aus dem Entwicklungs-, Anwendungs- oder Systemkontext aus. In der Studie

[2] Der Technologie-Reifegrad (engl. Technology Readiness Level, TRL) ist eine ursprünglich von der NASA entwickelte Skala zur Kategorisierung des Entwicklungsstandes neuer Technologien. Sie wird heute ausserhalb der Raumfahrt vor allem in der Forschungs- und Technologieförderung genutzt, z. B. von der Europäischen Kommission (EK 2014). Die Skala reicht von 1–9. Für diese Studie verwenden wir zusätzlich die Kategorie TRL 10, wenn eine Technologie bereits im Markt angewendet wird und somit das Entwicklungsstadium überschritten hat.

werden sowohl primäre Stakeholder als auch Schlüsselakteure eingeladen. Primäre Stakeholder sind jene Personen oder Gruppen, ohne die der Einsatz der NET nicht stattfinden würde. Schlüsselakteure sind gleichzeitig Stakeholder, die «durch ihre Fähigkeiten, ihr Wissen und ihre Machtstellung ein Vorhaben signifikant beeinflussen können» (GIZ 2015).

Fachleute aus den folgenden Sektoren wurden als Stakeholder identifiziert. Die Anzahl der identifizierten Personen ist in **Tab. 1** ersichtlich.

- Wirtschaft: Maschinenbau, Finanzen, (Rück-)Versicherung, Kleidung (Textilien), Zementherstellung, NET-Technik, Energie, Abfallwirtschaft, Landwirtschaft, Waldwirtschaft;
- Zivilgesellschaft: Nichtregierungsorganisationen mit den Themenschwerpunkten Klima, Umwelt und Energie, Umweltverbände, kirchliche Institutionen, Gewerkschaften;
- Medien: die sich bereits explizit mit dem Thema NET beschäftigen;
- Politik: Parteien, Einzelpersonen, Initiativen;
- Wissenschaftlerinnen und Wissenschaftler, die sich mit Themen der NET vertieft auseinandersetzen, aus folgenden Disziplinen: Materialforschung, Umweltwissenschaften, Wirtschaftswissenschaften, Politikwissenschaften, Klimapolitik, Konsumverhalten, Agrarwissenschaften, Wald- und Landschaftswissenschaften, Ingenieurwissenschaften;
- Verwaltung/öffentliche Hand: Personen aus Organisationseinheiten mit Verantwortung für NET-Themen: Schweiz (Bund), Kantone, Gemeinden, Städte.

Tab. 1: Anzahl Stakeholder je Sektor

Sektoren	Anzahl Stakeholder
Medien	11
NGO	24
Politik	30
Verwaltung	59
Wirtschaft	72
Wissenschaft	77
Stakeholder insgesamt	273

Quelle: Eigene Zusammenstellung

Eines der Ziele dieser Studie ist daher die Erfassung und Analyse einer breiten Meinungsvielfalt zur Einordnung von Chancen und Risiken der Technologien. Dies wird durch die methodische Abfolge von Stakeholderanalyse, Onlinebefragung, Tiefeninterviews und einem Stakeholderworkshop erreicht. Ein statistisches Abbild der breiten Öffentlichkeit kann und will die Studie aufgrund des noch geringen Wissensstandes über die Technologien nicht erreichen. Die Stakeholder sind also Fachleute mit einem tieferen Verständnis aus technischer, politischer, wirtschaftlicher oder gesellschaftlicher Perspektive. Sie sind somit ein Schlüsselelement dieser Studie. Ihre Beiträge fliessen ein in 1. die Analyse von Meinungslandschaften (Abschnitt 2.3), 2. die Tiefeninterviews (Abschnitt 2.4) und 3. den Stakeholderworkshop (Abschnitt 2.5).

Der Fokus lag auf Stakeholdern mit einem starken Bezug zur Schweiz. Sie wurden in erster Linie mittels Internetrecherche (im Zeitraum von Anfang November 2021 bis Ende Januar 2022) über themenrelevante Studien, Berichte, Schweizer Zeitungsartikel, Vorträge und Webinare gesucht. Zudem wurden Kontakte innerhalb des ETH-Bereichs und anderer Schweizer Forschungsinstitute, der TA-SWISS-BG, verschiedener Verbände und der Swiss Carbon Removal Platform nach für die Stakeholderanalyse wesentlichen Akteuren befragt.

Das Projektteam versteht sich selbst nicht als Stakeholder und orientiert sich an den verfügbaren Fakten. Die Aussagen der Stakeholder werden vom Projektteam berücksichtigt, um Chancen und Risiken abzuschätzen sowie als Hinweis auf die Entwicklung der Technologie und weitere relevante Aspekte. Die Aussagen können auch in die aus der Studie resultierenden Empfehlungen einfliessen. Letztere sind jedoch die Empfehlungen des Projektteams und nicht die Empfehlungen einzelner Stakeholder oder Stakeholdergruppen.

2.2.1. Auswahl der Teilnehmenden

Für die zweistufige Onlinebefragung zur Erstellung von Meinungslandschaften (siehe auch Abschnitt 2.3) im Februar und März 2022 wurden alle 273 identifizierten Stakeholder aus der Stakeholderanalyse kontaktiert (**Tab. 2)**. Davon nahmen in der ersten Phase 62 an der Onlinebefragung teil und komplettierten 102 Befragungen zu den Technologien. In der zweiten Phase machten 33 Stakeholder mit und es wurden 52 Befragungen vollständig ausgefüllt.

Tab. 2: Anzahl, Rücklaufquote und Gruppen der teilnehmenden Stakeholder an der Onlinebefragung

	Anzahl angefragte Stakeholder	**1. Phase kom-plettiert**	**2. Phase kom-plettiert**	**2. Phase vs. 1. Phase**
Stakeholder	**273**	**62**	**33**	**53 %**
Weiblich		*22*	*13*	*59 %*
Männlich		*40*	*20*	*50 %*
Medien	11	0	0	–
NGO	24	8	4	50 %
Politik	30	0	0	–
Verwaltung	59	28	16	57 %
Wirtschaft	72	11	6	55 %
Wissenschaft	77	15	7	47 %
NET				
Waldmanagement		26	12	46 %
Bodenmanagement		23	11	48 %
BECCS		20	13	65 %
DACCS		20	9	45 %
Carbonatisierung		13	7	54 %
Anzahl komplettierte Befragungen	**273**	**102**	**52**	**51 %**

Quelle: Eigene Zusammenstellung

Einordnung der Beteiligung an der Onlinebefragung

Befragt wurden systematisch Fachleute aus verschiedenen Stakeholdergruppen der Schweiz. Auffallend war, im Verhältnis zu den anderen Anspruchsgruppen, die starke Beteiligung von Akteuren aus dem Bereich der Verwaltung **(Tab. 2)**. Der Grund dafür ist, dass es in allen 26 Kantonen verantwortliche Akteure zum Thema der nachhaltigen Entwicklung und der CO_2-Reduktion gibt und die Befragung in diesem Netzwerk gut kommuniziert wurde.

Trotz mehrfacher Anfragen konnte aus den Reihen der Medien und der Politik leider niemand für eine Teilnahme gewonnen werden. Gründe dafür liegen nach Rückmeldungen einzelner Personen in der zeitlichen Überlastung der auf Bundesebene aktiven Politikerinnen und Politiker sowie aufseiten der Medien in der spezifischen NET-Fokussierung der Befragung. Die angefragten Journalistinnen und Journalisten hatten zwar im Bereich der Klimakrise und CO_2-Ziele publiziert, jedoch nicht ihren Fokus auf die NET.

2.2.2. Auswahl der Stakeholder für Tiefeninterviews

Um ein möglichst vielfältiges Spektrum an Sichtweisen und Argumenten bezüglich der unterschiedlichen Chancen und Risiken von NET zu erhalten, wurden für die Tiefeninterviews Stakeholder aus verschiedenen Meinungsgruppen (gemäss der Analyse der Meinungslandschaften) und Sektoren (gemäss Stakeholderanalyse) ausgewählt. Dies zeigt auch **Abb. 1** am Beispiel DACCS. Die ausgewählten Interviewpartner kommen aus der Wirtschaft (violett, Meinungsgruppe «chancenreich») und der Wissenschaft (grün, Meinungsgruppe «risikoreich»). Pro NET wurden zwei bis drei Stakeholder interviewt. Zwei weitere Stakeholder wurden zu übergreifenden, systemischen Aspekten einer NET befragt. Insgesamt wurden im Zeitraum vom 9. bis 31. Mai 2022 somit 13 Tiefeninterviews von jeweils einer Stunde Dauer durchgeführt.

Abb. 1: Auswahl Stakeholder für Tiefeninterviews am Beispiel DACCS (Quadrate)

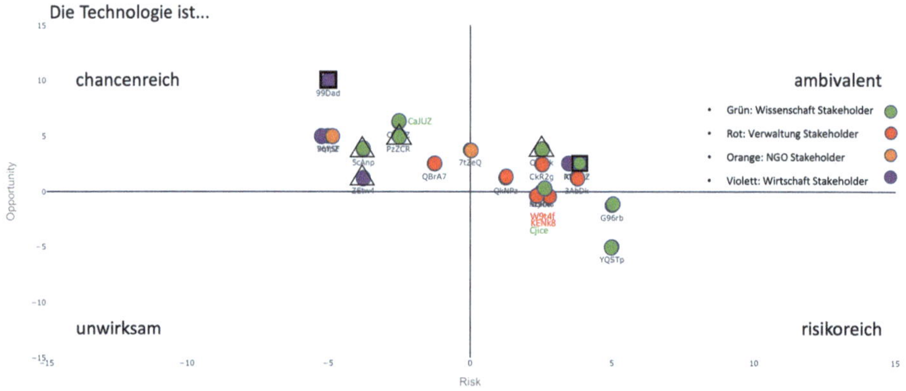

Quelle: Eigene Darstellung

2.2.3. Auswahl der Workshop-Teilnehmenden

Am 1. Juli 2022 fand der Stakeholderworkshop mit 23 ausgewählten Teilnehmerinnen und Teilnehmern im Grossen Saal des Kulturparks Zürich statt.

Ziel des Workshops war es, die vom Studienteam auf Basis der bisherigen Ergebnisse in einer ersten Version erarbeiteten Empfehlungen gemeinsam mit den Stakeholdern zu reflektieren.

Zu diesem Zweck sollte sowohl die fachliche Expertise als auch ein breites Spektrum an Meinungsgruppen im Workshop vertreten sein. Dies wurde dadurch sichergestellt, dass unter den Teilnehmenden der Onlinebefragung Stakeholder ausgewählt wurden, die unterschiedliche Meinungen und Einschätzungen der Chancen und Risiken repräsentieren (siehe **Abb. 2** für das Beispiel BECCS). Ergänzt wurden die Einladungen durch Stakeholder, deren Expertise für die jeweilige NET oder für die Gesamtbetrachtung wesentlich erschien. Gleichzeitig wurde darauf geachtet, dass einzelne Institutionen nicht überrepräsentiert waren. Dies wird in **Abb. 2** ersichtlich.

Abb. 2: Ausgewählte Stakeholder für den Workshop am Beispiel BECCS (Dreiecke)

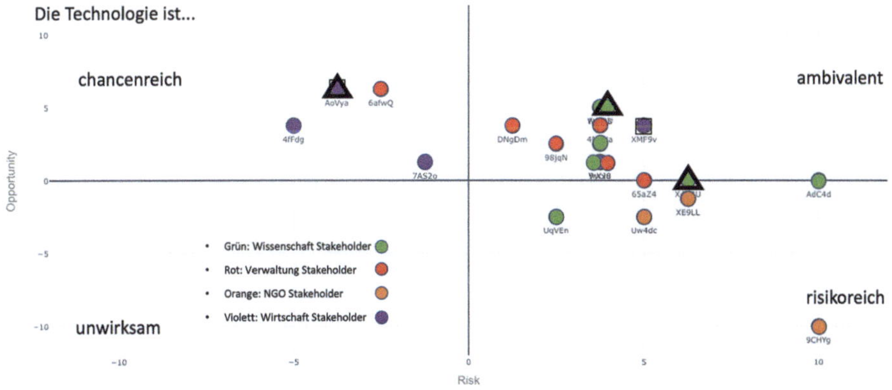

Quelle: Eigene Darstellung

Abb. 3: Verteilung der Sektoren in NET-Gruppen am Stakeholderworkshop

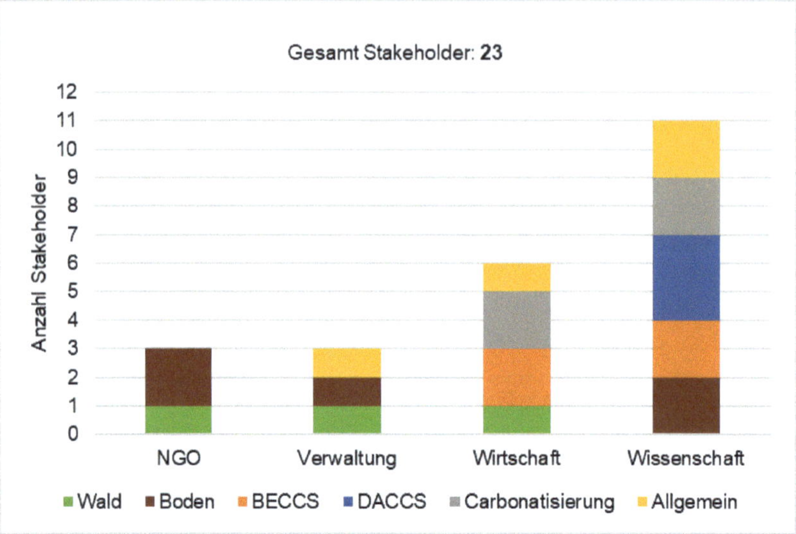

Quelle: Eigene Darstellung

2.3. Meinungslandschaften für Technikfolgenabschätzung

Ziel einer konstruktiven und partizipativen Technikfolgenabschätzung muss es stets sein, eine möglichst grosse Meinungsvielfalt seitens der für die Technologie relevanten Stakeholder zu berücksichtigen. LOTA (Landscape of Opinions for Technology Assessment) ist eine in dieser Studie erstmals eingesetzte Onlinebefragungsmethodik, die softwareunterstützt die Meinungsvielfalt einer befragten Gruppe **(Abb. 2)** zu den Chancen und Risiken der Technologie für aggregierte und global anerkannte Ziele der nachhaltigen Entwicklung darstellt **(Abb. 4)**. Diese grafische Darstellung dient wiederum als Grundlage, um möglichst kontrovers zueinanderstehende Meinungen genauer zu betrachten und auf ihre Argumentation bzw. Meinungsgrundlage hin zu untersuchen.

Die LOTA-Methode und -Software wurden von der Forschungsgruppe Informatik und Nachhaltigkeit (Prof. Dr. Lorenz Hilty) der Universität Zürich und der Abteilung Technologie und Gesellschaft (Dr. Clemens Mader) der Empa entwickelt.

Abb. 4: Meinungslandschaft in Quadranten, dargestellt am Beispiel Waldmanagement

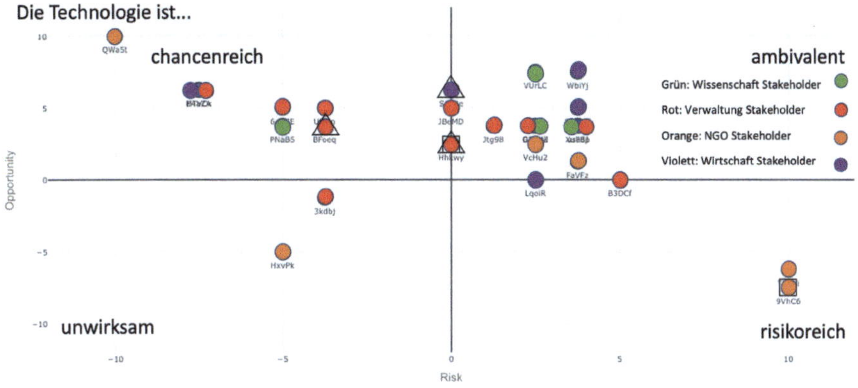

Quelle: Eigene Darstellung

Im Rahmen der online durchgeführten zweistufigen LOTA-Befragung schildern die Stakeholder Chancen und Risiken einer Technologie, die aus ihrer Sicht für globale Ziele relevant sind (**Abb. 5**; Fragen im Anhang). Wir gehen dabei, wie auch in den Faktenblättern angegeben, von einem geografischen Systemrahmen der Schweiz aus. Die Anwendung der NET in der Schweiz und im Hinblick auf die Schweizer CO_2-Ziele steht im Fokus der Studie. Unter der Prämisse, dass «Massnahmen in und durch die Schweiz auch Wirkungen ausserhalb der Schweiz erzeugen können», eröffneten die in LOTA vorgeschlagenen globalen, u. a. über die Schweiz hinausgehenden Ziele einen globalen Rahmen möglicher Auswirkungen. Dies erlaubte es dem Projektteam im Verlauf der Studie, den Fokus mithilfe der Tiefeninterviews und des Stakeholderworkshops einzugrenzen und systemisch globale, aber für die Schweiz relevante oder durch die Schweiz ausgelöste Wirkungsweisen zu betrachten.

In der ersten Phase der LOTA-Befragung benennen die Stakeholder aus einer Auswahl von neun konsolidierten Zielstellungen **(Tab. 3)** diejenigen globalen Zielstellungen, auf welche die Technologie ihrer Meinung nach einen direkten positiven oder negativen Einfluss ausübt. Diese Zielstellungen wurden aus der UN-Menschenrechtserklärung, den UN-Nachhaltigkeitszielen, dem Human Development Index und dem Happy Planet Index abgeleitet und können von den Stakeholdern nach Bedarf ergänzt werden.

Tab. 3: Globale konsolidierte Ziele

Globales Ziel	Beschreibung
Fulfilment of Basic Needs	Keine Armut, kein Hunger, Verfügbarkeit von Wasser und sanitären Einrichtungen für alle, ein für Gesundheit und Wohlbefinden angemessener Lebensstandard einschliesslich Nahrung, Kleidung, Wohnung, Energie, medizinischer Versorgung und der notwendigen sozialen Dienste.
Basic Freedoms	Gedanken- und Religionsfreiheit; Meinungsfreiheit, Recht auf freie Meinungsäusserung und friedliche Versammlung; Freizügigkeit und Asylrecht. Demokratische und wirtschaftliche Freiheiten. Recht auf Erholung und Freizeit. Keine Sklaverei.
Security and Peace	Sichere Städte und Siedlungen. Friedliche und integrative Gesellschaften. Soziale Sicherheit, gerechte und günstige Arbeitsbedingungen. Keine Folter oder grausame, unmenschliche sowie erniedrigende Behandlung oder Bestrafung.
Healthy Environment	Ein stabiles Weltklima. Gesunde Ozeane und Wasserressourcen. Nachhaltige Nutzung der terrestrischen Ökosysteme, keine weitere Landdegradation und kein Verlust an biologischer Vielfalt. Nachhaltige Konsum- und Produktionsmuster.
Education and Access to Knowledge	Bildung und Möglichkeiten des lebenslangen Lernens für alle. Das Recht, am kulturellen Leben der Gemeinschaft teilzunehmen, die Künste zu geniessen und am wissenschaftlichen Fortschritt und seinen Vorteilen teilzuhaben.
Rule of Law	Zugang zur Justiz für alle und effektive, rechenschaftspflichtige und integrative Institutionen. Gewährleistung der in der Verfassung oder im Gesetz verankerten Grundrechte.
Equality	Gleiche Rechte für alle Menschen, keine Diskriminierung aufgrund von Geschlecht, Religion, Rasse, Nationalität. Verringerung der Ungleichheit innerhalb und zwischen den Ländern.
Prosperity	Wohlergehen. Wirtschaftswachstum und Vollbeschäftigung. Hohes Pro-Kopf-Einkommen. Widerstandsfähige Infrastruktur, fortschreitende Industrialisierung und Innovation.
Global Consensus and Governance	Stärkung der Mittel zur Umsetzung und der globalen Partnerschaften für Menschenrechte und nachhaltige Entwicklung.

Quelle: Eigene Zusammenstellung

Im Falle der NET-Studie wurden von den Stakeholdern vor allem die Ziele Healthy Environment, Fulfilment of Basic Needs und Prosperity genannt. Danach fragt LOTA nach der Einschätzung des Ausmasses der Chancen und Risiken für die ausgewählten Ziele und nach den Gründen, die zu dieser Einordnung geführt haben. Auf der Grundlage dieser Begründungen aggregiert das Projektteam in der Folge Wirkungskategorien für die Phase 2 der LOTA-Befragung.

In der zweiten Phase werden die Befragten mit allen Wirkungskategorien der ersten Phase und somit auch mit jenen anderer Stakeholder konfrontiert und gebeten, einzuschätzen, wie hoch sie den Einfluss dieser Wirkungsbeziehungen auf die aus der ersten Phase resultierenden relevanten Ziele einschätzen. Daraus erstellt LOTA eine Abbildung der Wirkungszusammenhänge zwischen Wirkungskategorien und globalen Ziele.

Abb. 5 visualisiert die Wirkungsweisen der Technologie als Chance (grün) oder Risiko (rot) auf die Zielstellungen. Es wird dabei deutlich, dass die Wirkungskategorien (z. B. Land Use) sowohl Chancen wie auch Risiken (z. B. Basic Needs, Healthy Environment) nach sich ziehen können. Entscheidend ist es, anhand der zugrunde liegenden Beschreibungen der Stakeholder eine erste Einschätzung davon zu erhalten, für welche Ziele die Technologie eine besondere Chance oder ein besonderes Risiko darstellt. Daraus lässt sich für die Interviews und weitere vertiefende Studien folgern, wie diese Chancen gefördert und die Risiken vermieden werden können.

Abb. 5: Beispielhafte Darstellung der von den Stakeholdern identifizierten Wirkungen von Wirkungskategorien auf die globalen Ziele am Beispiel Waldmanagement

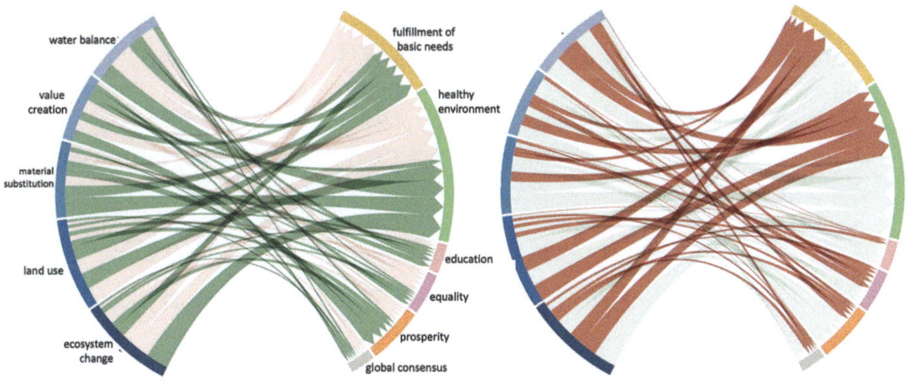

Quelle: Eigene Darstellung

In dieser Studie wurde für jede NET eine LOTA-Befragung durchgeführt (insgesamt also fünf Befragungen mit jeweils zwei Phasen). Diese Befragungen führen zu folgenden Erkenntnisfeldern:

1. Meinungsgruppen: Nach Phase 1 der Befragung wertet die LOTA-Befragungssoftware Meinungsgruppen aus, die sich in vier Cluster einteilen lassen (siehe auch **Abb. 4**):

    - Stakeholder, die die Technologie im Hinblick auf die globalen Ziele als **risikoreich** beschreiben;
    - Stakeholder, die die Technologie als **chancenreich** einschätzen, mit einer ausgeprägten Beschreibung der Chancen.
    - Stakeholder, die die Technologie **ambivalent** beschreiben, sowohl in Bezug auf Chancen als auch auf Risiken.
    - Stakeholder **ohne Meinung,** die sich weder zu den Chancen noch zu den Risiken der Technologie eindeutig äussern.

2. Wirkungskategorien: In der LOTA-Befragung begründen die Fachleute ihre Einschätzung hinsichtlich der Chancen oder der Risiken der NET für globale Ziele. Diese Einschätzungen werden im weiteren Verlauf für zwei wesentliche Schritte benötigt: Erstens führen sie in der Synthese zur Benennung zentraler Wirkungskategorien der Technologie auf die globalen Ziele und zweitens werden sie für die Diskussion in den an die Onlinebefragung anschliessenden Tiefeninterviews mit ausgewählten Fachleuten verwendet.

3. Wirkungsdiagramm **(Abb. 5)**: In Phase 2 der LOTA-Befragung stellen die Teilnehmenden einen direkten Bezug zur Chancen- oder Risikoeinschätzung der Wirkungskategorien auf die globalen Ziele her. Daraus resultiert ein Abbild der besonders kritischen Wirkungskategorien in zweierlei Hinsicht: Erstens welche Wirkungskategorien besonders viele globale Ziele (als Chance, und/oder Risiko) betreffen und zweitens für das Erreichen welcher Ziele die Technologie eine besondere Chance oder ein besonderes Risiko darstellt.

2.4. Tiefeninterviews

Im Anschluss an die Onlinebefragung wurden mit Stakeholdern aus unterschiedlichen beruflichen Sektoren und mit einem – gemäss Befragungsauswertung – möglichst vielfältigen Meinungsspektrum halbstrukturierte narrative Tiefeninterviews geführt. Diese orientierten sich jeweils an vier Schwerpunkten:

a) Chancen und Risiken der Technologie für die Schweizer Bevölkerung,

b) Fragen, die sich aus der LOTA-Befragung in Bezug auf die Wirkungskategorien ergeben, sowie offene Fragen, welche aus der Recherche der Faktenblätter resultierten,

c) Diskussion über Synergien und Konkurrenz der NET aus systemischer Sicht (NET-übergreifend, politische, klimatische, nationale und globale Perspektive) sowie

d) Einschätzung des Potenzials der befragten NET im In- und Ausland.

Die Interviews wurden zwischen dem 9. und dem 31. Mai 2022 mithilfe der Videokonferenzsoftware «Zoom» durchgeführt und dauerten eine Stunde. Geleitet wurden alle 13 Interviews von derselben Person. Dazu kam eine Fachperson für die jeweils fokussierte Technologie aus dem Projektteam sowie eine Person, welche anhand des in der visuellen Kollaborationsform «Miro» erstellten Interviewleitfadens das Protokoll verfasste. Die Interviews wurden mit dem Einverständnis der Teilnehmenden zur Verwendung in der Studie zudem auf Video aufgezeichnet.

2.5. Workshop

Nach den Tiefeninterviews und der Entwicklung erster Empfehlungsentwürfe durch das Projektteam fand am 1. Juli 2022 ein halbtägiger Stakeholderworkshop statt. Ziel war es, die Empfehlungen (Abschnitt 2.6), die das Studienteam in einer ersten Version auf Basis der bisherigen Ergebnisse entwickelt hatte, gemeinsam mit den Stakeholdern zu reflektieren und offen zu diskutieren. Für diesen Schritt ist es relevant, dass Fachleute aus einem breiten Spektrum von Wissenschaft, Verwaltung, Wirtschaft und Zivilgesellschaft im Workshop vertreten sind, um ihre vielfältigen Perspektiven auf die Technologien und das systemische Wissen zu diskutieren und reflektieren.

Der Workshop fand im Grossen Saal des Kulturparks Zürich mit folgendem Programm statt:

10.00–10.30: Vorstellungsrunde und Kurzvorstellung der Studie

10.30–12.00: 1. Workshop-Runde mit technologiespezifischen Diskussionstischen zu:

- Waldmanagement und Holzverwendung
- Bodenmanagement und Pflanzenkohle
- BECCS
- DACCS
- Carbonatisierung
- NET-übergreifend systemische Perspektive

12.30–13.30: 2. Workshop-Runde: World Café rotierend zu allen NET-Tischen

13.30–14.00: Kurzreport/Zusammentragen der Workshop-Ergebnisse

14.00–14.30: Fazit, Ausblick

Für die Diskussionen in den Kleingruppen im ersten Teil wurden pro NET fünf bis sechs Empfehlungen besprochen. Dabei wurden folgende Leitfragen diskutiert:

- **Vollständigkeit:** Fehlen wichtige Empfehlungen? Sind Empfehlungen überflüssig?
- **Priorität:** Welche Empfehlungen sind wichtiger oder dringlicher als andere?
- **Akteure:** Wer ist betroffen und sollte aktiv einbezogen werden?
- **Akzeptanz:** Werden Sorgen und Bedürfnisse angemessen adressiert?
- **Politik:** Welche Regelungen müssen erweitert oder neu geschaffen werden?
- **System:** Sind konkurrierende/synergetische Effekte hinreichend berücksichtigt?
- **Kosten:** Welche NET können von den Verursachenden finanziert werden und wie?
- **Vision 2030:** Welche NET wird in welchem Umfang eingesetzt?
- **Konkretisierung:** Können die Empfehlungen weiter präzisiert werden?

Der zweite Teil des Workshops wurde in Form eines World Cafés durchgeführt. Dies ist eine Workshop-Methode, um Meinungen und Herangehensweisen zu einem bestimmten Thema von unterschiedlichen Akteuren einzuholen und in einen Austausch zu bringen. Ziel war es, die Meinungen aller Stakeholder zu allen Empfehlungen zu den fünf NET in kurzer Zeit zu erfassen.

Die Dokumentation des Workshops erfolgte als Fotoprotokoll für die Teilnehmenden; die Erkenntnisse flossen in die Gesamtanalyse des Berichts und die Empfehlungen ein.

2.6. Entwicklung von Empfehlungen

Basierend auf den zuvor beschriebenen Analysemethoden wurden detaillierte Empfehlungen für die zukünftige Nutzung der NET in der Schweiz formuliert, und zwar sowohl für die einzelnen NET als auch übergreifend für die Nutzung von NET insgesamt (Kapitel 5). Die Empfehlungen wurden auf der Grundlage von vier aufeinander aufbauenden Analyseschritten entwickelt **(Abb. 6)**.

Abb. 6: Analyseschritte als Grundlage für die Entwicklung der Empfehlungen

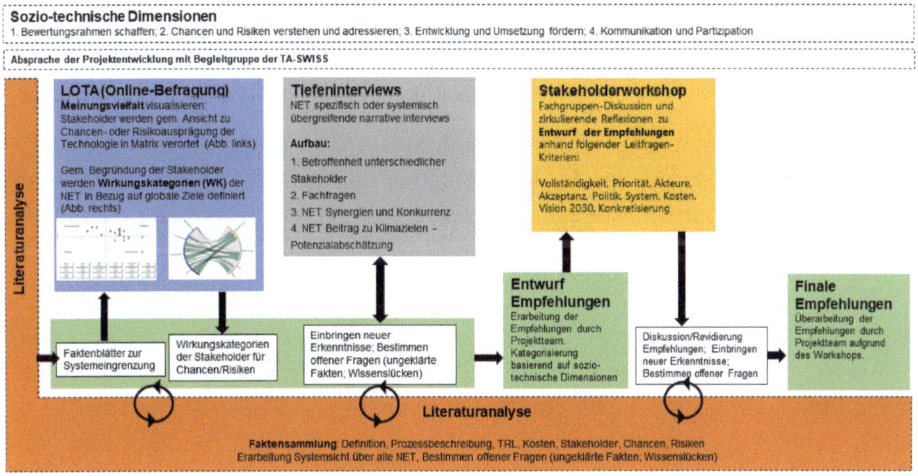

Quelle: Eigene Darstellung

1. Die Faktenblätter, als Ergebnis der Literaturanalyse, erfüllen zwei Funktionen: Zum einen wurden bei der Erarbeitung der Faktenblätter offene Punkte identifiziert, die in den Leitfragen für die Tiefeninterviews aufgegriffen wurden. Zum anderen dienten die Faktenblätter den Stakeholdern vor der Teilnahme an den LOTA-Befragungen oder den Interviews als technische Einführung und systemische Abgrenzung. Darüber hinaus sind sie in überarbeiteter Form Teil dieser Studie und beschreiben die Faktenlage (Kapitel 3).

2. Auf der Grundlage der LOTA-Befragungen wurden differenzierte Aussagen und Argumente zu Chancen und Risiken gesammelt, Wirkungskategorien von NET mit spezifischen Fragen für die Tiefeninterviews abgeleitet sowie Expertinnen und Experten mit prononcierten Meinungen für die Tiefeninterviews identifiziert.

3. Bereits während den narrativen Interviews formulierten viele Interviewpartnerinnen und -partner Empfehlungen, die vom Projektteam dokumentiert, kontextualisiert und hinterfragt wurden. Unter Berücksichtigung der Faktenblätter, der Ergebnisse aus den LOTA-Befragungen und der Dokumentation der Interviews formulierte das Projektteam danach eine erste Version von Empfehlungen als Grundlage für den nächsten Analyseschritt (Entwurf).

4. Im vierten und letzten Analyseschritt wurden die Empfehlungsentwürfe im Rahmen des Stakeholderworkshops in zwei Runden mit den Teilnehmenden diskutiert. Die erste Runde diente der fokussierten Reflexion durch die jeweiligen NET-Expertinnen und Experten. In der zweiten Runde konnten alle Teilnehmenden in mehreren Wechseln auch die Empfehlungen zu anderen NET auf systemische Zusammenhänge hin kommentieren und ergänzen. Viele Empfehlungen des Projektteams wurden von den Teilnehmenden unterstützt. Bei einigen wurden umfassende Änderungen, kleinere Anpassungen oder Konkretisierungen vorgeschlagen. Auch gab es Vorschläge für Ergänzungen, Streichungen oder die Zusammenfassung von Empfehlungen.

Nach dem Workshop wurden die Empfehlungsentwürfe unter Berücksichtigung der Vorschläge der Teilnehmenden sorgfältig überarbeitet und in einigen Fällen grundlegend revidiert. Die Empfehlungen können aus einem oder mehreren Analyseschritten abgeleitet sein. Die Aufnahme zusätzlicher Empfehlungen aus späteren Projektschritten (Workshop oder Interviews) in die Liste der Empfehlungen des Projektteams bedeutet, dass die Autoren auch diese Empfehlungen als wichtig erachten. Bei der LOTA-Befragung und den Tiefeninterviews wurde den Beteiligten die Anonymität zugesichert und beim Stakeholderworkshop wurden Chatham House Rules vereinbart. Die Beiträge der einzelnen Expertinnen und Experten können daher den Empfehlungen nicht direkt zugeordnet werden.

Die Studie bezieht sich ausdrücklich auf die Schweiz. Dies ergibt sich bereits daraus, dass die Studie durch TA-SWISS in Auftrag gegeben wurde, mit dem Ziel, für die Schweiz relevante politische und gesellschaftliche Empfehlungen zu erarbeiten. Die Empfehlungen sind als wissenschaftlich und methodisch breit abgestützter Bezugsrahmen für die notwendigen Aktivitäten zu verstehen. Ein Teil dieser Aktivitäten wurde bereits vor oder während der Studie initiiert. Um den Bezugsrahmen aufrechtzuerhalten und die Bedeutung dieser Aktivitäten zu unterstreichen, hält die Projektgruppe an den Empfehlungen fest. Im politischen Kontext bedeutet dies, dass das Projektteam an den entsprechenden Stellen im Bericht auf alle ihm bekannten relevanten Dokumente und Initiativen des Bundes verweist.

Im Verlauf der Studie fanden insgesamt vier Treffen mit einer durch TA-SWISS extern besetzten Begleitgruppe (BG) mit Expertinnen und Experten aus Wissenschaft, Politik, Verwaltung, Wirtschaft und Zivilgesellschaft statt (siehe auch Kapitel 7 Anhang: Begleitgruppe). Die BG lieferte fachliches Feedback zum Inhalt und zum methodischen Aufbau der gesamten Studie.

3. Negativemissionstechnologien

Im folgenden Kapitel werden sowohl Hintergründe für die Nutzung der Methoden zur CO_2-Entnahme aus der Atmosphäre und -Speicherung dargestellt (Bedarf, Potenzial, Abgrenzungen zu anderen Technologien etc.) als auch wichtige Aspekte der einzelnen NET erläutert (Entwicklungsstand, Kosten, Rechtsrahmen etc.). Das Kapitel basiert auf den Faktenblättern, die im Rahmen der LOTA-Befragung als Informationsgrundlage für die Teilnehmenden eingesetzt wurden (siehe auch Abschnitt 2.1). Abschliessend werden Gemeinsamkeiten und Unterschiede der einzelnen NET analysiert und ein Fazit gezogen.

3.1. Hintergrund

Damit die Schweiz ihrer klimapolitischen Verantwortung gerecht werden kann, müssen die menschengemachten Treibhausgasemissionen auf netto null reduziert werden.

Um bis spätestens 2050 eine ausgeglichene Treibhausgasbilanz vorzuweisen, strebt die Schweiz in erster Linie an, die anthropogenen Treibhausgasemissionen stark zu reduzieren (BAFU 2022b). Dies ist jedoch in einigen Bereichen nur schwer machbar, weil die Emission von Treibhausgasen (THG) technologiebedingt nicht auf null reduziert werden kann.

Um die verbleibenden, schwer reduzierbaren Klimabelastungen auszugleichen, muss gemäss den Schlussfolgerungen des Weltklimarates (engl. Intergovernmental Panel on Climate Change, IPCC) Kohlendioxid (CO_2) aktiv und dauerhaft wieder aus der Atmosphäre entfernt werden (IPCC 2022).

Treibhausgasemissionen in der Schweiz

Im Jahr 2020 wurden in der Schweiz insgesamt 43,4 Millionen Tonnen CO_2eq THG ausgestossen (BAFU 2022d).[3] Das entspricht einem Rückgang von rund 20 % gegenüber 1990, dem Referenzjahr für die internationale Klimapolitik. Fast 80 % der THG-Emissionen entfallen auf Kohlendioxid (CO_2), die restlichen 20 % auf Methan (CH_4), Lachgas (N_2O) sowie synthetische Industriegase (BAFU 2022d). Im Zeitraum von 1990 bis 2018 ist der Anteil der Schweiz an den globalen THG-Emissionen von fast 0,2 % auf weniger als 0,1 % gesunken (Olivier et al. 2021).

Für diesen Zweck gibt es eine Reihe von technischen Konzepten, mit denen CO_2 aus der Luft abgeschieden und das CO_2 oder der Kohlenstoff dauerhaft in geologischen oder biologischen Senken (Boden, Wald) oder in chemischen Verbindungen so deponiert wird, dass es nicht wieder in die Atmosphäre gelangt. Da dieser Vorgang die Emission von Treibhausgasen umkehrt, spricht man von negativen Emissionen bzw. Negativemissionstechnologien (NET).

Laut IPCC (2022) kann die globale Erwärmung nur dann auf 1,5 Grad Celsius beschränkt werden, wenn die weltweiten CO_2-Emissionen um das Jahr 2050 netto null betragen. Verbleibende CO_2-Emissionen müssen dann durch die dauerhafte Entnahme von CO_2 aus der Atmosphäre ausgeglichen werden. Die NET werden als Beitrag zur Erreichung der Klimaneutralität betrachtet. Sowohl die langfristige Klimastrategie der Schweiz[4] als auch die Energieperspektive 2050+ des Bundes[5] bauen auf den Klimaentlastungseffekt der NET. Es ist jedoch noch nicht genau bekannt, wie wirksam diese Technologien sind und welche Auswirkungen ihre Anwendung auf die Bevölkerung in der Schweiz und die Umwelt haben wird.

---

[3] CO_2eq bedeutet CO_2-Äquivalent: Die Treibhauswirkung anderer THG, wie Methan oder Lachgas, die stärker klimawirksam sind als CO_2, wird dabei in die Treibhauswirkung von CO_2 umgerechnet.

[4] https://www.bafu.admin.ch/bafu/de/home/themen/klima/fachinformationen/emissionsverminderung/verminderungsziele/ziel-2050/klimastrategie-2050.html.

[5] https://pubdb.bfe.admin.ch/de/publication/download/10323
https://www.bafu.admin.ch/bafu/de/home/themen/klima/fachinformationen/emissionsverminderung/verminderungsziele/ziel-2050/klimastrategie-2050.html.

Abb. 7: Geplante Nutzung von NET zur Erreichung des Netto-Null-Ziels

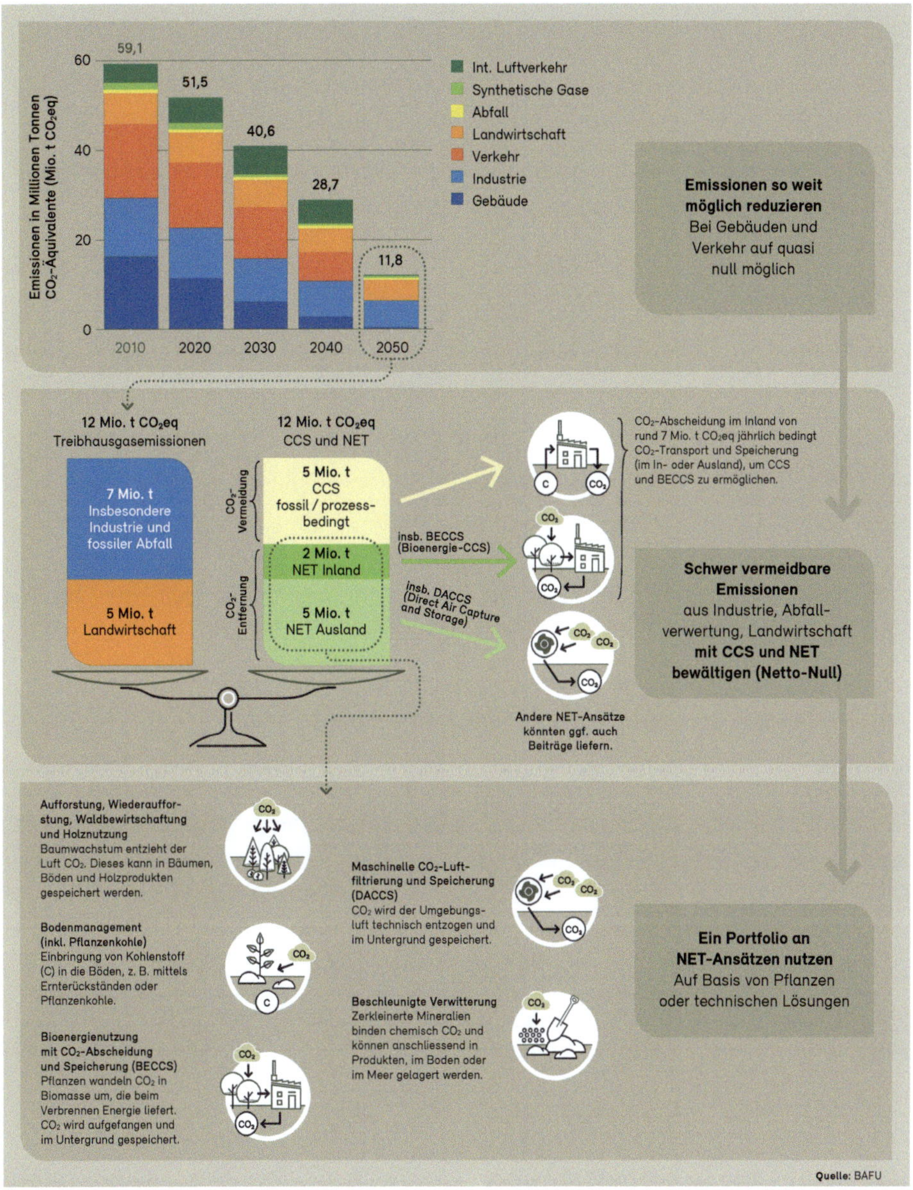

Quelle: Ramer (2022)

Die nachfolgenden Abschnitte geben eine Übersicht über den Stand der wissenschaftlichen und ökonomischen Sachverhalte zu fünf ausgewählten NET. Dies sind:

- CO_2-Bindung und -Speicherung in Biomasse in Form von Holz durch Fotosynthese mittels Waldmanagement und langfristiger Holzverwendung;
- CO_2-Bindung und -Speicherung in Form von komplexen Kohlenstoffverbindungen mittels Bodenmanagement als Humus oder Pflanzenkohle;
- CO_2-Abscheidung aus Abgasen von Biomasseverbrennung mit anschliessender -Speicherung (BECCS);
- Direkte CO_2-Entfernung aus der Luft mit anschliessender -Speicherung (DACCS);
- CO_2-Entfernung aus der Luft mittels beschleunigter Verwitterung von Beton oder Gestein.

Auch durch Ozeandüngung kann der Atmosphäre CO_2 entzogen werden. Diese Option wird in diesem Projekt jedoch nicht weiter betrachtet, weil «es unwahrscheinlich [ist], dass Ansätze wie die Ozeandüngung für die Schweiz von Bedeutung sein werden» (Der Bundesrat 2020b).[6]

3.1.1. Bedarf an negativen Emissionen in der Schweiz

Die Klimaziele im Pariser Abkommen und das Klimaziel der Schweiz für 2050 können laut IPCC (2022) nicht mehr allein durch Emissionsreduktion erreicht werden. Die Schweiz strebt ab 2050 das Netto-Null-Ziel bei den anthropogenen THG-Emissionen an. Laut Bundesrat bedeutet netto null, «dass sich der Ausstoss von CO_2 in die Atmosphäre und die Aufnahme von CO_2 in natürlichen oder technischen Speichern die Waage halten» (Der Bundesrat 2020b).

Der Bundesrat (2020b) erwartet für das Jahr 2050 territoriale THG-Emissionen in Höhe von rund 12 Mio. t CO_2eq (BAFU 2022b). Ein Teil dieser THG-Emis-

[6] Darüber hinaus können z. B. auch mittels Wiedervernässung von Mooren, direkter Methanabscheidung oder Pyrolyse von Biogas THG-Emissionen der Atmosphäre entzogen werden (Wang et al. 2022; Martens et al. 2021; Sánchez-Bastardo et al. 2021; Günther et al. 2020; Lackner 2020). Diese Optionen werden jedoch in Abstimmung mit TA-SWISS nicht in die folgenden Analysen einbezogen.

sionen entsteht durch industrielle Punktquellen, wo das CO_2 direkt aufgefangen werden kann.

• Zementproduktion	ca. 2 Mio. t CO_2eq (Abscheidung an der Quelle möglich)
• Kehrichtverbrennung	3–3,5 Mio. t CO_2eq (Abscheidung an der Quelle möglich)

Nach Einschätzung des Bundesrats ist bis 2050 eine CO_2-Abscheidung an industriellen Punktquellen von ca. 5 Mio. t CO_2eq erforderlich. Diese Abscheidung und Einlagerung von CO_2 (CCS) wird nicht als Negativemission betrachtet, da es sich nur um eine Emissionsvermeidung handelt. Abzüglich der vorgenannten Teilmengen verbleibt ein möglicher Bedarf nach negativen Emissionen. In der Klimastrategie 2050 schätzt der Bundesrat den Bedarf für Negativemissionen zum Ausgleich nicht vermeidbarer THG-Emissionen in die Luft auf ca. 7 Mio. t CO_2eq. Dieser Wert setzt sich aus den folgenden Beiträgen zusammen:

• Landwirtschaft	ca. 4,1 Mio. t CO_2eq (CO_2-Entfernung aus der Luft nötig)
• Industrielle Quellen ohne CCS	ca. 3,0 Mio. t CO_2eq (CO_2-Entfernung aus der Luft nötig)

Ein weiterer NET-Bedarf ergibt sich aus dem Schweizer Anteil der CO_2-Emissionen von Flugzeugen, wenn Kerosin aus fossilen Rohstoffen verbrannt wird:

• Luftverkehr (Schweizer Anteil)	5,7 Mio. t CO_2eq (CO_2-Entfernung aus der Luft nötig)[7]

Da 5 Mio. t CO_2eq prozessbedingter Emissionen durch CCS vermieden werden können, ergibt sich ein Bedarf für eine NET-Kapazität von bis zu 7 Mio. t CO_2eq. Davon sollen 5 Mio. t CO_2eq durch NET im Ausland ausgeglichen werden, sodass 2 Mio. t CO_2eq zum Ausgleich durch NET in der Schweiz übrig bleiben.

Seit dem Beschluss des Bundesrates im Jahr 2019 zum Netto-Null-Ziel 2050 findet in der Schweiz eine intensive Debatte zu den NET statt, an der sich ver-

---

[7] Nur CO_2-Emissionen aus der Verbrennung von Treibstoffen in Flugzeugen; die tatsächliche Klimawirkung liegt um einen Faktor 1–3 höher als die CO_2-Emissionen des Luftverkehrs. Ziel ist es, die CO_2-Emissionen durch aus erneuerbaren Energien produzierte Kraftstoffe bis 2050 auf netto null zu reduzieren, die Nicht-CO_2-Wirkungen so weit wie möglich zu reduzieren und die verbleibenden Klimawirkungen auszugleichen (Der Bundesrat 2021a).

schiedene Akteure beteiligen. In **Tab. 4** sind die Zeitpunkte wesentlicher Initiativen und Publikationen sowie der Analyseschritte dieser Studie dargestellt.

Tab. 4: Politischer Kontext

2019	
Aug.	Verkündung Netto-Null-Ziel 2050 (Der Bundesrat 2019)
Nov.	Einreichung der überparteilichen Volksinitiative «Für ein gesundes Klima» (Gletscher-Initiative 2019)
2020	
Sep.	Parlamentarischer Vorstoss: Schluss mit der Blackbox. Klimaschutz, Energiesicherheit und Infrastrukturnutzung dank Erforschung des Untergrunds (SP 2020)
Sep.	Postulatsbericht zur Rolle von Negativemissionstechnologien in der Schweizer Klimapolitik – systematischer Überblick der heute bekannten Ansätze (Der Bundesrat 2020b)
2021	
Jan.	Verabschiedung der langfristigen Klimastrategie 2050 – Kapitel 8.9 zu Negativemissionstechnologien (BAFU 2021e)
Okt.	Parlamentarischer Vorstoss: Forschung und Entwicklung von Negativemissionstechnologien fördern (SP 2021a)
Nov.	*Projektstart*
Nov.–Jan.	*Stakeholderanalyse*
Nov.–Feb.	*Literaturanalyse und Faktenblätter*
2022	
März	Die Abfallbranche verpflichtet sich, bis 2030 min. eine Abscheidungsanlage in Betrieb zu nehmen, die min. 100 000 t CO_2/Jahr abscheidet (SE 2022b)
Juni	Projekte zur CO_2-Speicherung im In- und Ausland sind als Kompensation nach CO_2-Gesetz zugelassen und können von BAFU zertifiziert werden (BAFU 2022c)
Feb.–März	*Onlinebefragung (LOTA)*
Mai	*Tiefeninterviews*

Mai	Bericht des Bundesrates zum schrittweisen Ausbau von CCS und NET (BAFU 2022a)
Jul.	*Stakeholderworkshop*
Sep.	Bundesrat überweist Botschaft zur Revision des CO_2-Gesetzes an Parlament. Mit der Revision des CO_2-Gesetzes für 2025–2030 soll CCS im Schweizer Emissionshandelssystem anrechenbar werden (Der Bundesrat 2022b)
Sep.	Das Parlament hat das Bundesgesetz über die Ziele im Klimaschutz (SE 2022a), das im Rahmen des indirekten Gegenentwurfs zur Gletscher-Initiative erarbeitet wurde (SP 2021b), in der Herbstsession angenommen; das Initiativkomitee hat daraufhin den bedingten Rückzug der Gletscher-Initiative beschlossen
Sep.	Der Gegenvorschlag zur Gletscher-Initiative (SP 2021b) sieht ein Netto-Null-Ziel für 2050 und ein Netto-Negativ-Ziel danach vor; es werden darin Richtwerte für Verminderungsziele einzelner Wirtschaftssektoren sowie Netto-Null-Ziele für Unternehmen und Bundesverwaltung festgehalten; zudem sind Fördergelder und die Absicherung von Risiken u.a. bei CO_2-Infrastrukturbauten vorgesehen (Gletscher-Initiative 2022a)
Okt.	Die Stiftung Klimarappen hat mit dem Bund eine Ausschreibung für CCS- und NET-Projekte durchgeführt (Der Bundesrat 2022a)
Okt.	Die SVP kündet ein Referendum gegen den indirekten Gegenvorschlag zur Gletscher-Initiative an (Frist: 19. Januar 2023); in der Zwischenzeit wird das Bundesgesetz über die Ziele im Klimaschutz nicht umgesetzt (SE 2022a)
Nov.	*Übergabe Projektbericht*

Quelle: Eigene Zusammenstellung

3.1.2. Unsicherheit von Potenzial- und Kostenschätzungen

Aus heutiger Perspektive ist der Erfolg der bis 2050 geplanten THG-Emissionsreduktion in den verschiedenen Wirtschaftsbereichen noch nicht mit Sicherheit vorhersagbar. So kommt es z. B. im Verkehrssektor darauf an, welche Verkehrsmittel in Zukunft wie stark genutzt werden (Flugzeug, Auto, Bahn), welche alternativen Antriebssysteme mit welchen Energieformen die Verbrennungsmotoren ersetzen können und in welchem Zeithorizont. Somit ist die Gesamtmenge der bis 2050 verbleibenden THG-Emissionen und der daraus resultierende Bedarf für NET mit Unsicherheit behaftet. Das Gleiche gilt auch für die möglichen zukünftigen Beiträge der verschiedenen NET für einen Ausgleich der THG-Emissionen. Zum einen befinden sich die Technologien teilweise noch im Entwicklungsstadium, sodass noch unzureichende Erfahrungen zu ihrer Performance zur CO_2-Entfernung vorliegen. Zum anderen erfordern die NET ein Zusammenspiel verschiedener technischer und logistischer Teilprozesse. Diese sind zwar im Einzelnen schon vorhanden und teilweise auch im Einsatz, aber in ihrer Gesamtheit sind die NET noch nicht – oder noch nicht in einem klimawirksamen Umfang – erprobt und deshalb auch noch nicht im Detail vorhersehbar.

Hinzu kommt, dass zukünftig vermutlich mehrere oder sogar alle NET parallel eingesetzt werden. Da die einzelnen NET teilweise auf die gleichen energetischen, infrastrukturellen und natürlichen Ressourcen und CO_2-Speichermöglichkeiten zugreifen, lassen sie sich nicht unabhängig voneinander bewerten. Die Konkurrenz von NET um die Nutzung knapper Ressourcen wie Biomasse, Wasser, Arbeitskräfte, Energie und Transportmittel kann ihre Preise beeinflussen. Andererseits sind auch Synergien zwischen den NET möglich, die die Effizienz des Einsatzes dieser Technologien verbessern und die Kosten senken. Diese Effekte sind aus heutiger Sicht noch nicht hinreichend absehbar, sodass sich Prognosen zur Performance und den Kosten der NET nur in groben Bandbreiten ausdrücken lassen.

3.1.3. Unterschiede zwischen NET, CCS und CCU

Bei CCS ist die Herkunft des CO_2 aus der Quelle entscheidend. Handelt es sich um fossile Quellen, spricht man von Vermeidung – bei biogenen Quellen spricht man von negativen Emissionen. Bei Punktquellen, wie z. B. Zementwerken oder Kehrichtverbrennungsanlagen, ist der Einsatz einer Technologie zur Abscheidung und Speicherung von CO_2 besonders gut geeignet. Bei einer flächendeckenden Anwendung dieser Technologien liessen sich die Emissionen solcher Anlagen nahezu vollständig vermeiden und sogar negative Emissionen aus dem biogenen Anteil bereitstellen.

Negativemissionen haben den Zweck, die verbleibenden und schwer vermeidbaren THG-Emissionen durch die Entfernung von CO_2 aus der Luft auszugleichen. Dies kann nur gelingen, wenn das CO_2 der Atmosphäre entzogen wird und auf lange Sicht nicht wieder freigesetzt wird. Eine langfristige Fixierung wird erreicht, indem das abgeschiedene CO_2 in geologischen Speichern oder chemischen Verbindungen eingelagert wird. Dieses Konzept wird auch als «CO_2-Abscheidung und Speicherung» (engl. Carbon Capture Storage, CCS) bezeichnet. Allerdings ist die geologische Einlagerung nicht überall in der Schweiz realisierbar.

Um dieses Problem zu vermeiden, werden zunehmend auch technische Nutzungsmöglichkeiten für die NET-Endprodukte[8] diskutiert (z. B. in Baustoffen), insbesondere die Nutzung von CO_2 in Produkten (CO_2-Abscheidung und -Nutzung bzw. engl. Carbon Capture and Utilization, CCU). Sofern sich das aus der Luft entfernte CO_2 in eine dauerhaft gebundene Form bringen lässt (z. B. durch Mineralisierung zu Carbonat oder langfristige Nutzung von Holz), kann das Endprodukt technisch genutzt werden, statt es zu deponieren. Dadurch lassen sich die Kosten der Abscheidung und Weiterverarbeitung teilweise amortisieren. Allerdings übersteigen die Kosten der CO_2-Umwandlung den erzielbaren Mehrwert bislang beträchtlich, sodass solche Nutzungsformen vorerst meist nicht profitabel sind. CCU hat einen zusätzlichen Vorteil, wenn die NET-Endprodukte als Substitut für andere Rohstoffe oder Materialien genutzt werden können, die ihrerseits bei der Herstellung Treibhausgasemissionen verursachen.

Allerdings muss die jeweils gewählte Nutzungsform gewährleisten, dass die Kohlenstofffixierung in der Zielanwendung über einen langen Zeitraum Bestand hat. Eine zentrale Voraussetzung für alle NET ist die möglichst dauerhafte Speicherung des abgeschiedenen CO_2 über mehrere Jahrzehnte, besser noch über Jahrhunderte (BAFU 2021c). Eine vorzeitige Wiederfreisetzung des CO_2 macht den Effekt der negativen Emissionen zunichte. Nutzungsformen für NET-Endprodukte, die eine schnellere Reemission des CO_2 mit sich bringen, z. B. synthetische Kraftstoffe, werden zwar auch als CCU bezeichnet, diese CCU-Varianten sind jedoch nicht als NET anzusehen und spielen keine Rolle für den Ausgleich von THG-Emissionen.

Neben den oben genannten CCU-Varianten, bei denen NET-Endprodukte genutzt werden, existieren verschiedene Mischformen, bei denen z. B. CO_2 aus der Luft abgeschieden und temporär z. B. zur Synthese eines chemischen Energieträgers wie Methan verwendet wird. Dieses kann dann mittels Pyrolyse in Wasserstoff und Russ aufgespalten werden. Der als Carbon Black bezeichnete Russ ist ein begehrter industrieller Rohstoff (z. B. Farb- und Füllstoff für Kunststoffe und Gummi). In der Schweiz sind erste Projekte nach diesem Ansatz geplant, z. B. vom Verein zur Dekarbonisierung der Industrie.[9]

[8] Kohlendioxid, elementarer Kohlenstoff, organisch gebundener Kohlenstoff, Carbonate.

[9] Eine Industrie ohne CO_2-Emissionen im Visier, https://www.admin.ch/gov/de/start/dokumentation/medienmitteilungen.msg-id-89496.html.

3.1.4. NET in der Schweiz und im Ausland

Nicht alle NET sind in vollem Umfang im Inland realisierbar, weil natürliche Ressourcen wie Fläche, Gestein oder Biomasse begrenzt sind. Bei der biogenen Speicherung in Pflanzen oder im Boden sind die Kapazitäten in der Schweiz limitiert. Auch technische Infrastrukturen sind im Inland und Ausland nicht hinreichend verfügbar. Für den Aufbau der benötigten Infrastrukturen wären zunächst ein Prozess zur politischen Willensbildung und entsprechende Genehmigungsverfahren notwendig. Deshalb kann es sowohl praktikabel als auch ökonomisch sinnvoll sein, Negativemissionen im Inland mit Kapazitäten im Ausland zu kombinieren. Dazu hat die Schweiz z. B. mit Island bereits eine Absichtserklärung zur gemeinsamen Entwicklung der direkten CO_2-Entfernung und geologischen Einlagerung (DACCS) in Island unterzeichnet (BAFU 2021a). Auch der Kauf international gehandelter Zertifikate für Negativemissionen, z. B. für Aufforstung im Ausland, wäre grundsätzlich eine Option zur Erreichung des Netto-Null-Ziels. Jedoch sieht der Bund zurzeit vom Kauf negativer Emissionen aus Aufforstungen ab, weil die Permanenz dieser Aufforstungen nicht hinreichend gesichert ist. Für die Anrechnung ausländischer Negativemissionen bedarf es einer transparenten und langfristigen Überwachungsstrategie (BAFU 2022e), die mit internationalen Verträgen abgesichert werden muss. Idealerweise sollte ein Abkommen auf UN-Ebene abgeschlossen werden.

Für die Realisierung von Negativemissionen und CCS innerhalb der Schweiz ergibt sich das Problem, dass aus heutiger Sicht keine ausreichenden inländischen Einlagerungskapazitäten in der benötigten Grössenordnung des derzeit erwarteten Bedarfs absehbar sind. Es wäre daher ein Transport des abgeschiedenen CO_2 in ausländische Einlagerungsstätten, z. B. das Mittelmeer oder die Nordsee, erforderlich. Die daraus entstehenden Kosten für Infrastrukturen, Transporte und Abgeltung der Empfängerländer sind bislang nicht abzuschätzen, weil die planerischen und vertraglichen Grundlagen dazu erst noch geschaffen werden müssen.

Global stehen zwar laut IPCC 8000–55 000 Gt CO_2 an Speicherkapazität zur Verfügung (IPCC 2018), also erheblich mehr als die 1200 Gt, die bei einigen der 1,5°C-Szenarien des IPCC benötigt werden. Innerhalb der Schweiz könnten beispielsweise Serpentinit-Gestein im Wallis, im Tessin und in Graubünden sowie saline Aquifere für diesen Zweck genutzt werden (Der Bundesrat 2020b).

Einige der Prozessschritte der NET erfordern erneuerbare Energie, deren Potenzial in der Schweiz begrenzt ist. Da es zugleich für die Minderung des Treibhauseffekts unerheblich ist, an welchem Ort das CO_2 der Atmosphäre entzogen wird, kann die Kooperation mit anderen Staaten in Erwägung gezogen werden, um CO_2 mittels DACCS an Orten aus der Atmosphäre zu entfernen, wo sowohl umfangreiche Potenziale für erneuerbare Energiequellen als auch geologische CO_2-Lagerstätten vorhanden sind (z. B. in einigen Ländern Nordafrikas oder im Nahen Osten). Die in der Schweiz unvermeidbaren Treibhausgasemissionen würden dann durch negative Emissionen in anderen Ländern ausgeglichen, die über die Emissionen dieser Länder hinausgehen.

Während dies technisch und physikalisch grundsätzlich machbar ist, gibt es diverse politische, regulatorische und administrative Herausforderungen:

- Welche Emissionen sollen durch negative Emissionen in der Schweiz ausgeglichen werden und welche durch negative Emissionen in anderen Ländern?
- Auch wenn für diese Entscheidung Kriterien wie z. B. spezifische Kosten herangezogen werden können, bleibt die Festlegung der Grenze zwischen beiden Optionen eine normative Entscheidung, die politisch getroffen werden muss.
- Im Sinne einer globalen Klimagerechtigkeit braucht es vertragliche Rahmenbedingungen auf UN-Ebene, damit die Lasten und Nutzen der Realisierung von NET fair zwischen Ländern des globalen Nordens und des globalen Südens verteilt sind. Der Mechanismus zur Kooperation mit anderen Ländern könnte auf den Erfahrungen des Clean Development Mechanism (CDM) aufbauen, bei dem Treibhausgasminderungen zertifiziert und länderübergreifend angerechnet werden, wobei die Sicherstellung der ökologischen Integrität dieser Zertifikate[10] an sich schon eine Herausforderung darstellt
- Beim CDM gibt es bereits Methoden für die Zertifizierung, z. B. von CCS- oder Aufforstungsprojekten. Auch im Rahmen der Schweizer CO_2-Verordnung gibt es entsprechende Methoden (BAFU 2022e). Diese sind jedoch in der Praxis nur in sehr wenigen oder gar keinen Projekten erprobt worden. Für andere NET (z. B. DACCS) müssten geeignete Methoden erst entwickelt werden.
- Auch die Richtlinien für die Treibhausgasinventare im Rahmen der Klimarahmenkonvention müssten im Hinblick auf die korrekte Anrechnung der NET überprüft werden, insbesondere bei länderübergreifenden Transaktionen.

Die Nutzung von NET-Zertifikaten ist also mit diversen Herausforderungen behaftet. Da jedoch davon auszugehen ist, dass andere Länder diese Option

[10] Dafür müssen unter anderem Zusätzlichkeit, Permanenz sowie Verhinderung von Leckagen und Doppelzählungen gewährleistet sein (Schneider et al. 2019; Cames et al. 2016).

ohnehin nutzen werden, ist es aus Schweizer Sicht sinnvoll, durch die aktive Mitarbeit an der internationalen Regulierung sicherzustellen, dass diese Herausforderungen ökologisch und ethisch integer adressiert werden.

3.2. Waldmanagement und Holzverwendung

3.2.1. Definition, Kurzbeschreibung

Beim Waldmanagement werden folgende Ansätze als CO_2-Senken definiert:

Unter Aufforstung versteht man die Anpflanzung von Bäumen auf Flächen, welche nicht bewaldet waren. Auch gibt es die natürliche Wiederbewaldung (Vergandung), die in unbewirtschafteten Alpenweiden mit einer Verbuschung beginnt und durch weitere Zunahme von Biomasse ebenfalls zur CO_2-Fixierung beiträgt (Der Bundesrat 2020b). Unter Waldbewirtschaftung werden alle Aktivitäten und Funktionen zusammengefasst, welche dazu beitragen, dass der Wald seine vielfältigen Funktionen (Schutz-, Nutz- und Wohlfahrtfunktion) wahrnehmen kann. Eine davon ist die Holzverwendung, bei der man Bäume gezielt erntet und das Holz für Produkte oder als Energieträger kaskadenartig genutzt werden soll (Der Bundesrat 2020b). Das bedeutet, dass es zuerst stofflich für hochwertige langlebige Produkte (z. B. Baumaterialien oder biobasierte Stoffe) gebraucht wird, bis schliesslich über mehrere Nutzungsetappen oder Verwertungszyklen eine thermische Nutzung erfolgt (Hofer et al. 2007).

Abb. 8: Aufforstung, Vergandung, Waldbewirtschaftung und Holzverwendung

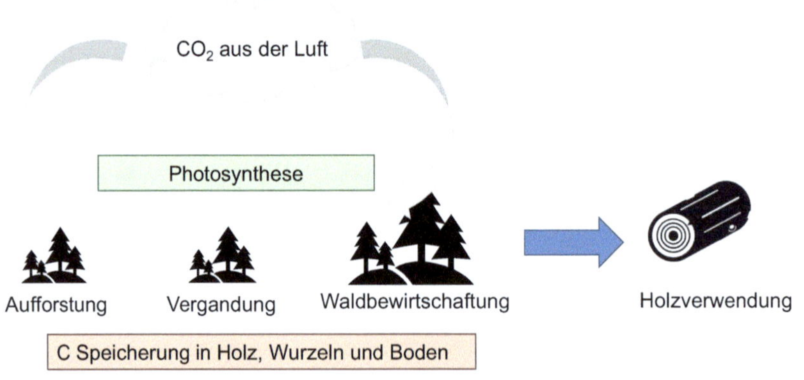

Quelle: Eigene Darstellung

3.2.2. Prozessbeschreibung

Bäume wandeln atmosphärisches CO_2 mittels Fotosynthese in Biomasse um und speichern den Kohlenstoff (C) im Holz, in Wurzeln und im Boden. Die Fotosynthese nutzt die natürliche Sonneneinstrahlung als Energiequelle, sodass dieses NET-Verfahren nur geringe Mengen an technisch bereitgestellter Energie für Forstmaschinen und Holztransporte benötigt. Wälder binden je nach Standort, Klima und Baumarten unterschiedlich viel Kohlenstoff, welcher erst durch Verbrennung und/oder Zersetzung der Pflanzenteile wieder an die Atmosphäre abgegeben wird (EASAC 2017; Caldecott et al. 2015; Rigling und Schaffer 2015).

3.2.3. Entwicklungsstand

TRL 9–10. Verschiedene Massnahmen werden bereits in der Praxis umgesetzt. Auf Bundesebene werden die Forschung für die erhöhte Anpassungsfähigkeit des Waldes an den Klimawandel und die Förderung der Biodiversität fortlaufend vorangetrieben (BAFU 2021f; 2021i). Jedoch fehlen Monitoringinstrumente und ein Berechnungssystem für kleinrahmigere Kompensationsprojekte mit Waldsenken. Im Treibhausgasinventar gibt es die nationale Biomassenberechnung für den Anteil Wald (inkl. Waldboden), der auf Basis der Daten des Landforstinventars (LFI) berechnet/modelliert wird (BAFU 2021d). Das Monitoring des Bodenkohlenstoffs ist eine Herausforderung, da die Veränderungen sehr klein sind und langsam stattfinden. Je nach Standort, Baumart und Waldsystem können die Angaben stark variieren oder schwieriger zu ermitteln sein (Beuttler et al. 2019; Minx et al. 2018; McLaren 2011).

Die Verwendung von Holz im Bauwesen und somit die Speicherung in langlebigen Holzprodukten hat in der Schweiz Tradition, und seit der Revision der Brandschutzvorschriften im Jahr 2015 können Holzbauten in allen Gebäudekategorien und Nutzungen errichtet werden.[11]

3.2.4. Kosten

In der Schweiz werden die Kosten auf 1–100 US$/t CO_2 geschätzt (SCNAT 2018). Weltweit zitieren die meisten Studien einen Preis von 20–100 US$/t CO_2.

[11] BAFU 2016, Brandschutz bei Holzbauten: Grenzenloses Bauen mit Holz, https://www.bafu.admin.ch/bafu/de/home/themen/wald/dossiers/brandschutz-holzbauten-grenzenloses-bauen.html.

Es besteht ein hohes Mass an Übereinstimmung bei den maximalen Kosten und weniger beim unteren Ende der Spanne. Die Kosten sind stark standort- und studienspezifisch und variieren daher (Fuss et al. 2018; McLaren 2011; Barker et al. 2007). Zudem geht aus den Studien nicht klar hervor, was die Kosten alles beinhalten und es fehlen spezifische Daten für die Schweiz.

3.2.5. Akteure

Der grösste Teil der Forschung und des Monitorings zum Wald in der Schweiz wird von der Eidgenössischen Forschungsanstalt für Wald, Schnee und Landschaft (WSL) und dem BAFU durchgeführt. Die Forschung im Bereich der Holznutzung wird z. B. durch den Aktionsplan Holz (APH) oder die Wald- und Holzforschungsförderung Schweiz (WHFF-CH) vorangetrieben (BAFU 2020b). Die Schweizer Waldfläche ist zu 70 % in öffentlichem Besitz, z. B. von Kantonen und Gemeinden (3500 Eigentümerinnen und Eigentümer), und zu 30 % in Privatbesitz (244 000 Eigentümerinnen und Eigentümer). Es gibt also eine grosse Anzahl an Akteurinnen und Akteuren. Der Schweizer Wald wird auch für die Holzproduktion genutzt. Folglich sind auch die Akteure der Holzwirtschaft, der Holzverwertung und der Bauwirtschaft relevant (BAFU 2021h).

Mit der internationalen Zusammenarbeit kann die Schweiz beispielsweise strategische Pläne der UNO oder der EU unterstützen, welche die Waldfläche schützen, vergrössern und nachhaltig bewirtschaften (BAFU 2021g; EK 2021b; Der Bundesrat 2020b). Projekte zur Erhöhung der Senkenleistung im Ausland sind jedoch nur mit geologischer Speicherung zulässig (BAFU 2022e).

3.2.6. Chancen

Um die Kasakadennutzung von Holz zu fördern, werden auf Bundesebene Sensibilisierungs-, Kommunikations- und Bildungsansätze definiert, z. B. für die Bauherrschaft oder Waldeigentümerinnen und -eigentümer (BAFU 2021i; BAFU 2021f).

In den letzten drei Jahrzehnten hat der Schweizer Wald gemäss Treibhausgasinventar (THGI, inkl. inländische Produktion der Harvested Wood Products (HWP)[12] aus einheimischem Holz) insgesamt zwischen 1,6 Mio. t CO_2/Jahr (2014) und 4,6 Mio. t CO_2/Jahr (1995) gespeichert (BAFU 2017b).

---

[12] HWP sind definiert als Holzwerkstoffe, die nach der Ernte zu Waren verarbeitet werden, also z. B. in Möbel, Sperrholz, Papier und papierbasierte Produkte umgewandelt oder zur Energiegewinnung genutzt werden (FOEN 2021).

Langfristig kann die CO_2-Bilanz des Schweizer Waldes durch die Förderung des Holzzuwachses und unter Berücksichtigung der ökologischen Funktionen des Totholzes mit unterschiedlichen waldbaulichen Massnahmen optimiert werden. Der zentrale Punkt beim Waldmanagement und der Holzverwendung ist die Kaskadennutzung, bei der auf eine möglichst lange stoffliche Verwertung das Recycling und schliesslich die energetische Verwertung folgt (BAFU 2021f).

Die nachhaltige Entnahme von Holz zur Produktion langlebiger Produkte trägt dazu bei, die Kapazität des Waldes zur CO_2-Fixierung hochzuhalten (Hofer et al. 2007). Durch die Verwendung von Holz z. B. in Gebäuden wird der im Holz gebundene Kohlenstoff nicht mehr als lebende Biomasse, sondern als Baumaterial für Jahrzehnte gespeichert. Gleichzeitig werden energieintensive Baustoffe substituiert und die Kreislaufwirtschaft durch die Kaskadennutzung vorangetrieben (Rigling und Schaffer 2015).

Um die Speicherfähigkeit des Waldes für organisch gebundenen Kohlenstoff langfristig zu gewährleisten, muss trotz Holzverwendung ein ökologisches Gleichgewicht mit gesunder Waldstruktur und hoher biologischer Vielfalt wiederhergestellt und erhalten werden (BAFU 2021i). Diese Ziele können z. B. mit Grundprinzipien des naturnahen Waldbaus im Klimawandel gefördert werden, da die Anpassungsmassnahmen an den Klimawandel auch eine Zunahme der Baumarten, der Bestandsstruktur und der genetischen Vielfalt vorsehen (Allgaier Leuch et al. 2017).

Bei der Umsetzung einer solchen Strategie liegt das Potenzial der negativen Emissionen sowie des Substitutionseffekts[13] bei rund 3 Mio. t CO_2eq/Jahr. Negative Emissionen werden aber nur dann realisiert, wenn der Kohlenstoff aus dem CO_2 als zusätzliche Biomasse im Wald oder in langfristig genutzten Holzprodukten gebunden verbleibt (ca. 1–2 Mio. t CO_2/Jahr) (Beuttler et al. 2019; Werner et al. 2010). Wird das Holz energetisch oder als Baumaterial genutzt, verringert sich das Senkenpotenzial des Waldes und im ersten Fall wird das CO_2 wieder freigesetzt (klimaneutral). Nur wenn das CO_2 bei der Verbrennung mittels BECCS abgeschieden und geologisch gelagert oder mittels Pyrolyse (siehe auch Abschnitt 3.3) in Pflanzenkohle umgewandelt und im Boden gespeichert werden kann, sind bei Biomasse dauerhafte negative Emissionen möglich (Beuttler et al. 2019; Werner et al. 2010). Hierbei ist zu beachten, dass in der

13 Der Substitutionseffekt ist die Verwendung von Holz anstelle von energieintensiveren Materialien oder fossilen Energieträgern.

Schweiz auch weitere Mengen an Biomasse wie Restholz, Flurholz[14] oder Altholz ausländischer Herkunft energetisch genutzt werden (Erni et al. 2017).

Studien zeigen auf, dass im Jahr 2050 weltweit 0,5–7 Gt CO_2/Jahr durch Wälder sequestriert werden können und dass dieses Potenzial in Zukunft auf 1–12 Gt CO_2/ Jahr ausgeweitet werden könnte (Fuss et al. 2018). Die grössten Unsicherheitsfaktoren bei der Schätzung der globalen Potenziale des Waldmanagements und der Holzverwendung für die Realisierung von Negativemissionen und allfälligen CO_2-Quellen sind die dafür zur Verfügung stehende Landfläche und der Klimawandel. Biodiversitätsförderungsflächen, verstärkte landwirtschaftliche Nutzung zur Produktion von Nahrungsmitteln und nicht forstlicher Biomasse sowie die fortschreitende Urbanisierung können die für die Aufforstung nutzbaren Flächen begrenzen. Zudem können klimatische Veränderungen die Stabilität der Wälder und damit die aktuell gebundenen CO_2-Mengen gefährden und eine Anpassung der Baumarten unumgänglich machen (Fuss et al. 2018; Smith et al. 2015; McLaren 2011; Lenton 2010; Barker et al. 2007).

3.2.7. Risiken

Für grossflächige Aufforstungen fehlen in der Schweiz unbewaldete Flächen (Rigling und Schaffer 2015).

Eine natürlich stattfindende oder geplante Wiederbewaldung (Vergandung) steht teilweise im Konflikt mit anderen politischen Zielen. So werden beispielsweise in Berggebieten potenzielle Waldstandorte durch Beweidung offengehalten, um die regionale Wertschöpfung zu fördern und die Kulturlandschaft mit ihrer hohen Biodiversität zu erhalten (Richner Kalt 2013).

Der in Wäldern organisch gebundene Kohlenstoff kann durch natürliche Mortalität oder Störungen wie Stürme, Waldbrand, Schädlinge, Trockenheit oder Überalterung leicht wieder als CO_2 in die Atmosphäre freigesetzt werden (Minx et al. 2018). Je nach Störung erfolgt die Freisetzung schnell (Brand) oder langsam (Totholzzersetzung). Der Klimawandel ist ein weiteres Risiko für die Wälder, da Baumbestände durch Trockenheit, Hitze, erhöhte Waldbrandgefahr und Schädlingsbefall negativ betroffen sind (Der Bundesrat 2020b; Fuss et al. 2018). Wälder wirken daher nur als CO_2-Senke, solange sie wachsen und mehr Holz gebildet wird, als verrottet, verbrannt oder geerntet wird (Werner et al. 2010).

---

[14] Nicht Waldholz: Holz aus der landwirtschaftlichen Fläche sowie Park- und Alleebäume aus den Siedlungsgebieten.

Eine übermässige Entnahme von Holz kann zu einer Verringerung des potenziellen Kohlenstoffspeichers im Wald führen (Soimakallio et al. 2022). Nur wenn Holzproduktspeicherung und Substitutionswirkung zusammen grösser sind, ist die Holzentnahme aus Klimaschutzsicht vorteilhaft (Fehrenbach et al. 2022).

Bei der Holznutzung ist zu beachten, dass der Holzvorrat je nach Region und Baumart in der Schweiz grosse Unterschiede aufweist (BAFU 2021d). Der Holzzuwachs steht folglich der Verwendung durch den Menschen, Störungen und der natürlichen Mortalität gegenüber. Je nach Region übersteigt die Nutzung den Zuwachs und umgekehrt (BAFU 2021d). Für die Gewährleistung einer nachhaltigen Waldbewirtschaftung sollten sich der Zuwachs und die Verwendung längerfristig, gemessen in Baumgenerationen, die Waage halten.

Bei der Holzverwendung ist zudem zu beachten, dass nur einheimisches Holz, das im Inland verarbeitet wird, laut THGI als HWP gilt, und dass dies aktuell nur etwa auf ein Drittel der jährlich bebauten Holzmenge zutrifft (BAFU 2021d). Schweizer Holz, welches zur Verarbeitung ins nahe Ausland transportiert und danach wiedereingeführt wird, kann nicht angerechnet werden. Zudem wird Holz importiert, da die inländische Produktion den Bedarf nicht deckt und ausländische Produkte oft günstiger sind. Bei der Kaskadennutzung kann Altholz weiterverarbeitet und genutzt werden, was zu einer Substitutionswirkung führt, für die es jedoch kein international gültiges Berechnungssystem gibt.

Wald-Kompensationsprojekte im Ausland können nicht an das Schweizer Klimaziel angerechnet werden, da für ausländische Kompensationsprojekte nach CO_2-Gesetz nur die geologische Speicherung zulässig ist (BAFU 2022e). Da die Schweiz aber trotzdem international an Waldprojekten beteiligt ist, sind folgende Punkte zu beachten: Wald-Monokulturen haben einen negativen Einfluss auf die Biodiversität und die Kulturlandschaft.

Ein hoher Land-, Wasser- und Nährstoffbedarf und -verbrauch stehen in Konflikt mit der Landwirtschaft und der Nahrungsmittelproduktion. Es ist zu beachten, dass im Ausland keine Landenteignung stattfindet. Die Waldpolitik hängt stark von lokalen politischen Prioritäten ab, auch im Hinblick auf die Nutzung von Waldbiomasse für Energiezwecke und illegale Abholzung (Der Bundesrat 2020b; Center for Carbon Management 2021; Barker et al. 2007).

3.2.8. Schnittstellen/Wechselwirkungen

Synergien: Das Waldmanagement kann kaskadenartig mit einer Nutzung der Holzernte für langlebige Produkte (z. B. im Konstruktionsbereich) mit abschliessender energetischer Nutzung des Altholzes mit CO_2-Abscheidung und -Einlagerung (BECCS) oder zur Herstellung von Pflanzenkohle mit unbehandeltem Holz kombiniert werden. Die Handhabung, Regelung und Anrechnung der Biomassenkategorien Restholz, Flurholz und Altholz sollten hinsichtlich BECCS jedoch noch genauer festgelegt werden.

Zielkonflikte: Die Nutzung von Landflächen für das Waldmanagement und die Vergandung beeinträchtigt die verbleibenden Senkenpotenziale für andere NET, wie z. B. das Bodenmanagement oder die Ausbringung von Pflanzenkohle (Der Bundesrat 2020b; Caldecott et al. 2015). Ein Zusammenspiel von Wald- und Bodenmanagement könnte in Planung mit der Agroforstwirtschaft verwirklicht werden (Der Bundesrat 2020b). Ein weiterer Konflikt ist die beschränkte Menge an jährlich verfügbarer, nachhaltig produzierter Biomasse, die auch für die Herstellung von Pflanzenkohle und BECCS benötigt wird.

3.2.9. Rechtsrahmen in der Schweiz

Für die Waldbewirtschaftung und Holzverwendung sind das Waldgesetz (WaG 2022) und die Waldverordnung (WaV 2021) zu beachten. Unter Wald sind danach Flächen zu verstehen, die mit Waldbäumen oder Waldsträuchern bestockt sind und Waldfunktionen erfüllen (Art. 2 Abs. 1 WaG). Zu den Zwecken der Regelwerke gehört es, den Wald in seiner Fläche und räumlichen Verteilung zu erhalten, ihn zu schützen und seine Funktionen (Nutz-, Schutz- und Wohlfahrtsfunktionen) zu bewahren. Damit der Wald seine Funktionen auch unter veränderten Klimabedingungen erfüllen kann, sind Bund und Kantone verpflichtet, Massnahmen zu ergreifen (Art. 28a WaG). Der Wald ist so zu bewirtschaften, dass er seine Funktionen dauernd und uneingeschränkt erfüllen kann (Nachhaltigkeit) (Art. 20 Abs.1 WaG). Grundsätzlich soll die Waldfläche nicht vermindert werden (Art. 3 WaG). Rodungen und Kahlschläge sind verboten (Art. 5 und 22 WaG). Im Fall des dauerhaften Verlusts von Waldflächen aufgrund von Rodungen (eine dauernde oder vorübergehende Zweckentfremdung für nicht forstliche Zwecke) sind diese Waldflächen durch Realersatz (Aufforstung) auszugleichen (Art. 7 und 8 WaV).

Das Waldgesetz verpflichtet den Bund dazu, den Absatz und die Verwertung von nachhaltig produziertem Holz zu fördern, insbesondere durch innovative Projekte. Bei eigenen Bauten und Anlagen fördert der Bund die Verwendung von nachhaltig produziertem Holz und berücksichtigt bei der Beschaffung von Holzerzeugnissen die nachhaltige und naturnahe Waldbewirtschaftung und das Ziel der Treibhausgasreduktion (Art. 34a, Art. 34b WaG sowie 37b und c WaV).

Der Bund hat zur strategischen Ausrichtung seiner Waldpolitik 2020 elf Ziele für eine nachhaltige Waldbewirtschaftung festgelegt. Darin werden der Wald und die Holzverwendung als Beitrag zur Minderung des Klimawandels behandelt (BAFU 2013).

3.3. Bodenmanagement und Pflanzenkohle

3.3.1. Definition

A) Durch gezieltes Bodenmanagement kann der Kohlenstoffgehalt des Bodens erhöht oder gesenkt werden (Humusaufbau oder abbau). Eine Kohlenstoffanreicherung im Oberboden lässt sich durch konservierende Landwirtschaft (minimale Bodenbearbeitung, permanente Bodenbedeckung, z. B. Belassen von Ernterückständen auf dem Feld und Anbau mehrjähriger Futterpflanzen), diversifizierte/verbesserte Fruchtfolgen (z. B. Gründüngung) oder die Umwandlung von Acker zu Grünland erreichen. Durch Anbau tiefwurzelnder Pflanzen oder Tiefpflügen erfolgt die Anreicherung im Unterboden (Der Bundesrat 2020b).

B) Mittels Agroforstsystemen (Kombination von landwirtschaftlichen Flächen mit Bäumen oder Sträuchern und ggf. Tierhaltung) kann weitere Biomasse aufgebaut und organischer Kohlenstoff im Boden gespeichert werden (Der Bundesrat 2020b).

C) Eine weitere Massnahme ist der Einsatz von Pflanzenkohle. Dabei handelt es sich um ein poröses, kohlenstoffhaltiges Material, dass aus pflanzlicher Biomasse hergestellt wird. Es wird so angewendet, dass der darin enthaltene Kohlenstoff langfristig und klimarelevant als C-Senke im Boden gespeichert bleibt oder in industriellen Fertigungsprozessen fossilen Kohlenstoff ersetzt (Schmidt et al. 2011; Der Bundesrat 2020b).

Die meisten dieser Massnahmen werden auch zur Förderung der Bodenfruchtbarkeit angewandt (Der Bundesrat 2020b).

Abb. 9: Bodenmanagement und Pflanzenkohle

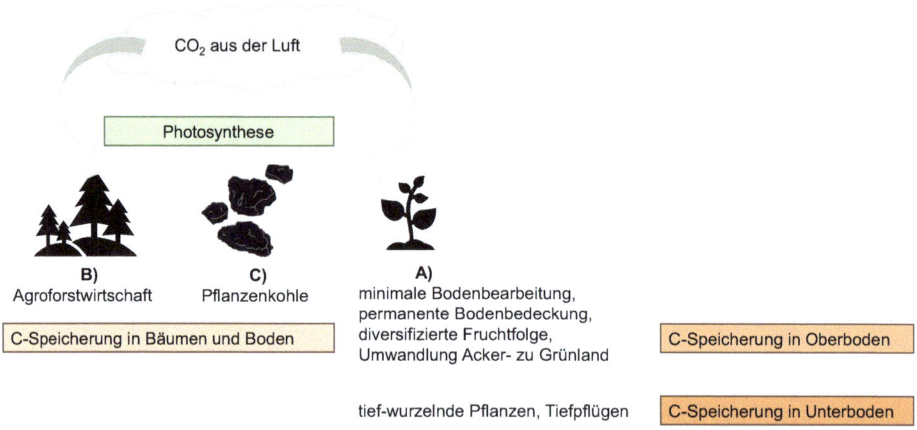

Quelle: Eigene Darstellung

3.3.2. Prozessbeschreibung

Pflanzen wandeln CO_2 aus der Luft mittels Fotosynthese in Biomasse um und speichern den Kohlenstoff (C) z. B. in Form von Zellulose oder Lignin in Spross, Stamm, Wurzeln und Früchten. Die Fotosynthese nutzt die natürliche Sonneneinstrahlung als Energiequelle, sodass nur geringe Mengen an technisch zugeführter Energie für Agrarmaschinen und Transport benötigt werden. Nach dem Absterben der Pflanzen (hauptsächlich nach der Ernte) bauen die Bodenorganismen das tote Pflanzenmaterial ab und setzen dabei CO_2 frei. Ein Teil des Pflanzenmaterials wird jedoch in organische Bodensubstanz (Humus) umgewandelt und kann längere Zeit im Boden verbleiben, bevor es wieder abgebaut wird. Durch die Bewirtschaftung kann das Verhältnis zwischen Humusaufbau und -abbau verändert werden. Wenn Humus aufgebaut wird, nimmt der Boden mehr CO_2 auf als freigesetzt wird. Es findet also eine Nettoaufnahme von CO_2 statt. Die Verweildauer des Kohlenstoffs im Humus reicht je nach Bodenart, Bewirtschaftung und Umweltbedingungen von Jahrzehnten bis zu Jahrhunderten (Der Bundesrat 2020b; Balesdent et al. 2018; Minx et al. 2018; Caldecott et al. 2015).

A) Folgende Massnahmen sind der organischen Kohlenstoffspeicherung in Form von Humus förderlich, wenn sie kontinuierlich ausgeführt werden (Zihlmann et al. 2019):

- Durch den Anbau tiefwurzelnder Pflanzen kann ein Eintrag und eine Anreicherung von Humus im Unterboden erfolgen.
- Der Verzicht auf schwere mechanische Bodenbearbeitung kann eine Erhöhung des Humusgehalts im Oberboden bewirken (Dupla et al. 2022).
- Tiefpflügen kann den Bestand an Humus in tieferen Bodenschichten erhöhen (Beuttler et al. 2019). Dieser bleibt in tieferen Bodenschichten länger erhalten und fixiert den darin enthaltenen Kohlenstoff. Es gibt jedoch in der Schweiz nur wenige Böden, die sich dafür eignen, da gesunde Böden nicht tiefgepflügt werden sollten (Schmidt et al. 2021).
- Eine Umwandlung von Acker- zu Grünland und die Förderung von Gehölzstreifen an Feldrändern können eine Anreicherung von organisch gebundenem Kohlenstoff im Oberboden bewirken.

B) Durch Agroforstsysteme erhöht sich die Menge an Biomasse pro Fläche, da in Gehölzen und im Boden mehr organischer Kohlenstoff gespeichert wird (Zihlmann et al. 2019).

C) Zur Herstellung von Pflanzenkohle wird zugelassene Biomasse[15] unter Luftabschluss auf hohe Temperaturen erhitzt. Dadurch findet eine Pyrolyse statt, und die Biomasse wird ungefähr zur Hälfte zu Pflanzenkohle, während der restliche Teil in Form von Gasen und Ölen abgeführt und energetisch genutzt werden kann. Die Pflanzenkohle kann mit Nährstoffen beladen (Kompost, Gülle, Dünger, Substrat für Stadtbäume) in Böden eingebracht werden. Pflanzenkohle kann zur Verringerung von Nährstoffverlusten und zur Verbesserung des Wasserhaushaltes führen. Da die Pflanzenkohle langsamer abgebaut wird als nicht pyrolytischer organisch gebundener Kohlenstoff (die Halbwertszeit liegt bei 230 Jahren, Schmidt et al. 2021), kann Pflanzenkohle über Jahrzehnte bis Jahrhunderte als CO_2-Speicher dienen. Zudem kann Pflanzenkohle im Boden, in der Tierhaltung (z. B. Futtermittelersatz), in der Umwelttechnik (z. B. Abwasserreinigung), in der Energietechnik (z. B. Biogasanlage) und als Werkstoff (z. B. Innenwandverputz) eingesetzt werden (Stadt Zürich 2021; Schmidt et al. 2021).

3.3.3. Entwicklungsstand

A) Bodenmanagement zum Zweck der Kohlenstoffspeicherung wird von Landwirten und Landwirtinnen bereits umgesetzt (TRL 10) und zur weiteren

---

[15] Siehe Positivliste für Biomasserohstoffe des European Biochar Certificate (EBC 2020).

Optimierung erforscht (Dupla et al. 2021). Dabei fehlt es oft an begleitender wissenschaftlicher Forschung und Monitoring zum Potenzial, um die Zusätzlichkeit z. B. für CO_2-Zertifizierungen zu bestimmen (Beuttler et al. 2019; Zihlmann et al. 2019; BAFU 2022e). Die Erforschung von Bodenmanagementmassnahmen zur Anpassung an den Klimawandel erfolgt fortlaufend, wobei die Erhebungs- und Analysemethoden für die schweizweite Bodenkartierung weiterentwickelt/harmonisiert werden müssen (BAFU 2020a).

B) Agroforstsysteme sind eine etablierte Praxis, die für eine weitere Hochskalierung bereit sind (TRL 10). Die aktuellen Hemmnisse für die Ausdehnung der Agroforstwirtschaft sind eher sozialer und ökonomischer als technischer Natur (AU 2020a; Agroscope 2022).

C) Pflanzenkohle ist für den Praxiseinsatz bereit (TRL 9), aber die Verfügbarkeit von Pyrolyseanlagen und Biomasse ist begrenzt. Als NET wird sie aber in der Schweiz noch nicht in nennenswertem Umfang eingesetzt. Für Schweizer Böden fehlen noch Langzeitstudien und eine wissenschaftlich begründbare Obergrenze (Erreichung des Sättigungsgrades), um zu belegen, dass die neuen Technologien des Pflanzenkohleeinsatzes keine Gefährdung von Mensch und Umwelt zur Folge haben (SCNAT 2018; Roberts et al. 2010; Schmidt et al. 2021).

Weiter wird der Einsatz von Pflanzenkohle im Boden, in der Tierhaltung, in der Umwelttechnik, in der Energietechnik und als Werkstoff erforscht (Stadt Zürich 2021; Schmidt et al. 2021). Die geologische Lagerung von Pflanzenkohle steht derzeit nicht zur Diskussion.

3.3.4. Kosten

A/B) Die Kosten für angepasstes Bodenmanagement werden auf 0–80 US$/t CO_2 geschätzt (Minasny et al. 2017; SCNAT 2018). Weitere Studien zitieren globale Kosten von bis zu 100 US$/t CO_2 (Caldecott et al. 2015; Minx et al. 2018; BFS 2021). Aus den Studien geht jedoch nicht hervor, welche Kosten genau darin enthalten sind, und es fehlen konkrete Zahlen für die Schweiz.

C) In internationalen Studien werden für die Herstellung und den Einsatz von Pflanzenkohle Kosten zwischen 8–300 US$/t CO_2 genannt (Minx et al. 2018; Minasny et al. 2017; Keel et al. 2019). In der Schweiz belaufen sich die Schätzungen auf 30 CHF/t CO_2 für das Jahr 2030 und 10 CHF/t CO_2 für das Jahr 2050 (infras; Perspectives 2020). Andere Studien beziffern die Kosten auf 10–135 CHF/t CO_2, je nach Pyrolyseverfahren und Herkunft der Biomasse (Beuttler et al. 2019).

3.3.5. Akteure

An der Weiterentwicklung der verschiedenen Bodenmanagementmassnahmen sind die Schweizer Bundesämter BAFU und BLW beteiligt. Die Forschung wird an verschiedenen Institutionen durchgeführt, u.a.: Agroscope, Fibl, WSL, HES-SO, HEPIA Genf. Zudem entwickeln und testen IWB, Verora, AgroCO_2ncept und Ökozentrum Pyrolysetechnologien zur Pflanzenverkohlung. Bodenmanagementmassnahmen werden von Landwirten und Landwirtinnen umgesetzt und von den kantonalen Landwirtschaftskammern beratend begleitet (Der Bundesrat 2020b; Beuttler et al. 2019). Auch die Anwendung von Pflanzenkohle in der Landwirtschaft wird von Landwirtinnen und Landwirten umgesetzt. Beim Einsatz in anderen Bereichen sind z. B. Stadtgärtnerinnen und Stadtgärtner zuständig (Schmidt et al. 2021).

Senkenleistungen im Ausland können, im Rahmen des Kompensationsinstruments nach CO_2-Gesetz, nur durch geologische Speicher angerechnet werden, da etablierte Mess- und Kontrollmechanismen fehlen (BAFU 2022e). Allerdings werden Pflanzenkohleprojekte im Ausland vom Bund unterstützt, beispielsweise im Rahmen des REPIC-Projekts (Förderung der erneuerbaren Energien, der Energie- und Ressourceneffizienz in Entwicklungs- und Transitionsländern) (Der Bundesrat 2020b).

3.3.6. Chancen

A) Bodenmanagement verbessert die Bodenqualität durch Humusaufbau (EASAC 2022; Zihlmann et al. 2019). Die Quantifizierung des NET-Potenzials des Bodenmanagements ist schwierig, da die langfristige Entwicklung des Kohlenstoffgehalts in Böden mit physikalischen, technologischen und politischen Unsicherheiten behaftet ist (Zihlmann et al. 2019; Der Bundesrat 2020b). Quantifizierung und Monitoring sind jedoch wichtig, damit über Carbon Farming CO_2-Zertifikate als weitere Einnahmequelle genutzt werden könnten (Schweizer Bauer 2022).[16] In der Schweiz könnten durch Bodenmanagement jährlich rund 2,7 Mio. t CO_2 als Kohlenstoff in den Böden gespeichert werden (Beuttler et al. 2019). Die in der Schweiz realisierbaren Potenziale sind jedoch laut Agroscope wesentlich geringer (Der Bundesrat 2020b; McLaren 2011; Baker et al.; Schmidt et al. 2021). Je nach Studie unterscheiden sich die

[16] European Commission, Carbon Farming: https://ec.europa.eu/clima/eu-action/forests-and-agriculture/sustainable-carbon-cycles/carbon-farming_en.

CO_2-Senkenpotenziale der Böden und die möglichen CO_2-Reemissionen, da die Annahmen unsicher sind und sich die Böden unter dem sich erwärmenden Klima und der Art der Bodenbewirtschaftung verändern können (Schmidt et al. 2021; EASAC 2018; Luo et al. 2010).

Globale Schätzungen, die auf unsicheren Annahmen beruhen, besagen, dass die verschiedenen Bodenmanagementmassnahmen ein kombiniertes NET-Potenzial von 3–5 Gt CO_2/Jahr haben (Fuss et al. 2018). Andere Quellen sprechen auch von 1,1–6,9 Gt CO_2/Jahr (Royal Academy of Engineering 2018), 2–5 Gt CO_2/Jahr im 2050 (AU 2020b) oder 1,5–10 Gt CO_2/Jahr (Minasny et al. 2017).

B) Die Integration von Bäumen und Sträuchern in Ackerbau- und Dauergrünlandsystemen kann bei richtiger Bewirtschaftung potenziell die Bodenerosion einschränken, die Wasserinfiltration erleichtern, die physikalischen Eigenschaften des Bodens verbessern und als Puffer gegen extreme Ereignisse dienen (Smith und Bustamante 2014).

Es gibt keine spezifischen Zahlen zu den NET-Potenzialen von Agroforstsystemen in der Schweiz. Die Agroforstwirtschaft hat jedoch ein erhebliches Potenzial für den Klima- und Umweltschutz. Würden 13,3 % der landwirtschaftlichen Nutzfläche der Schweiz zu Agroforstsystemen umgewandelt, so könnten bis zu 13 % der Treibhausgasemissionen des Landwirtschaftssektors kompensiert werden (Agroscope 2022). Zudem bewirken Agroforstsysteme teilweise eine erhöhte Humusanreicherung im Vergleich zu kultivierten Flächen (Seitz et al. 2017).

Die Berechnung der NET-Potenziale von Agroforstsystemen ist stark vom Standort und der Umsetzung des Systems abhängig. Laut dem IPCC wird das globale Potenzial zur CO_2-Sequestrierung auf 0,1–5,7 Gt CO_2/Jahr geschätzt (AU 2020a; Smith und Bustamante 2014).

C) Das Senkenpotenzial von Pflanzenkohle im Boden wird in der Schweiz auf bis zu 2,2 Mio. t CO_2/Jahr geschätzt (Roberts et al. 2010; Beuttler et al. 2019), wenn nahezu die gesamte landesweit nachhaltig nutzbare Biomasse verwendet wird. Schmidt et al. (2021) schätzen ein Kohlenstoff-Senkenpotenzial von 0,90–1,16 Mt CO_2-eq/Jahr für Flächen, die gedüngt werden dürfen, und unter Berücksichtigung der vorhandenen Biomasse. Es gibt Quellen, die davon ausgehen, dass Pflanzenkohle innerhalb eines Jahrzehnts in grossem Massstab eingesetzt werden kann (Royal Academy of Engineering 2018). Bei Pflanzenkohle ist die Erfüllung der Zertifikatsanforderungen eher möglich als beim Bodenmanagement, da die Zusätzlichkeit und die Quantifizierbarkeit der Emissionsreduktion besser gewährleistet ist (Zihlmann et al. 2019).

Das Potenzial des grosstechnischen Einsatzes von Pflanzenkohle ist noch nicht ganz klar. Nach Angaben der Schweizerischen Akademie der Wissenschaften liegt das Potenzial von Pflanzenkohle im Bereich von 0,5–5 Gt CO_2/Jahr (Minasny et al. 2017). Eine Review-Studie schätzt das globale Potenzial auf 1,8–4,8 Gt CO_2/Jahr im Jahr 2050 (Fuss et al. 2018). Auch hier beruht die Divergenz zwischen verschiedenen Studien auf der Ausgangslage und der Art der Biomasse, z. B. Abfall oder gezielter Anbau (SCNAT 2018).

3.3.7. Risiken

A) Böden sind die grössten terrestrischen Kohlenstoffspeicher und die Quantifizierung der unterschiedlichen Auswirkungen des Klimawandels auf den Gehalt an organischer Substanz in Schweizer Böden bleibt eine grosse Herausforderung (BAFU 2017a). Die Überwachung und Überprüfung der Kohlenstoffspeicherung in Böden ist schwierig, und die Auswirkungen unterschiedlicher Bodenmanagementmassnahmen sind schwer abzuschätzen (AU 2020a; Der Bundesrat 2020b). Diese Unsicherheiten erschweren die Berechnung der Potenziale. Durch natürliche oder anthropogene Störungen und die Veränderung des Klimas kann organisch gebundener Kohlenstoff wieder freigesetzt werden, da die Speicherfähigkeit von der Stabilität des Bodens und der kontinuierlichen Umsetzung der Massnahmen abhängt (EASAC 2018; Schmidt et al. 2011). In landwirtschaftlich genutzten Böden ist die Akkumulation von Humus begrenzt (AU 2020b; Chenu et al. 2019). Diese Gründe erschweren das Ausstellen von CO_2-Zertifikaten für Humusprojekte (Zihlmann et al. 2019).

Durch Ausbringen von Dünger können weitere Emissionen anfallen (Beuttler et al. 2019). Tiefpflügen erfordert den Einsatz schwerer Landwirtschaftsmaschinen, deren Betrieb viel Treibstoff verbraucht; dadurch wird zusätzliches CO_2 freigesetzt.

B) Durch Agroforstwirtschaft können im Vergleich zur konventionellen Landwirtschaft die Ernteerträge sinken und die Produktionskosten steigen (Beuttler et al. 2019; AU 2020a). Zudem fehlen Langzeitstudien zu agroforstlichen Praktiken in Bezug auf Durchführbarkeit, Produktivität und Verbesserung der Kohlenstoffspeicherung (Smith und Bustamante 2014).

C) Durch das Ausbringen von Pflanzenkohle können Schadstoffe (z. B. Schwermetalle und PAH) in die Böden gelangen und sich in der Nahrungskette anreichern (Gefahr für Mensch und Tier). Pflanzenkohle kann zudem die Verfügbarkeit und Wirkung von Pflanzenschutzmitteln (PSM) herabsetzen, was zum Einsatz erhöhter Mengen an PSM führen kann. Darüber hinaus kann ein verlangsamter Abbau zu einer Anreicherung von PSM führen. Bei sehr hohem Einsatz von Pflanzenkohle wurden auch negative Auswirkungen auf Bodenlebewesen (z. B. Regenwürmer) festgestellt. Bei der Verwendung von Pflanzenkohle könnten Nutzungskonflikte in Bezug auf organische «Reststoffe» entstehen. Es fehlen Langzeitstudien, insbesondere unter Schweizer Feldbedingungen (Smith et al. 2007).

Auch kann es zu Verlusten im Stickstoffkreislauf kommen, wenn stickstoffhaltige Biomasse gebraucht wird. Während dem Pyrolyseprozess kann Stickstoff verloren gehen oder in der Pflanzenkohle eingeschlossen bleiben, wenn diese nicht im Boden eingebracht wird (Schmidt et al. 2011).

3.3.8. Schnittstellen/Wechselwirkungen

Synergien: Die Umsetzung von Agroforstsystemen kann als Schnittstelle zum Waldmanagement gesehen werden. Pyrolyseanlagen für Pflanzenkohle können eine Vorstufe für BECCS darstellen, wobei hier nur ein Teil des Heizwerts von Holz energetisch genutzt wird. Anstelle der vollständigen Verbrennung zu CO_2 wird nur der flüchtige Anteil (Holzgas) energetisch genutzt und der verbleibende Kohlenstoff kann teilweise als Negativemission angerechnet werden.

Zielkonflikte: Da Biomasse ein knappes Gut ist, steht die Nutzung von Holz zur Herstellung von Pflanzenkohle in direkter Konkurrenz zu BECCS. Der limitierende Faktor für beide Senkenpotenziale ist die begrenzte Verfügbarkeit von geeigneten Flächen zur Erzeugung von Biomasse. Eine übermässige Nutzung von Landflächen zur Biomasseerzeugung für Negativemissionen kann zu erheblichen Landnutzungskonflikten mit der Nahrungsmittelproduktion und dem Schutz der Biodiversität führen (Smith et al. 2007; Der Bundesrat 2020b).

3.3.9. Rechtsrahmen in der Schweiz

Der Schutz und die Fruchtbarkeit des Bodens darf nicht beeinträchtigt werden (VBB 2018; VBBo 2016). Wenn die Anpassung der Bodenbewirtschaftung oder der Einsatz von Pflanzenkohle in der Landwirtschaft als Kompensationsprojekt zugelassen werden soll, ist ein Grundbucheintrag erforderlich, um die Nachverfolgbarkeit der Permanenz sicherzustellen und die Nutzungsbeschränkung der betroffenen Grundstücke als «biologischer Speicher» oder «geologischer

Speicher» im Grundbuch anzumerken (Art. 8a Anmerkung im Grundbuch) (GBV 2020; BAFU 2022f).

Bei der Herstellung von Pflanzenkohle sind immissionsschutzrechtliche Anforderungen einzuhalten. So müssen Pyrolyseanlagen die Anforderungen der Luftreinhalteverordnung (LRV, siehe Anhang 2 Ziffer 74) für Anlagen zum Verbrennen von biogenen Abfällen und Erzeugnissen der Landwirtschaft einhalten (Der Bundesrat 1985).

Pflanzenkohle, die als Bodenverbesserungsmittel eingesetzt wird, gilt rechtlich seit 2013 als Dünger (Der Bundesrat 2022c). Bislang darf Pflanzenkohle mit einer Bewilligung des BLW als nicht definierter Düngertyp in Verkehr gebracht werden. Dazu müssen die Bedingungen zur kontinuierlichen Qualitätskontrolle bei der Herstellung und hinsichtlich des Schadstoffgehalts laut Merkblatt «Voraussetzungen und Vorschriften für die Bewilligung von Pflanzenkohle» eingehalten werden. Dies bedeutet, dass die Ausbringung von Pflanzenkohle eine Menge von acht Tonnen pro Hektar und Kreditierungsperiode nicht überschreiten darf (Der Bundesrat 2021b).

Im ökologischen Landbau und im konventionellen Anbau ist EBC-zertifizierte Pflanzenkohle als Bodenhilfsstoff seit 2018 zugelassen (BAFU 2021j).

3.4. Bioenergienutzung mit CO_2-Abscheidung und -Speicherung (BECCS)

3.4.1. Definition

Bei der Bioenergienutzung mit CO_2-Abscheidung und -Speicherung (engl. Bio-Energy with Carbon Capture and Storage, BECCS) handelt es sich um eine Kombination aus energetischer Nutzung von Biomasse und anschliessender CO_2-Abscheidung aus dem Abgas und -Speicherung bzw. -Einlagerung im Untergrund.

Abb. 10: Bioenergienutzung mit CO_2-Abscheidung und -Speicherung (BECCS)

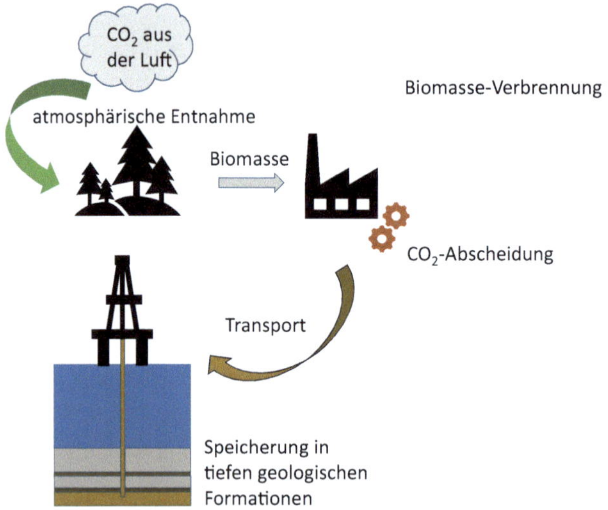

Quelle: Eigene Darstellung in Anlehnung an Consoli (2019)

3.4.2. Prozessbeschreibung

Pflanzen wandeln mittels Fotosynthese CO_2 aus der Luft in Biomasse um, die in Kraftwerken, Heizkraftwerken oder anderen industriellen Prozessen energetisch genutzt wird. Das bei der Verbrennung der Biomasse bzw. der Brennstoffe freigesetzte CO_2 wird aufgefangen und in der Regel in unterirdischen geologischen Lagerstätten (z. B. erschöpfte Erdgaslagerstätten, salzwasserführende Grundwasserleiter) deponiert. Für den Transport muss das CO_2 verdichtet und per Tankwagen, Zug oder Pipeline zu einer in- oder ausländischen Lagerstätte (z. B. geeignete Lagerstätten im tiefen Untergrund unter der Nordsee) transportiert werden. Sowohl die Abscheidung von CO_2 als auch dessen Verdichtung, Transport und geologische Einlagerung sind mit zusätzlichem Energieaufwand und mit Emissionen verbunden. Der thermische Netto-Energiebedarf beträgt je nach gewähltem Abscheidungsverfahren zwischen 0,18 und 1,9 MWh/t abgeschiedenem CO_2 (Lübbers et al. 2021).

3.4.3. Entwicklungsstand

TRL 9: Für die CO_2-Abscheidung bestehen bereits Demonstrationsanlagen in den USA und Grossbritannien, aber es gibt noch keine ausreichende lokale Verfügbarkeit von Transportinfrastrukturen und permanenten Speicherstätten für die anfallenden CO_2-Mengen. CCS aus Punktquellen ist eine in Energiewirtschaft und Industrie bereits bekannte und bewährte Technologie (Der Bundesrat 2020b). Während die eigentlichen CO_2-Abscheidungs- und -Transporttechnologien bereits in industriellem Massstab realisierbar sind, ist mit einer langen Vorlaufzeit für Planung, Genehmigung und Realisierung der benötigten grossskaligen und internationalen Infrastrukturen zu rechnen. Die CO_2-Abscheidung kann in der Schweiz vor allem bei Kehrichtverbrennungsanlagen, Zementwerken, Abwasserreinigungsanlagen und Chemiefirmen eingesetzt werden. Allerdings stammt ein Teil des anfallenden CO_2 nicht aus biogenen Quellen, sondern aus fossilen Materialien (z. B. Kunststoffen). Deshalb kann der fossile Anteil des abgeschiedenen CO_2 nicht zu den Negativemissionen gezählt werden. Permanente geologische Speicher für gasförmiges CO_2 sind in der Schweiz zwar potenziell verfügbar, aber bislang nicht erschlossen (SP 2020).[17] Die Entwicklung konkreter Speicherprojekte dauert jedoch typischerweise mehrere Jahre, so dass zwischenzeitlich ein Ferntransport, z. B. zu ehemaligen Erdgasfeldern in der Nordsee, in Betracht gezogen wird. Die Erkundung der Eignung inländischer Speicher für langfristige CO_2-Einlagerung ist noch nicht abgeschlossen und bedarf weiterer Feldversuche, um die Nutzbarkeit der geologischen Schichten sowie das Risiko des Auslösens seismischer Aktivitäten abzuschätzen.

3.4.4. Kosten

Schätzungen in der Literatur reichen von 30–400 US$/t (Fuss et al. 2018); je nach verwendeter CO_2-Quelle ergeben sich unterschiedliche Bandbreiten:

- Zellstoff- und Papierfabriken: 20–70 US$/t,
- Vergasung von Biomasse: 30–76 US$/T,

---

[17] Bundesamt für Landestopografie, swisstopo, CO_2 im Untergrund speichern – mögliche Chancen und Risiken, https://www.swisstopo.admin.ch/de/home.detail.event.html/swisstopo-internet/events2020/colloquium-19-20/20200131.html.

- Ethanolgärung: 20–175 US$/t,
- Biomasseverbrennung: 88–288 US$/t.

Niedrige Werte stehen für Anlagen mit Zugang zu preiswert verfügbarer Biomasse (hauptsächlich in den USA) und kurzen Entfernungen zu Lagerstätten.

3.4.5. Akteure

Die Forschung in der Schweiz erfolgt z. B. an der ETH Zürich am Institut für Energie- und Verfahrenstechnik. Zwischen dem Verband der Betreiber Schweizerischer Abfallverwertungsanlagen (VBSA) und dem Eidgenössischen Departement für Umwelt, Verkehr, Energie und Kommunikation (UVEK) besteht die Vereinbarung, bis 2030 mindestens eine Abscheidungsanlage in Betrieb zu nehmen (SE 2022b). In diesem Zusammenhang prüfen verschiedene KVA in der Schweiz gegenwärtig die CO_2-Abscheidung aus Rauchgas (CCS). Da das Kohlenstoffinventar des Kehrichts teilweise fossilen Ursprungs ist, handelt es sich nur beim biogenen Anteil (ca. 50 %) um BECCS.[18]

Forschung und Anbieter global: Konsortium «Northern Lights» (Equinor, Shell, Total), öffentliches Konsortium in den Niederlanden, Storegga (UK), Carbfix (Island) sowie Projekt «Westküste» (u.a. Holcim Deutschland, EDF Deutschland)

3.4.6. Chancen

Theoretisches Potenzial in der Schweiz: 5,1 Mio. t CO_2/Jahr (gilt für das Bezugsjahr 2050). Die Nutzung dieses Potenzials setzt voraus, dass die in der Schweiz verfügbare Trockenbiomasse komplett genutzt wird (Der Bundesrat 2020b). Eine aktuelle Studie (Rosa et al. 2021) geht von einem total verfügbaren Potenzial von ca. 3 Mio. t/Jahr aus; damit liegt das Potenzial bei 6 % der gegenwärtigen territorialen CO_2-Emissionen der Schweiz.

Potenzial in Europa: 200 Mio. t/Jahr (Rosa et al. 2021); davon stammen 65 % aus der Nachrüstung bestehender Punktquellen (z. B. Zellstoff- und Papierfabriken, Biomassekraftwerke, Zementwerke, KVA) und 35 % aus verteilten

[18] In diesem Zusammenhang ist jedoch kritisch zu hinterfragen, warum in Anlagen, die primär für die Behandlung von Abfällen errichtet wurden, vergleichsweise grosse Mengen an Biomasse (z. B. Altholz und Küchenabfälle) verbrannt werden.

Biomasse-Rohstoffen, die für BECCS genutzt werden können (v.a. Ernterückstände, Lebensmittelabfälle und Gülle aus der Tierhaltung).

Eine CO_2-Abscheidung lässt sich an Punktquellen in industrieller Grössenordnung leichter und kosteneffizienter bewerkstelligen als mit dem DACCS-Verfahren, da die CO_2-Konzentration in Abgasen viel höher ist als in der Luft.

3.4.7. Risiken

- Bei speziell für BECCS produzierter Biomasse kann es aufgrund des hohen Land-, Wasser- und Düngemittelbedarfs zu Nutzungskonflikten bei der Nahrungsmittelproduktion sowie zu negativen Auswirkungen auf die Biodiversität (insbesondere bei Biomasse-Monokulturen) kommen. Darüber hinaus fallen teilweise hohe Kosten für den Transport der Biomasse zur BECCS-Anlage und für den Energie- und Materialaufwand zum Betrieb der benötigten Infrastrukturen (z. B. CO_2-Pipelines) an.
- Dauerhaftigkeit der CO_2-Speicherung: Unabhängig von der BECCS-Technologie besteht bei der geologischen Einlagerung das Risiko einer Reemission im Fall von unentdeckten Fehlern oder Brüchen des Gesteins (Kemmler et al. 2021). Eine sorgfältige Auswahl der CO_2-Lagerstätten und eine umfassende Überwachung müssen sicherstellen, dass die Leckage-Raten unter den vom IPCC genannten 0,003 % bleiben (Cames et al. 2021).
- Ggf. infrastrukturelle und vertragsrechtliche Abhängigkeit von Drittstaaten.

3.4.8. Schnittstellen/Wechselwirkungen

Synergien: In Kombination mit dem Waldmanagement und der Holzverwendung könnte eine kaskadenartige Nutzung durch stoffliche und energetische Verwertung der Holzernte mit abschliessender Abscheidung und Einlagerung des CO_2 etabliert werden (Der Bundesrat 2020b). Ferner wäre eine gemeinsame Transport- und Speicherinfrastruktur für verdichtetes CO_2 aus den BECCS- und DACCS-Verfahren möglich. Darüber hinaus könnte das abgeschiedene CO_2 teilweise auch im Inland mittels Carbonatisierung von Abbruchbeton gespeichert werden. Dies würde die CO_2-Transporte ins Ausland verringern. Allerdings ist die Kapazität dieser Speichervariante begrenzt: In der Schweiz steht im Jahr 2050 ein theoretisches Senkenpotenzial von 2,5 Mio. t CO_2 pro Jahr zur Verfügung (Abschnitt 3.6.6).

Zielkonflikte: Wird die verfügbare Biomasse grösstenteils für BECCS in Anspruch genommen, kann anderen NET (Waldbewirtschaftung, Holzverwendung; Pflanzenkohle) kein anrechenbares Senkenpotenzial zugeschrieben werden, um Doppelzählung zu vermeiden (Der Bundesrat 2020b). Ebenso besteht eine gewisse Konkurrenz durch den (gutgemeinten) subventionierten Einsatz von Biomasse im Vergleich zur privatwirtschaftlichen Nutzung in anderen (industriellen) Prozessen.

Zudem konkurriert BECCS mit DACCS um die in der Schweiz verfügbaren regenerativen Energiemengen für die CO_2-Abscheidung sowie um geologische Lagerstätten für das abgeschiedene CO_2.

3.4.9. Rechtsrahmen in der Schweiz

- Bislang gibt es keine BECCS-Anlagen in der Schweiz, deshalb existieren auch nur wenige Vorgaben.
- Zentral sind die Regelungen für CCS. Für die CCS-Kette (Abscheidung, Transport und Lagerung) gibt es keine spezifische, übergreifende Regulierung.
- Für die CO_2-Abscheidung und den -Transport können bestehende Erlasse, wie die Luftreinhalte-Verordnung, grundsätzlich angepasst werden. Zu denken ist an Grenzwerte für die Schadstoffemissionen bei der Abscheidung, z. B. für Nitrosamine.
- Die Abscheidungsanlage kann über das herkömmliche Baubewilligungsverfahren genehmigt werden. Allerdings gibt es nur für die Raumplanung ein Bundesgesetz (Raumplanungsgesetz, RPG 2019), für die Bauordnungen und das Baugesetz (einschliesslich des öffentlichen Baurechts) sind die Kantone zuständig.
- Für den rohrleitungsgebundenen Transport ist an das Rohrleitungsgesetz (Rohrleitungsgesetz, RLG 2021) zu denken, welches bislang aber nur Regelungen für den Transport von Brennstoffen enthält. Beim Transport per Lkw und Bahn sind die Gefahrgutregelungen für Strasse und Schiene zu beachten. Bei der geologischen Speicherung von CO_2 gibt es in der Schweiz keine spezifischen Regelungen (vgl. hingegen das KSpG in Deutschland[19] und die CCS-Richtlinie der EU).

[19] Kohlendioxid-Speicherungsgesetz vom 17. August 2012 (BGBl. I S. 1726), das zuletzt durch Artikel 22 des Gesetzes vom 10. August 2021 (BGBl. I S. 3436) geändert worden ist.

- Für den Rohrleitungstransport und die Speicherung von CO_2 ist verfassungsrechtlich zu klären, ob und wieweit der Bund neben den zuständigen Kantonen Regelungen erlassen kann.

3.5. Direkte CO_2-Abscheidung aus der Luft und -Speicherung (DACCS)

3.5.1. Definition

Bei der direkten CO_2-Abscheidung und -Speicherung (engl. Direct Air Carbon Capture and Storage, DACCS) handelt es sich um Technologien, die CO_2 mittels eines festen oder flüssigen Sorptionsmittels aus der Umgebungsluft abscheiden (engl. Direct Air Capture, DAC) und anschliessend in der Regel in unterirdischen Speichern einlagern.

Abb. 11: Direkte CO_2-Abscheidung aus der Luft und -Speicherung (DACCS)

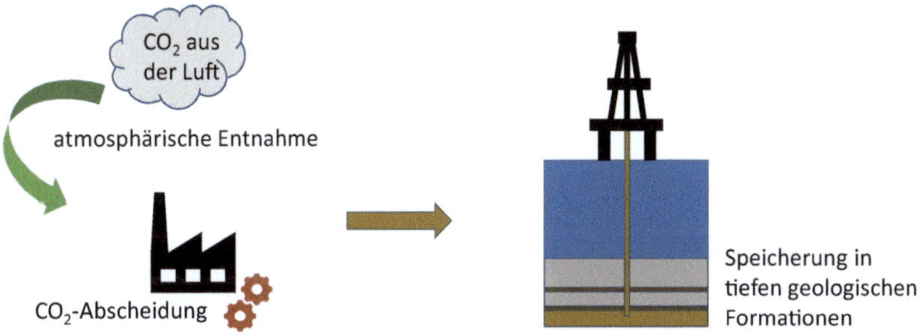

Quelle: Eigene Darstellung

3.5.2. Prozessbeschreibung

Bei der direkten CO_2-Abscheidung wird die Umgebungsluft mittels Ventilatoren auf ein Sorptionsmittel geleitet. Dafür werden derzeit v. a. zwei verschiedene Verfahren eingesetzt: das Adsorptionsverfahren, bei dem das CO_2 an der Oberfläche eines festen Sorptionsmittels aufgenommen wird, sowie das Absorptionsverfahren, bei dem CO_2 in einem flüssigen Sorptionsmittel gelöst wird. Danach wird das CO_2 durch Zufuhr elektrischer und/oder thermischer Energie von dem Sorptionsmittel getrennt und dieses so für einen neuen Abscheidungszyklus regeneriert. Das abgeschiedene reine CO_2 wird anschliessend verflüssigt, transportiert und in unterirdischen geologischen Lagerstätten (z. B. Basalt, erschöpfte Erdgaslagerstätten, salzwasserführende Grundwasserleiter) deponiert. Technische verfügbare Lagerstätten befinden sich momentan grösstenteils im Ausland (z. B. in Norwegen).

Bei der Abscheidung des CO_2 und insbesondere der Regeneration des Sorptionsmittels handelt es sich um sehr energieaufwendige Prozesse. Beim Absorptionsverfahren ist für die Regeneration eine hohe Temperatur (850–900 °C) erforderlich (Florin et al. 2020). Beim Adsorptionsverfahren ist eine niedrigere Temperatur (80–120 °C) ausreichend, sodass u. a. Abwärme und Wärmepumpen verwendet werden können.

Das Absorptionsverfahren benötigt 2,4 MWh Wärme pro Tonne abgeschiedenem CO_2, das Adsorptionsverfahren etwa 0,6–1,7 MWh. Zusätzlich werden 0,2–1,0 MWh Strom benötigt (Florin et al. 2020). Diese Werte liegen gegenwärtig deutlich über dem Energiebedarf für die Abscheidung aus Punktquellen (BECCS). Es wird angenommen, dass der Energiebedarf perspektivisch sinken wird. Er wird jedoch mindestens 2- bis 4-mal höher sein als bei Punktquellen.

Darüber hinaus werden bei beiden Verfahrensoptionen Chemikalien in grösserem Umfang benötigt, darunter Aminoverbindungen für die Absorption sowie Natriumhydroxid (NaOH) oder Kaliumhydroxid (KOH), reiner Sauerstoff und Kalziumcarbonat ($CaCO_3$) (Florin et al. 2020; Madhu et al. 2021).

3.5.3. Entwicklungsstand

TRL 7–8: Für die Abscheidung des CO_2 aus der Umgebungsluft existieren mehrere Prototypen, die teilweise bereits in bestehenden Systemen bzw. das betriebliche Umfeld integriert sind.

Seit 2017 besteht in Island die weltweit erste DACCS-Demonstrationsanlage (Der Bundesrat 2020b), die aktuell über eine Jahreskapazität von 4000 t CO_2 verfügt (Jendrischik 2022). Die Hochskalierung der bereits marktreif entwickelten Prozesse für den grosstechnischen Einsatz findet gegenwärtig statt. Anlagen im Megatonnenbereich sind bis ca. 2025 in Texas und Schottland geplant.

3.5.4. Kosten

Für den gegenwärtigen Entwicklungsstand finden sich in der Literatur folgende Angaben:

- 600–800 CHF/t CO_2 (560–730 US$/t CO_2) für das Adsorptionsverfahren (Florin et al. 2020; Der Bundesrat 2020b; Beuttler et al. 2019)
- 90–221 CHF/t CO_2 (80–210 US$/t CO_2) für das Absorptionsverfahren (Florin et al. 2020)

Die Kostenangaben sind u. a. abhängig vom gewählten Sorptionsmittel sowie ggf. von der möglichen Abwärmenutzung. Ferner ist zu beachten, dass es gegenwärtig nicht genügend Studien zu den Kosten gibt, die den Peer-Review-Standard erfüllen. Insofern kann aus den oben genannten Werten keine klare Kostendiskrepanz zwischen Adsorptions- und Absorptionsverfahren abgeleitet werden. Die Entwickler beider Technologien geben an, langfristig Kosten von 100 US$/t CO_2 erreichen zu können (Fuss et al. 2018).

3.5.5. Akteure

Forschung und Anbieter in der Schweiz: Umfangreiche Forschung, u. a. durch Climeworks AG (Spin-off der ETH Zürich, weltweit grösster Hersteller von DAC-Anlagen); Beteiligung an Forschungsprojekten und der DACCS-Demonstrationsanlage (s. o.) (Der Bundesrat 2020b; Böll-Stiftung 2021).

Forschung und Anbieter global: Mehr als zehn Initiativen, u. a. Global Thermostat (USA) für das Adsorptionsverfahren und Carbon Engineering (Kanada) für das Absorptionsverfahren (Viebahn et al. 2019).

3.5.6. Chancen

Gestützt auf das geschätzte totale theoretische geologische Speicherpotenzial und ohne Berücksichtigung des Energiebedarfs wäre in der Schweiz ein aggregiertes DACCS-Potenzial von maximal 2500 Mio. t CO_2 denkbar (Der Bundesrat 2020b; Beuttler et al. 2019). Gemäss langfristiger Klimastrategie der Schweiz sollen allfällige geologische Speicher zwecks Einsparung von Transporten jedoch primär für CO_2 aus lokalem CCS und BECCS genutzt werden (BAFU 2021e).

Potenzial global: 2400–10 000 Mio. t CO_2/Jahr bis 2050 (Florin et al. 2020); optimistische Schätzungen gehen von 7000–15 000 Mio. t CO_2 aus (Fasihi et al. 2019). Im Gegensatz zu biomassebasierten NET ist das Potenzial für DACCS gut skalierbar und nicht durch die Verfügbarkeit von Biomasse begrenzt (Creutzig et al.). Die Begrenzungen sind eher ökonomischer oder technischer Natur, insbesondere in Hinblick auf die benötigte Energie.

Bei DACCS handelt es sich um eine nicht standortgebundene NET. Um den Transportaufwand für CO_2 und die Gesamtkosten zu minimieren, können DACCS-Anlagen daher an Standorten errichtet werden, an denen sowohl erneuerbare Energiequellen wie auch geologische CO_2-Lagerstätten verfügbar sind (Der Bundesrat 2020b).

3.5.7. Risiken

- Der hohe Energiebedarf für die Regeneration des Sorptionsmittels (siehe oben) birgt das Risiko zusätzlicher CO_2-Emissionen. Aktuelle ökobilanzielle Untersuchungen haben ergeben, dass pro Tonne abgeschiedenem CO_2 derzeit 0,3 t CO_2 ausgestossen werden; bei CO_2-armem Strom (wie in der Schweiz) reduziert sich der CO_2-Ausstoss auf 0,15 t (Madhu et al. 2021). Ein grossflächiger Einsatz von DACCS erfordert daher einen erheblichen Ausbau der Energiebereitstellung aus erneuerbaren Quellen. Für die Abscheidung von 15 000 Mio. t CO_2 (vgl. globales Potenzial) würden pro Jahr 30 Billionen kWh Energie benötigt, u. a. fast die Hälfte der gegenwärtigen weltweiten Stromerzeugung bzw. 150 % der globalen Stromerzeugung aus erneuerbaren Energien. Dabei ist der Stromverbrauch für Verdichtung, Transport und Speicherung des CO_2 noch nicht berücksichtigt (Nick und Thalmann 2021).
- Das Absorptionsverfahren verursacht einen hohen Wasserverbrauch (je nach Quelle 4,7 m^3/t CO_2 bzw. 5–13 m^3/t CO_2) und kann daher in klimatisch trockenen Regionen das Risiko der Wasserknappheit verstärken (Böll-Stiftung 2021; Viebahn et al. 2019). Allerdings kann dazu auch salzhaltiges Grundwasser genutzt werden.
- Bestehende Pfadabhängigkeiten hinsichtlich der Nutzung fossiler Energieträger könnten fortgeschrieben werden, wenn DACCS statt für unvermeidbare Treibhausgasemissionen (Zement, Landwirtschaft etc.) als Kompensation für Emissionen aus fossilen Energiequellen eingesetzt wird.

- Bei der geologischen Einlagerung des abgeschiedenen CO_2 bestehen je nach Einlagerungsmethode Risiken in Bezug auf die Dauerhaftigkeit (Florin et al. 2020) und die Auslösung seismischer Aktivitäten (Juncu et al. 2020). Eine aktuelle Studie hat in diesem Zusammenhang allerdings ergeben, dass im Falle einer fachgerechten Speicherung Leckagen mit einer Wahrscheinlichkeit von 50 % unter 0,0008 % pro Jahr bleiben (Alcalde et al. 2018).
- Da die langfristige Klimastrategie der Schweiz davon ausgeht, dass negative Emissionen aus DACCS primär im Ausland eingekauft werden, könnten sich (ähnlich wie derzeit bei Öl und Gas) infrastrukturelle und vertragsrechtliche Abhängigkeiten von Drittstaaten ergeben, die sich ggf. negativ auf die zu zahlenden Preise auswirken können.

3.5.8. Schnittstellen/Wechselwirkungen

Synergien: Abgeschiedenes CO_2 kann teilweise auch im Inland mittels Carbonatisierung von Abbruchbeton (Abschnitt 3.6) gespeichert werden. Dies würde CO_2-Transporte ins Ausland verringern. Allerdings ist die Kapazität dieser Speichervariante begrenzt: In der Schweiz steht im Jahr 2050 geschätzt ein theoretisches Senkenpotenzial von 2,5 Mio. t CO_2/Jahr zur Verfügung.

Eine gemeinsame Transport- und Speicherinfrastruktur für verflüssigtes CO_2 aus dem DACCS- und dem BECCS-Verfahren könnte geschaffen werden.

Zielkonflikte: Einerseits können Wärme und Strom aus BECCS-Anlagen im DAC-Prozess genutzt werden. Andererseits besteht eine Konkurrenz zu BECCS um die in der Schweiz verfügbaren geologischen Lagerstätten für abgeschiedenes CO_2.

3.5.9. Rechtsrahmen in der Schweiz

Grosstechnische DACCS-Anlagen existieren bislang in der Schweiz nicht. Deshalb gibt es auch nur wenige oder keine Vorgaben.

Für die Regulierung sind im Wesentlichen die gleichen Rechtsfragen wie bei BECCS zu klären (Abschnitt 3.4.9).

3.6. Carbonatisierung

3.6.1. Definition

Mithilfe der technisch beschleunigten Carbonatisierung von Beton (und zementhaltigen Produkten im Allgemeinen) oder Silicatgestein kann Kohlendioxid (CO_2) in mineralischer Substanz (Carbonat) gebunden und damit dauerhaft aus der Atmosphäre entfernt werden (SCNAT 2018; SRD 2019). Dieser Vorgang wird auch als «beschleunigte Verwitterung» bezeichnet.

A) In Abbruchbeton (aus dem Abbruch von Bauwerken) bindet sich CO_2 an Calciumhydroxid, Calciumsilicathydrat und weitere Phasen und bildet Calciumcarbonat (Der Bundesrat 2020b). Diese chemische Reaktion lässt sich durch Zerkleinerung des Abbruchbetons und eine optimierte technische Prozessführung gegenüber der natürlichen Reaktionsgeschwindigkeit stark beschleunigen.

B) Silicatgesteine wie Olivin, Basalt oder Serpentinit, die in der Schweiz südlich des Alpenhauptkamms punktuell vorkommen, können durch Kontakt mit CO_2 carbonatisiert werden (Ostovari et al. 2020). Dies kann entweder durch Untertage-Injektion von CO_2 in Festgestein (in situ) oder an der Erdoberfläche durch die Einwirkung von CO_2 auf fein verteilten Gesteinsstaub erfolgen. Das CO_2 wird mineralisch gebunden und kann nicht mehr in die Atmosphäre entweichen.

Abb. 12: Beschleunigte Carbonatisierung von Abbruchbeton oder Silicatgestein

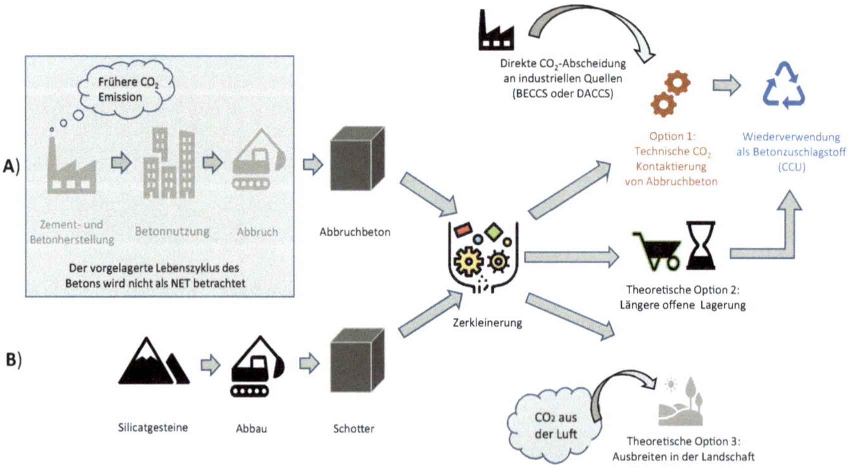

Quelle: Eigene Darstellung

3.6.2. Prozessbeschreibung

A) Beton wird im einfachsten Fall aus einer Mischung aus Zement, Sand/Kies und Wasser hergestellt. Der dazu nötige Zement wird durch Brennen eines Gemisches aus Kalkstein und Ton bei hohen Temperaturen produziert, wobei die nötigen Mineralien (Calciumsilicat, -aluminate und -ferrate) für den Zement sowie grosse Mengen CO_2 als Abgas entstehen. Um daraus Beton herzustellen, wird der Zement mit Wasser und Gesteinskörnungen angemischt. Dabei reagieren die Zementmineralien zu Calciumsilicathydrat, Calciumhydroxid und anderen mineralischen Phasen wie Ettringit. Diese Substanzen bewirken das Abbinden und Erhärten als Beton. Langfristig können diese Substanzen aus der Luft CO_2 aufnehmen, wodurch Kalkstein ($CaCO_3$) und andere carbonatische Mineralien entstehen. Diese chemische Reaktion der Carbonatisierung findet auf natürlichem Weg an jeder Betonoberfläche statt, aber nur sehr langsam. Diese Reaktion ist am Bauwerk nicht erwünscht, da sie zur Korrosion des Bewehrungsstahls führen kann. Der in Bauwerken eingebaute Zement nimmt im Laufe seiner Lebensdauer ca. 10–15 % des bei der Zementherstellung freigesetzten CO_2 auf (SRD 2019; Der Bundesrat 2020b).

Um die CO_2-Aufnahme zu erhöhen und zu beschleunigen, kann Abbruchbeton technisch verarbeitet werden, um das Calciumhydroxid und das Calciumsilicat schneller in Kontakt mit CO_2 zu bringen. Recycling und technische Massnahmen beschleunigen den Prozess und erhöhen die CO_2-Aufnahme auf bis zu 30 % der ursprünglichen CO_2-Freisetzung bei der Zementherstellung (Nygaard et al. 2012). Um die CO_2-Aufnahme zu beschleunigen, wird durch Brechen und Mahlen die Oberfläche vergrössert (VDZ 2020).

Zum Beschleunigen der Carbonatisierung wird ausserdem konzentriertes CO_2, ggf. unter Druck, auf vorgebrochenen Beton aufgegeben und das entstehende Calciumcarbonat als Pulver abgeschieden (Sika AG 2014). Eine andere Methode belässt das Calciumcarbonat im Betongranulat (Neustark GmbH 2021). Bei beiden technischen Varianten wird konzentriertes CO_2 auf trockenes Abbruchbetongranulat geleitet. Gegenwärtig sind auch Nassverfahren in der Entwicklung, die auf eine nochmalige Verbesserung der CO_2-Aufnahme abzielen. Das CO_2 stammt gegenwärtig aus Abwasserreinigungsanlagen oder aus dem Abgas von Zement- oder Kehrichtverbrennungsanlagen. In Zukunft kann es aus anderen NET (BECCS oder DACCS) bereitgestellt werden.

Das entstehende carbonisierte Betonmaterial lässt sich als Gesteinskörnung oder Füllstoff für die Betonherstellung wiederverwerten (dies entspricht dann einer Nutzung des NET-Produkts). Potenziell können diese recycelten Materialien den CO_2-Fussabdruck der Betonherstellung teilweise verringern. Der Einsatz des carbonatisierten Materials im neu hergestellten Beton kann zudem eine geringfügige Senkung des Zementgehaltes ermöglichen.

B) Für die Carbonatisierung eignen sich auch natürliche Gesteine, die silicatische Mineralien wie Olivin enthalten. Um CO_2 effektiv aufnehmen zu können, muss das Silicatgestein zerkleinert werden (Ostovari et al. 2020). Dies kann oberflächennah in Steinbrüchen mit mechanischen Brechern geschehen. Im einfachsten Fall wird das Gesteinspulver einfach auf Landschafts- oder Waldböden gestreut, wo es sich mit der Zeit in Magnesiumcarbonat umwandelt. Hier gilt es allerdings, sowohl den Einfluss des pH-Werts des Bodens auf den Verwitterungsprozess als auch den Einfluss des Ausbringens des Gesteinspulvers auf den pH-Wert des Bodens zu berücksichtigen. Des Weiteren beeinträchtigen feuchte Böden die CO_2-Absorption.

Die Carbonatisierungskinetik ist sehr langsam, selbst wenn das Material fein gemahlen ausgebracht wird. Ausserdem sind dafür grosse Landflächen erforderlich. Um eine ausreichend schnelle CO_2-Aufnahme zu ermöglichen (Matter et al. 2016), sind technische Anlagen erforderlich. Damit lassen sich hohe CO_2-Konzentrationen und hoher Druck einstellen, was die CO_2-Bindung verbessert. Ausserdem muss Silicatgestein einer mechanischen und thermischen Vorbehandlung unterzogen werden (Ostovari et al. 2020). Das carbonatisierte Material kann für Baustoffe genutzt werden, z. B. für olivinbasierte Bindemittel.[20]

3.6.3. Entwicklungsstand

A) Im Bausektor ist die oberflächliche CO_2-Absorption durch Beton (Carbonatisierung) bekannt, aber in der Regel unerwünscht, da eine Korrosion der Stahlbewehrung vermieden werden muss. Die gezielte Nutzung des Prozesses als NET macht nur Sinn bei Verwendung von Betonabbruchmaterial. Dies wurde bislang in Pilotanlagen getestet, aber noch nicht in grossem Massstab realisiert. Pilot- oder Demonstrationsanlagen zur technischen Beschleunigung der Carbonatisierung wurden im Rahmen der Aufbereitung von Abbruchbeton entwickelt und die entsprechenden Verfahren zum Patent angemeldet (TRL 5–6) (Neustark GmbH 2021; Sika AG 2014).

---

20 «Advanced Grant» für Empa-Zementforscherin Barbara Lothenbach: Startschuss für die Reise zu CO_2-negativem Zement, https://www.admin.ch/gov/de/start/dokumentation/medienmitteilungen.msg-id-89685.html.

Die landwirtschaftliche Anwendung von zerkleinertem Betonschutt zur Carbonatisierung ist noch nicht ausreichend untersucht (TRL 3).

B) Es wurden Pilotstudien zur Carbonatisierung von Magnesium (Mg)-Silicatgestein durchgeführt, und es gibt einige Studien zur Verwendung von carbonatisiertem Mg-Silicat und Mg-Oxid als zementartiges Bindemittel (Majcher 2015).

3.6.4. Kosten

A) Die Kosten für die technische Carbonatisierung von Abbruchbeton werden auf eine Bandbreite von 150–1000 CHF/t CO_2 (140–940 US$/t CO_2) geschätzt (infras; Perspectives 2020), wobei zu Beginn noch Investitionskosten für spezielle Anlagen zu berücksichtigen sind. Bis 2050 könnten die Kosten im optimistischen Fall auf 80 CHF/t CO_2 sinken.

B) Für die Verwitterung von Naturgestein liegen nur grobe Kostenschätzungen vor. Je nach Aufwand für Abbau, Zerkleinerung und Ausbringung des Gesteinsgranulats werden Kosten von 70–140 CHF/t CO_2 (70–130 US$/t CO_2) angenommen (infras; Perspectives 2020).

3.6.5. Akteure

Die Firmen Neustark AG (Bern), zirkulit AG (Kloten) und Sika Technologies AG (Zürich) streben die Kommerzialisierung ihrer Verfahren an:

- Die von Neustark entwickelte Technologie kann derzeit 10 kg CO_2/m^3 gebrochenen Recyclingbeton binden (Neustark GmbH 2021); der theoretische Höchstwert liegt bei 250 kg CO_2 (Schmid 2021). Die Wiederverwendung des carbonatisierten Betonschutts als Zementersatz bei der Betonherstellung vermeidet weitere 20 kg CO_2.
- Die Firma zirkulit AG hat einen Betonwerkstoff mit Zusatz von carbonatisierten Abbruchbeton entwickelt und auf den Markt gebracht. Die Rezeptur des als Standard-Hochbaubeton einsetzbaren Betons enthält rezykliertes Betongranulat, das in einem technischen Prozess carbonatisiert wird. Nach Firmenangaben kann dieser Werkstoff mindestens 10 kg CO_2 pro Kubikmeter dauerhaft speichern.[21] Im Zusammenhang mit Negativemissionen kann

[21] zirkulit – CO_2-Speicherung, https://zirkulit.ch/co2-speicherung.

dieses Produkt als CO_2-Speicher für andere NET (DECCS oder BECCS) genutzt werden.

- Das von der Sika Technologies AG zum Patent angemeldete reCO_2ver-Verfahren basiert ebenfalls auf der technischen Kontaktierung von gemahlenem Abbruchbeton mit konzentriertem CO_2. Nach Angaben des Unternehmens können derzeit 60 kg CO_2/t Abbruchbeton gebunden werden (Sika AG 2021). Dies entspricht 120 kg CO_2/m³ Recyclingbeton.

Der Einsatz von Abbruchbeton oder Gesteinsmehl auf Böden wird in der Schweiz derzeit nicht aktiv erforscht. Es gibt jedoch mehrere Forschungsprojekte zur Verwendung von Naturgestein und Abbruch-/Recyclingbeton, z. B. von der ETH oder der Empa (Nygaard et al. 2012).

3.6.6. Chancen

Ohne jegliche Massnahmen werden durch die natürliche Carbonatisierung von unversiegelten Betonoberflächen in Gebäuden etwa 10 % der ursprünglich bei der Zementherstellung verursachten CO_2-Emissionen wieder absorbiert (Nygaard et al. 2012). Dieser Prozess verlangsamt sich stetig und kommt bei festen Betonbauteilen nach etwa 40 Jahren praktisch zum Stillstand. Das Recycling von Abbruchbeton hat das Potenzial, die CO_2-Aufnahme auf bis zu 33 % des ursprünglich bei der Zementherstellung emittierten CO_2 zu erhöhen (Nygaard et al. 2012).

Durch Zerkleinern von Abbruchbeton oder Magnesium-Silicatgestein kann die chemische Verwitterung beschleunigt und intensiviert werden, sodass mehr CO_2 in kürzerer Zeit mineralisiert wird. Die Ausbringung von carbonatisiertem Abbruchbeton (jetzt kalkhaltig, u. a. carbonatisiertes Calciumhydroxid) auf landwirtschaftliche Böden kann durch die Anhebung des pH-Wertes zu einer Reduktion der klimarelevanten Lachgasemissionen beitragen (Dechow et al. 2021).

Das theoretische Senkenpotenzial der Carbonatisierung von Abbruchbeton in der Schweiz wird wie folgt geschätzt:

- 75 000 t CO_2/Jahr aus den derzeit verfügbaren Abbruchmengen (Der Bundesrat 2020b), was 4–5 % der CO_2-Emissionen aus der Zementproduktion und weniger als 1 % der gesamten schweizerischen Treibhausgasemissionen entspricht;
- bis zu 2,5 Mio. t CO_2/Jahr im Jahr 2050, was 20 % der verbleibenden Emissionen entspricht, die durch NET angegangen werden müssen (Der Bundesrat 2020b).

Andere Studien beziffern das in 2050 auf diese Weise realisierbare Senkenpotenzial mit 560 kt als deutlich geringer (Tiefenthaler et al, 2021).

3.6.7. Risiken

Die Carbonatisierung von Abbruchbeton in technischen Anlagen ist wahrscheinlich mit geringeren Risiken verbunden als das Aufbringen von zerkleinertem Gestein oder Abbruchbeton auf den Boden zur natürlichen Verwitterung. Das Ausbringen von Betongranulat in der Landschaft ohne weitere Massnahmen kann die Alkalinität (pH-Wert) der Böden vorübergehend erhöhen (SRD 2019). Dieser Effekt mag angesichts der sauren Niederschläge zunächst erwünscht sein, könnte aber auf Dauer zu viel werden. Auf alkalischen (kalkhaltigen) Böden oder in Mooren kann dieser zusätzliche Baseneintrag ungünstige Auswirkungen auf Pflanzen und Bodenorganismen haben. Organismen und Pflanzen, die an den im Boden vorhandenen pH-Wert angepasst sind, könnten durch den Eintrag von basischem Beton in ihrer biologischen Funktion gestört werden. Es wurde auch festgestellt, dass frisch gekalkte Standorte erhöhte CO_2-Emissionen aufweisen, was dem Zweck von NET entgegenwirkt (Dechow et al. 2021). Ausserdem kann die natürliche Korngrössenverteilung des Bodengefüges beeinflusst werden (z. B. Verschlämmung). Diese Effekte schränken die Anwendbarkeit der Methode in der Schweiz ein.

Die Stabilität der CO_2-Fixierung als Carbonatmineral in Böden ist noch nicht ausreichend erforscht. Chemische Prozesse könnten zu einer weiteren chemischen Verwitterung führen und das mineralisch gebundene CO_2 wieder mobilisieren. So könnten beispielsweise saurer Regen oder der Eintrag von Düngemitteln zu einer Umwandlung von Calciumcarbonat in andere Stoffe (Salze) führen. Auch Bodenorganismen könnten diesen Effekt hervorrufen. Bevor diese NET eingesetzt werden kann, bedarf es weiterer Forschung, um das Ausmass einer möglichen Remobilisierung von CO_2 genau bilanzieren zu können.

Ein weiteres Risiko ist der mögliche Schadstoffgehalt, der zu einer Anreicherung von Schadstoffen in Böden führen könnte, wenn Abbruchbeton langfristig in den Boden eingebracht wird. Ausserdem ist dies mit einer hohen Flächeninanspruchnahme, energieintensivem Mahlen und einer langsamen Carbonatisierungskinetik verbunden.[22]

---

22 Persönliche Mitteilung Empa-Experten.

3.6.8. Schnittstellen/Wechselwirkungen

Das einfache Ausbreiten von Abbruchbeton in der Landschaft zur Bindung von CO_2 aus der Luft ist eine Alternative zur Verwendung des Materials in technischen Systemen, die eine effizientere und schnellere CO_2-Abscheidung aus Prozessabgasen ermöglicht. Die Verwendung von Abbruchbeton zur Bindung von CO_2 aus konzentrierten Abgasen von Zementwerken oder Kehrichtverbrennungsanlagen wird als Carbon Capture and Storage (CCS) bezeichnet. Es ist aber auch möglich, den Abbruchbeton als Speicheroption für das mittels BECCS und DACCS abgeschiedene CO_2 zu verwenden. In beiden Fällen kann von einer späteren Verwendung des carbonatisierten Materials als Betonzuschlagstoff ausgegangen werden. In diesem Sinne kann beispielsweise das von der Firma zirkulit AG bereits auf den Markt gebrachte Produkt genutzt werden.[23]

Der Einsatz von zerkleinertem Abbruchbeton zur Verwitterung auf Feldern könnte mit dem Einsatz von Pflanzenkohle als zusätzlichem NET-Beitrag kombiniert werden, um den Prozess der Ausbringung effizienter zu gestalten. Neben carbonatisierten Abbruchbeton könnte auch Pflanzenkohle als Zuschlagstoff für neuen Beton genutzt werden, um eine permanente Speichermöglichkeit dafür zu realisieren. Dies Option ist jedoch gegenwärtig noch nicht normkonform (Logbau AG 2022).

3.6.9. Rechtsrahmen in der Schweiz

Herstellung des Betongranulats:

- Bei Abbruchbeton handelt es sich in der Regel um Abfall, sodass die abfallrechtlichen Bestimmungen einzuhalten sind. Dies bedeutet insbesondere, dass die Abfälle vor der Verwertung (z. B. Wiederverwendung bei der Herstellung von Baustoffen, Aufbringung auf den Boden) so behandelt werden müssen, dass zukünftige Umweltbelastungen durch die Freisetzung von Schadstoffen mit hinreichender Sicherheit ausgeschlossen werden können.
- Abbruchbeton soll in erster Linie als Rohstoff für die Herstellung von Baumaterialien oder als Baumaterial auf Deponien wiederverwertet werden. Abfälle dürfen nur auf Deponien und nur nach den Vorgaben der Verordnung über die Vermeidung und die Entsorgung von Abfällen (VVEA) abgelagert werden.

---

[23] zirkulit – CO_2-Speicherung, https://zirkulit.ch/co2-speicherung.

Anwendung von Abbruchbeton als NET:

- Das Umweltschutzgesetz (USG) (Die Bundesversammlung der Schweizerischen Eidgenossenschaft 1983), die Verordnung über Belastungen des Bodens (VBBo), das Gewässerschutzgesetz (GSchG) (Die Bundesversammlung der Schweizerischen Eidgenossenschaft 1991) und die Gewässerschutzverordnung (GSchV) (Der Bundesrat 1998) sind zu beachten, wenn carbonatisiertes Betongranulat aus Abbruchbeton auf land- oder forstwirtschaftlichen Flächen ausgebracht wird.
- Die Verwertung von Abbruchbeton auf (land- oder forstwirtschaftlichen) Böden als NET ist in der VVEA nicht vorgesehen, daher gibt es dafür keine abfallrechtliche Definition zum Ende seiner Abfalleigenschaft.
- Für landwirtschaftliche Flächen müssen die Anforderungen der Düngemittelgesetzgebung erfüllt werden (siehe Details im Merkblatt Bodenmanagement). Eine entsprechende Regelung für Betongranulat im Düngemittelrecht gibt es noch nicht.
- Die Düngung von Waldböden ist verboten (Chemikalien-Risikoreduktions-Verordnung, ChemRRV, Anhang 2.6, 3.3.1, Abs. 5).

3.7. NET im Vergleich und im Kontext

Die NET sollten nicht nur aus einer isolierten, NET-spezifischen Sicht betrachtet werden. Es bedarf einer Systembetrachtung aller NET, wie sie zusammenhängen (Synergien und Konkurrenz) und wie sie in die energie- und klimapolitische Landschaft eingebettet werden sollen, da sie teilweise von anderen Technologien und Infrastrukturen abhängen, z. B. von der Entwicklung erneuerbarer Energien.

3.7.1. NET konkurrieren um begrenzte Ressourcen

Landfläche, Biomasse: Verschiedene NET wie Waldmanagement und Holzverwendung, Bodenmanagement, Pflanzenkohle und BECCS benötigen Landflächen für Anbau von Biomasse und/oder das Speichern von Kohlenstoff in Form von Pflanzenkohle und carbonatisiertem Gesteinspulver. Auch NET wie BECCS, Carbonatisierung und DACCS erfordern industrielle Infrastrukturen und in einigen Fällen auch Transportinfrastrukturen (z. B. Pipelines), die unter

Umständen Land verbrauchen. Dies kann zu einem Wettbewerb zwischen den NET, aber auch mit der Nahrungsmittelproduktion führen. Zudem hat die EU eine «European Bioeconomy Strategy» veröffentlicht (DG Research 2019). In diesem Kontext versuchen heute viele Industriezweige, fossil basierte Materialien durch biobasierte Ressourcen zu ersetzen, was die Nachfrage nach biobasierten Ressourcen und Abfällen weiter steigert.

Wasser: Aufgrund des Klimawandels wird Europa immer trockener.[24] Alle NET sind direkt oder indirekt von Wasser abhängig, und auch die Stromversorgung, die Landwirtschaft und die Industrie sind auf Wasser angewiesen.

Erneuerbare Energien: Insbesondere für BECCS, DACCS und Carbonatisierung ist Strom aus erneuerbaren Energien notwendig und für DACCS darüber hinaus erneuerbare Wärme. 2021 wurden in der Schweiz mehr als 90 % des Stroms emissionsarm in Wasser- und Atomkraftwerken erzeugt.[25] Aber diese Potenziale sind weitgehend ausgeschöpft. Um den durch DACCS und Carbonatisierung steigenden Strombedarf zu decken, müssen zusätzliche erneuerbare Energieträger wie Fotovoltaik oder Windenregie erschlossen und zügig ausgebaut werden.

3.7.2. Synergien zwischen NET

Neben der Konkurrenz um limitierte Ressourcen (Land, Wasser, Biomasse, erneuerbare Energie) gibt es auch synergetische Wirkungen zwischen einzelnen NET. So kann z. B. das bei BECCS- oder DACCS-Anlagen abgeschiedene CO_2 für die Carbonatisierung von Abbruchbeton eingesetzt werden. Sofern Standortentscheidungen z. B. für BECCS und Carbonatisierung gut koordiniert werden, lassen sich Transportkosten vermeiden oder zumindest deutlich reduzieren.

Ein Zusammenspiel von Wald- und Bodenmanagement könnte gemeinsam mit der Agroforstwirtschaft geplant und realisiert werden.

Das Holz am Ende der Nutzungskaskade kann in BECCS-Anlagen eingesetzt werden, um das bei der thermischen Nutzung entstehende CO_2 abzuscheiden und langfristig zu speichern. Darüber hinaus kann es zur Herstellung von Pflanzenkohle auch mit unbehandeltem Holz kaskadenartig kombiniert werden.

---

[24] Siehe z. B. drought.ch, https://www.trockenheit.ch/ oder Dürremonitor Deutschland, https://www.ufz.de/index.php?de=37937.

[25] https://www.bfs.admin.ch/bfs/de/home/statistiken/energie.html.

3.7.3. Strukturelle und zeitliche Abhängigkeiten von NET

NET sind auch von anderen technischen Systemen und Infrastrukturen und deren zeitlicher und grössenmässiger Entwicklung abhängig. Dies betrifft insbesondere die Entwicklung von erneuerbaren Energien und von Transportinfrastrukturen, wie z. B. CO_2-Pipelines.

3.7.4. NET und andere Nachhaltigkeitsziele

Neben dem Netto-Null-Ziel hat die Schweiz noch weitere Ziele, wie zum Beispiel den Erhalt der Biodiversität (EDA 2022). Deshalb müssen bei der Umsetzung von NET mögliche systemische Konflikte mit anderen Nachhaltigkeitszielen oder gesellschaftsrelevanten Zielen berücksichtigt werden.

So ist es beispielsweise nicht auszuschliessen, dass die steigende Nachfrage nach Biomasse für NET und für andere Sektoren zu einem Konflikt mit der Biodiversität führen kann. Dasselbe gilt für die Abhängigkeit der technischen NET von Wasser und erneuerbaren Energien.

3.7.5. Chancen und Risiken im Vergleich

Die Gegenüberstellung der Chancen und Risiken der einzelnen NET **(Tab. 5)** illustriert einerseits, dass alle NET Chancen, aber auch Risiken haben, u. a., keine der NET ist «ohne Nebenwirkungen» und somit bedenkenlos einsetzbar.

Bei manchen Aspekten, z. B. der Biodiversität, besteht sowohl die Chance, dass sie durch einzelne NET, z. B. Wald- oder Bodenmanagement, entlastet werden, als auch das Risiko, dass sie durch andere NET, z. B. BECCS, zusätzlich unter Stress geraten.

Tab. 5: Technische Chancen und Risiken von NET

NET	Chancen	Risiken
Waldmanagement und Holzverwendung 	• Kaskadenartige Holzverwendung als CO_2-Speicher und Substitution von energieintensiven Baustoffen • Förderung von Biodiversität, Vielfalt und der natürlichen Verjüngung des Waldes • Energetische Nutzung von Holz mit CCS (BECCS) sowie Herstellung und Einsatz von Pflanzenkohle sind NET	• Konflikte mit Flächennutzung (Landwirtschaft, Nahrungsmittelproduktion, Biomasse) • Vergandung in Konflikt mit anderen politischen Zielen • Holzzuwachs und Wiederfreisetzung von CO_2 negativ beeinflusst durch Mortalität, Störungen, Klimawandel und Schädlinge
Bodenmanagement und Pflanzenkohle 	• Verbesserung von Humusaufbau, Ökosystemleistung und Bodenqualität • Agroforst schränkt Bodenerosion ein, verbessert Wasserfiltration und kann gegen extreme Ereignisse puffern • Pflanzenkohle bindet CO_2 langfristig und kann in diversen Branchen eingesetzt werden	• Unsicherheit bei langfristiger Entwicklung, C-Vorrat in Böden und Wiederfreisetzung CO_2 durch Störungen • Agroforst: Fehlen von Langzeitstudien zu Durchführbarkeit, Produktivität und Verbesserung der C-Speicherung • Pflanzenkohle: Fehlen von Langzeitstudien, Einbringen von Schadstoffen in den Boden und Biomasse Konkurrenz
BECCS 	• CO_2-Abscheidung an Punktquellen in industrieller Grössenordnung leichter und kosteneffizienter bewerkstelligbar als mit dem DACCS-Verfahren • Wirtschaftliches Potenzial, da sich die Produktion der für BECCS geeigneten Biomasse zu einem Geschäftsfeld entwickeln kann	• Biomasse Nutzungskonflikte bezüglich Nahrungsmittelproduktion, Land-, Wasser- und Nährstoffbedarf sowie negativer Einfluss auf die Biodiversität • Hoher Aufwand für den Transport der Biomasse zur BECCS-Anlage und für den Energie- und Materialaufwand beim Betrieb der benötigten Infrastrukturen • Dauerhaftigkeit der CO_2-Speicherung noch ungewiss

NET	Chancen	Risiken
DACCS 	• Gut skalierbar und nicht abhängig von Biomasse • Positionieren, wo erneuerbare Energiequellen und geologische CO_2-Lagerstätte verfügbar	• Begrenzt durch ökonomische oder technische Natur • Hoher Energiebedarf für die Regeneration des Sorptionsmittels führt zu CO_2-Emissionen (0,15–0,3 t CO_2/t CO_2) • Absorptionsverfahren hat hohen Wasserverbrauch (4,7 m³/t CO_2 bzw. 5–13 m³/t CO_2) • Dauerhaftigkeit und Art der Lagerung noch unklar • Abhängig von Drittstaaten, da Projekte im Ausland unterstützt werden sollen
Carbonatisierung 	• Durch Oberflächencarbonisierung von Beton in Gebäuden werden etwa 10 % der CO_2-Emissionen wieder aufgenommen (in den ersten 40 Jahren) • Recycling von Abbruchbeton hat das Potenzial, die CO_2-Aufnahme auf bis zu 33 % der ursprünglichen CO_2-Emissionen bei der Zementherstellung zu erhöhen • Carbonisierter Abbruchbeton kann auf landwirtschaftlichen Böden zur Reduktion der Lachgasemissionen beitragen	• Durch Ausbringung von zerkleinertem Beton erhöht sich die Alkalinität, was negative Auswirkungen auf Boden, Pflanzen und Organismen haben kann • CO_2 kann remobilisiert werden durch weitere chemische Verwitterung von Carbonatmaterial oder Bodenorganismen • Anreicherung von Schadstoffen im Boden • Hoher Energiebedarf für die Zerkleinerung von Gesteinen

Quelle: Eigene Zusammenstellung

Insgesamt liegen die Chancen eher im Bereich der Ressourceneinsparung, wie z. B. der Weiterverwendung von Abfällen oder Materialien, während die Risiken oft im Bereich von Umwelt liegen (Schadstoffeintrag, Verlust von Biodiversität, Permanenz der Speicherung etc.). Keines der Risiken ist jedoch im Vergleich zu den Risiken des Klimawandels so gross, dass von der Umsetzung der entsprechenden NET abgeraten werden müsste. Gleichwohl dürfen die Risiken nicht ignoriert werden, sondern müssen sorgfältig analysiert und durch adäquate politische Instrumente so weit wie möglich minimiert werden.

3.7.6. Potenziale, Entwicklungsstand und Kosten im Vergleich

Die grosse Bandbreite der Potenziale und Kosten **(Tab. 6)** deuten darauf hin, dass diese Angaben mit erheblichen Unsicherheiten behaftet sind. Die Minderungspotenziale der einzelnen NET liegen im unteren einstelligen Mt-Bereich. Addiert man die Potenziale ohne DACCS, so ergibt sich eine Spannbreite von ca. 10–15 Mio. t CO_2 im Jahr 2050. Das Potenzial liegt also auch ohne DACCS in der Grössenordnung des für 2050 ermittelten Ausgleichsbedarfs.

Tab. 6: Potenziale, Entwicklungsstand und Kosten

NET	**Potenzial CH (Mio. t CO_2/Jahr)**	**Aggr. Potenzial (Mio. t CO_2)**	**TRL**	**Kosten (US$/t CO_2)**
	• NET und Substitutionseffekt: 3 • Holzverwendung: 1–2	Global (2050): 500–7000	9–10	CH: 1–100 Global: 20–100
		Bodenmanagement		
	2,7	Global: 3000–5000	10	CH: 0–80 Global: 0–100
		Agroforstwirtschaft		
	Keines	Global: 100–5700	10	Keine
		Pflanzenkohle		
	0,9–2,2	Global: 500–5000	9	CH: 10–135 Global: 8–300

NET	Potenzial CH (Mio. t CO_2/Jahr)	Aggr. Potenzial (Mio. t CO_2)	TRL	Kosten (US$/t CO_2)
	• Theoretisch (2050): 5,1 • Nutzung verfügbarer Biomasse: ca. 3	Europa: 200	9	CH: • Zellstoff-/Papierfabriken: 20–70 • Biomassevergasung: 30–76 • Ethanolgärung: 20–175 • Biomasseverbrennung: 88–288 Global: 30–400
	Keine Angabe	CH (theoretisch): 2500 Global (2050): 500–5000 (oder 7000–15 000)	7–8	Adsorption: 560–730 Absorption: 80–210
	• 0,075 (2020) • 2,5 (2050)	Global: Keine Angabe	Carbonatisierung: 4–5 Ausbringung: 3	Carbonatisierung: 140–940 Ausbringung: 70–130

Quelle: Eigene Zusammenstellung

Im Hinblick auf den technologischen Entwicklungsstand unterscheiden sich die NET erheblich. Während Wald-, Bodenmanagement und BECCS sehr hohe TRL (> 7) aufweisen und zum Teil schon seit Jahren am Markt eingesetzt werden, liegen die TRL bei DACCS (6–7) und Carbonatisierung (3–5) deutlich niedriger.

Dies spiegelt sich, zumindest zum Teil, auch in den erwarteten spezifischen Minderungskosten der einzelnen NET wider. Während sich die Kosten für Wald- und Bodenmanagement im Bereich 0–135 US$/t CO_2 bewegen, liegt die Spanne für BECCS schon deutlich höher (20–288 US$/t CO_2). Für DACCS (80–210 US$/t CO_2) und Carbonatisierung (70–940 US$/t CO_2) beginnt die Spanne jeweils erheblich höher und ist zudem auch deutlich breiter – ein Zeichen dafür, dass die Unsicherheit bei den spezifischen Kosten erheblich höher ist als beim Wald- und Bodenmanagement.

3.7.7. Fazit

Alle NET sind noch mit grossen technischen, ökonomischen und politischen Herausforderungen verbunden, die in den nächsten Jahren bewältigt werden müssen, damit NET den derzeit geplanten Beitrag zum Netto-Null-Ziel im Jahr 2050 leisten können. Keine der NET ist ohne Risiken, weder in technisch-ökonomischer noch in sozial-ökologischer Hinsicht. Insofern muss von Anfang an darauf geachtet werden, dass diese Risiken durch adäquate und umfassende Regulierung (Monitoring, Grenzwerte, Haftung etc.) so weit wie möglich minimiert werden. Darüber hinaus sind die durch den Klimawandel induzierten Risiken ungleich grösser, sodass im Rahmen einer Risikoabwägung ein Teil der Risiken der NET in Kauf genommen werden muss.

Neben den Risiken gibt es sowohl Konkurrenz um Ressourcen (Boden, erneuerbare Energie, Speicherkapazität etc.) wie auch Synergien (Kaskadennutzung Biomasse, CO_2, erneuerbare Wärme etc.) zwischen den einzelnen NET. Da die NET in absehbarer Zukunft noch jenseits marktinduzierter Signale agieren werden, muss die effiziente Allokation der Ressourcen und die systematische Mobilisierung von Synergien durch eine vorausschauende Koordination und Planung seitens der verantwortlichen Akteure (Bund, Kantone, Industrie etc.) sichergestellt werden.

Während einige der für NET erforderlichen Prozesse und Technologien bereits weit entwickelt oder sogar jahrhundertealte Praxis sind (z. B. nachhaltige Waldbewirtschaftung, Carlowitz 1713), stehen andere noch am Anfang ihrer technologischen Entwicklung und werden derzeit in ersten Anlagen im industriellen Massstab eingesetzt (z. B. DACCS). Damit NET die angestrebte Kompensation von schwer vermeidbaren Emissionen erbringen können, muss neben der Entwicklung der einzelnen Prozessschritte auch das Zusammenwirken aller Prozesse in der gesamten Prozesskette einschliesslich Infrastruktur, Logistik etc. erprobt und optimiert werden. Dies könnte – wie z. B. die Entwicklung der erneuerbaren Energien seit der Jahrtausendwende gezeigt hat – vor allem durch ein systematisches und partizipatives Learning-by-Doing im Rahmen der zunehmenden Nutzung der NET ermöglicht werden.

Obwohl es grosse Unterschiede bei den spezifischen Minderungskosten zwischen den verschiedenen NET und grosse Bandbreiten innerhalb der NET gibt, liegen die Minderungskosten der NET – abgesehen von einigen spezifischen kostengünstige Nischen – derzeit meist deutlich über dem aktuellen Preisniveau im europäischen Emissionshandelssystem (70–90 US$/t CO_2). Insofern ist eine ganze Palette von politischen Instrumenten erforderlich (Forschungsförderung, Subventionen für Investition und/oder Betrieb, Standards etc.), um die Anwendung der NET zu beschleunigen und dadurch technologisches Lernen zu ermöglichen, das die spezifischen Minderungskosten senken und die NET mittelfristig zur Marktreife führen kann.

Die Potenzial- und Kostenschätzungen sind mit beträchtlichen Unsicherheiten behaftet, zum Teil weil die technischen, geografischen oder zeitlichen Abgrenzungen in den verschiedenen Studien voneinander abweichen. Alles in allem zeigt die Analyse dennoch, dass keine der NET ein Allheilmittel ist, das alle unvermeidbaren Emissionen der Schweiz kompensieren könnte. Vorausgesetzt, dass das Entnahmepotenzial der untersuchten NET tatsächlich erschlossen werden kann, ist es sehr wahrscheinlich, dass der prognostizierte Ausgleichsbedarf gedeckt werden kann.

4. Meinungsvielfalt und Wirkungskategorien

Zur Analyse der Meinungsvielfalt und der Wirkungskategorien wurde nach der Literatur- und Stakeholderanalyse für jede der NET eine zweistufige Online-befragung (vergleichbar mit einer Delphi-Systematik) mittels der LOTA-Software durchgeführt. Ziel der LOTA-Befragung war es, als Ausgangspunkt für die Studie und auf Grundlage der Faktenblätter (in angepasster Form in Kapitel 3 zu finden) eine Meinungslandschaft zu den Chancen und Risiken der Technologien zu erstellen.

Die Stakeholder ordneten den NET nicht nur Chancen und Risiken zu, sondern legten auch ihre Gründe für diese Einordnung dar. Diese Begründungen konnten in insgesamt 23 Wirkungskategorien zusammengefasst werden. Die Wirkungskategorien repräsentieren relevante Einflussfelder der NET auf ökologische, wirtschaftliche oder gesellschaftliche global vereinbarte Ziele dar (z. B. UN-Ziele für nachhaltige Entwicklung, Menschenrechte). Im weiteren Verlauf der Studie sowie auch bei der Implementierung der NET stellen diese Wirkungskategorien Orientierungspunkte dar, auf die geachtet werden muss, um Chancen zu fördern und Risiken zu vermeiden.

4.1. Landscape of Opinions for Technology Assessment

4.1.1. Waldmanagement und Holzverwendung

4.1.1.1. Einordnung der Stakeholder

In der ersten Phase der Befragung zu diesem Thema beteiligen sich 26 Stakeholder aus den Gruppen Verwaltung, NGO, Wirtschaft und Wissenschaft **(Abb. 13)**.

Bezüglich der Chancen-Risiko-Wirksamkeit von Waldmanagement und Holzverarbeitung auf globale Ziele stuften die Stakeholder die Ziele einer gesunden Umwelt (N=26), der Erfüllung der Grundbedürfnisse (N=18) sowie den Wohlstand (N=15) als die drei wichtigsten ein.

Vereinzelt genannt wurden auch Auswirkung der Technologie globale Vereinbarungen, Gleichstellung sowie Bildung und Zugang zu Wissen.

Die Meinungslandschaft **(Abb. 13** zeigt ein ambivalentes, chancenreiches Bild. Auf die beiden grössten Gruppen entfallen jeweils 10 der 25 der Stakeholder. Die erste dieser Gruppen sieht die Technologie in einem leicht bis mässig «ambivalenten» Verhältnis (max. +5 Risiko- und +7,5 Chancenpunkte) und nennt sowohl Chancen wie auch Risiken.

Die zweite 10er-Gruppe sieht eher Chancen in der Technologie (chancenreich). Diese Gruppe zeigt auf der Y-Achse (Chancen) eine Bandbreite zwischen +10 und +2,5.

Eine kleinere Gruppe mit vier Stakeholdern sieht in der Technologie mehr Risiken für die genannten globalen Ziele.

Zwei Stakeholder sehen die Technologie als «unwirksam» an. Für sie stellt sie weder eine Chance noch ein Risiko in Bezug auf die globalen Ziele dar.

Die Stakeholdergruppen lassen sich folgendermassen einordnen:

- Wissenschaft (N=4, grün): ambivalente und chancenreiche Sichtweise
- Wirtschaft (N=5, violett): ambivalent (N=4), nur leicht risikoreiche Sichtweise (N=1)
- NGOs (N=6, orange): risikoreich oder leicht ambivalent (N=4), vereinzelt chancenreich (N=1)
- Verwaltung (N=11): chancenreich oder leicht ambivalent (N=9); vereinzelt risikoreich (N=1)

Die stärkere Wahrnehmung von Chancen im Vergleich zu Risiken spiegelt sich auch in den Aussagen und Bewertungen der Teilenehmenden wider. 62 Aussagen zur Wirksamkeit der Chancen stehen 38 Beschreibungen von Risiken gegenüber.

Abb. 13: Meinungslandschaft Waldmanagement und Holzverwendung. Legende: Grün: Wissenschaft, rot: Verwaltung, orange: NGO, violett: Wirtschaft

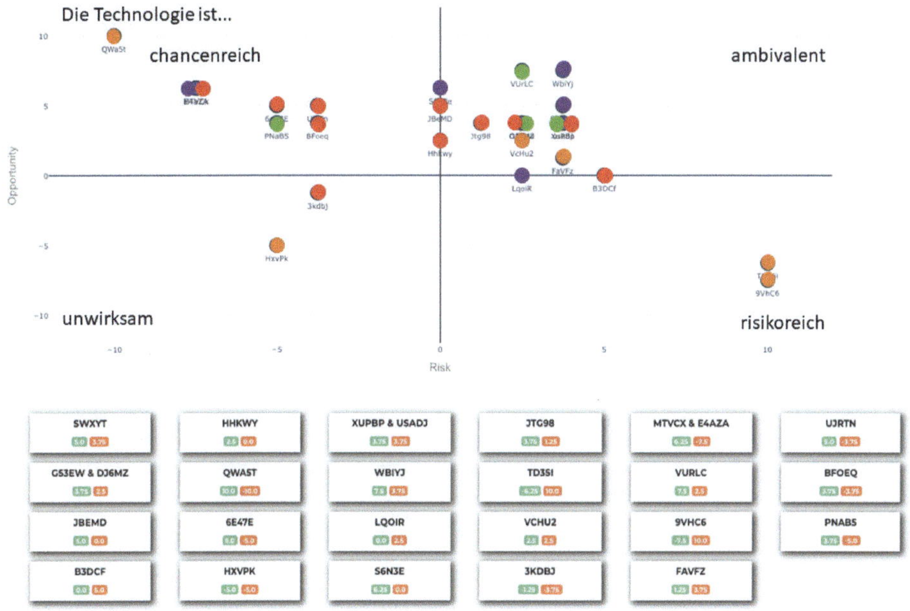

Quelle: Eigene Darstellung

4.1.1.2. Chancen und Risiken

Die grössten **Chancen (Abb. 14)** sehen die Stakeholder für eine gesunde Umwelt, die Erfüllung der Grundbedürfnisse sowie auch Wohlstand:

- Als Gründe für die gesunde Umwelt werden die positive Wirkung des Waldes auf das Mikro- und Makroklima, die Auswirkungen auf die Biodiversität bei nachhaltiger Bewirtschaftung, die Resilienz gegenüber Dürren und Starkniederschlägen sowie die möglichen positiven Auswirkungen auf die Wasserbilanz genannt.
- Für die Erfüllung der Grundbedürfnisse wird in erster Linie auf Chancen der technologischen Umsetzung im Ausland verwiesen. Gründe sind beispielsweise die Schaffung von Arbeitsplätzen, Holz für den Hausbau, Zugang zu Nahrung in Verbindung mit Agroforstsystemen sowie eine saubere und sichere Trinkwasserversorgung durch die Regulierung lokaler Wasserressourcen.

- Für den Wohlstand wirken sich Waldmanagement und Holzverwendung durch die mögliche Wertschöpfung positiv aus. Die regionale Bewirtschaftung des Waldes schafft Arbeitsplätze und Wertschöpfungskreisläufe. Bei nachhaltiger Bewirtschaftung, zum Beispiel im Kontext von Agroforstwirtschaftssystemen, können Nahrungsmittel vor Ort produziert und vermarktet werden. Die langfristige Speicherung von CO_2 in der Holzbauindustrie schafft neue wirtschaftliche Möglichkeiten der Ressourcennutzung.

Risiken (Abb. 15) werden ebenfalls für die gesunde Umwelt und die Erfüllung der Grundbedürfnisse gesehen. Vereinzelt wurden auch Risiken in Bezug auf Gleichberechtigung und Wohlstand genannt.

So könnten insbesondere im Ausland geförderte Waldbewirtschaftungsinitiativen zu Landraub und Biodiversitätsverlust führen. Beide Wirkungen von nicht systemisch und nachhaltig durchgeführten Initiativen hätten weitreichende Folgen für die Menschen, deren soziales Gefüge und die natürliche Umwelt.

Mit Blick auf die Schweiz wird besonders auf das Risiko des möglichen Nutzungskonfliktes mit der Nahrungsmittelproduktion, die Reduktion der Senkenleistung und den Verlust der Biodiversität durch die Übernutzung der Wälder sowie die Gefahr von Waldbränden hingewiesen.

4.1.1.3. Wirkungskategorien

Die **Begründungen** der Stakeholder zur Wirkung der Technologie auf globale Ziele fasste das Projektteam für die Phase 2 der LOTA-Befragung zu zentralen Wirkungskategorien zusammen. Diese stellen jene Einflussgrössen dar, auf die es bei der Implementierung von NET besonders zu achten gilt.

- **Wasserbilanz:** Waldmanagement kann sich, je nach Bewirtschaftungskonzept, positiv oder negativ auf die Wasserbilanz auswirken. Dies birgt somit auch für die Schweiz Chancen und Risiken. Die Stakeholder gehen in der Risikobeurteilung besonders auf die Risiken der Waldbewirtschaftung bzw. deren Förderung durch die Schweiz im internationalen Umfeld ein.

- **Wertschöpfung:** Diese Wirkungskategorie deckt den durch die Technologie generierten Lebensunterhalt, Entwicklungen am Arbeitsmarkt sowie generiertes Einkommen ab. Durch Waldbewirtschaftung entsteht eine langfristige Wertschöpfung, die primär für den Wohlstand sowie für die Erfüllung der Grundbedürfnisse als Chance gesehen wird. Für die Ziele «Gesunde Umwelt» und «Gleichstellung» wird Wertschöpfung jedoch auch als mit potenziellen Risiken verbunden gesehen. Diese Risiken beziehen sich insbesondere auf die Förderung von Monokulturen und im Bereich der Gleichstellung auf globale Wirkungen der Externalisierung von Problemen in andere Regionen der Erde mit möglichen Folgen für die Ernährungssicherheit.

- **Materialsubstitution:** Diese Wirkungskategorie beschreibt die Chancen und Risiken, die damit verbunden sind, wenn die verstärkte Nutzung von Holz als Material andere Materialien aus den Bereichen der Baustoffe und Brennstoffe ersetzt. In **Abb. 13** wird deutlich, dass diese Wirkungskategorie sich besonders positiv auf eine gesunde Umwelt auswirkt und auch im Bereich der Erfüllung der Grundbedürfnisse, des Wohlstands und der Bildung Chancen mit sich bringt. Allerdings sehen die Stakeholder auch Risikobereiche für die gesunde Umwelt. Diese stehen insbesondere in Zusammenhang mit Fragen der Landnutzung.

- **Landnutzung:** Durch diese Wirkungskategorie werden Aspekte der Landnutzung in Bezug auf Besitztum, Gleichstellung, lokales Landmanagement, und Wettbewerb um die Landnutzung beschrieben. Zudem werden die Diskussionspunkte möglicher Konflikte im Kontext der Nahrungsmittelproduktion oder der lokalen Verwaltung (Governance) von Waldflächen in der Analyse berücksichtigt. Dies wurde von einer Fachperson beispielsweise in der folgenden Risikobegründung zum Ausdruck gebracht: *«Mögliche Konflikte mit der Flächennutzung für die Nahrungsmittelproduktion.»* In **Abb. 13** werden dementsprechend auch die Risiken der Wirkungskategorie für die gesunde Umwelt und die Erfüllung der Grundbedürfnisse deutlich bewertet. Für beide Ziele wird die Wirkungskategorie zugleich als grosse Chance gesehen. Dies zeugt von der Ambivalenz der Technologie in Abhängigkeit von ihrer bewussten Nutzung unter Berücksichtigung systemischer Wirkungsweisen.

- **Veränderungen des Ökosystems:** Diese Kategorie beschreibt Aspekte der Veränderungen der Biodiversität, des Klimawandels und der Resilienz, z. B. in Bezug auf die Stabilität von Ökosystemen. Der Begriff «Ecosystem Change» deckt alle positiven oder negativen Einflüsse auf das Ökosystem ab. Passende Aussagen dazu sind: *«Ein stabiles Weltklima [...] Nachhaltige Nutzung der terrestrischen Ökosysteme, keine weitere Landdegradation und kein Verlust an biologischer Vielfalt. Nachhaltige Verbrauchs- und Produktionsmuster»* oder *«Risiko von Waldbränden»*. Aufgrund des durch das Waldmanagement und die Holzverwendung beeinflussten Ökosystems beschreiben die Stakeholder vorwiegend Chancen für eine gesunde Umwelt.

Abb. 14: Chancen von Waldmanagement und Holzverwendung

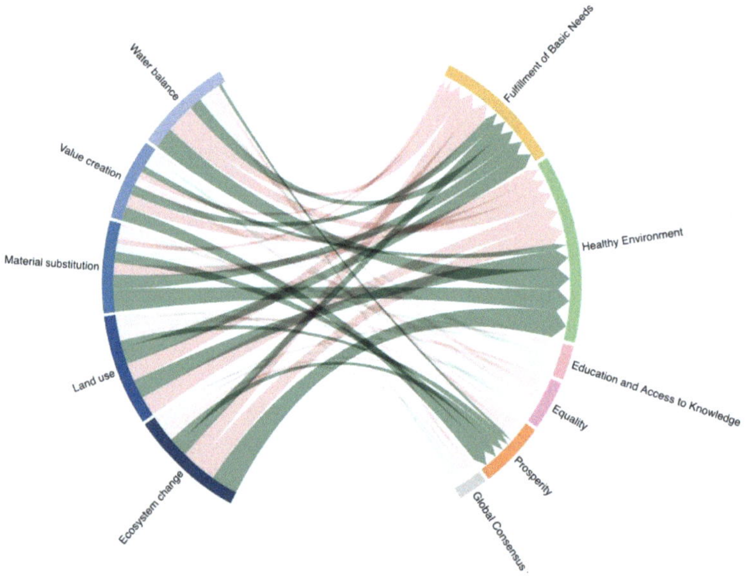

Quelle: Eigene Darstellung

Abb. 15: Risiken von Waldmanagement und Holzverwendung

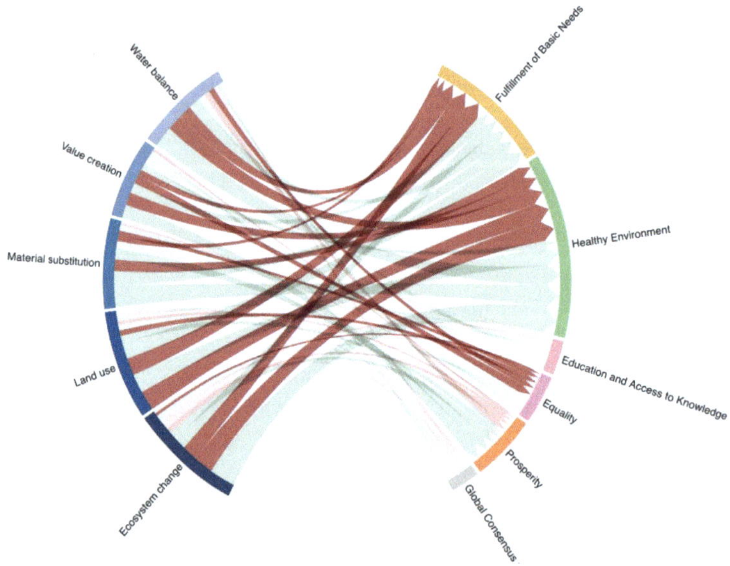

Quelle: Eigene Darstellung

4.1.2. Bodenmanagement und Pflanzenkohle

4.1.2.1. Einordnung der Stakeholder

An der Onlinebefragung zum Bodenmanagement nahmen 23 Stakeholder teil. Die grösste Gruppe mit 13 Personen kommt aus der Verwaltung (rot). Fünf Personen kommen aus der Wissenschaft (grün), drei Personen aus dem NGO-Sektor (orange) und zwei Personen aus der Wirtschaft (violett).

Hinsichtlich der Chancen-Risiko-Wirksamkeit der Technologie in Bezug auf die globalen Ziele benannten die Stakeholder auf den drei vordersten Stellen die Ziele gesunde Umwelt (N=23), Erfüllung der Grundbedürfnisse (N=23) und Wohlstand (N=14).

Die Meinungslandschaft zeigt ein Bild, in dem elf der 23 Stakeholder die Technologie als chancenreich einstufen (+2,5 bis 10 Punkte). Neun Stakeholder sehen sie als ambivalent und beschreiben sowohl Chancen als auch Risiken. Die Risikopunkte erreichen dabei jedoch maximal eine Ausprägung von 6,25 Punkten. Drei Stakeholder sehen in der Technologie weder Chancen noch Risiken («unwirksam»).

Die Stakeholdergruppen lassen sich folgendermassen beschreiben:

- Wissenschaft (grün, N=5): chancenreich mit leichter Ambivalenz
- Wirtschaft (violett, N=2): chancenreich
- NGOs (N=3): chancenreich mit Ambivalenz
- Verwaltung (N=13): ambivalent, tendenziell chancenreich

Bezüglich der Chancen wurden 47 und für die Risiken 32 Begründungen vorgebracht. Dies belegt die chancenreiche und ambivalente Beurteilung des Bodenmanagements durch die Stakeholder.

Abb. 16: Meinungslandschaft Bodenmanagement. Legende: Grün: Wissenschaft, rot: Verwaltung, orange: NGO, violett: Wirtschaft

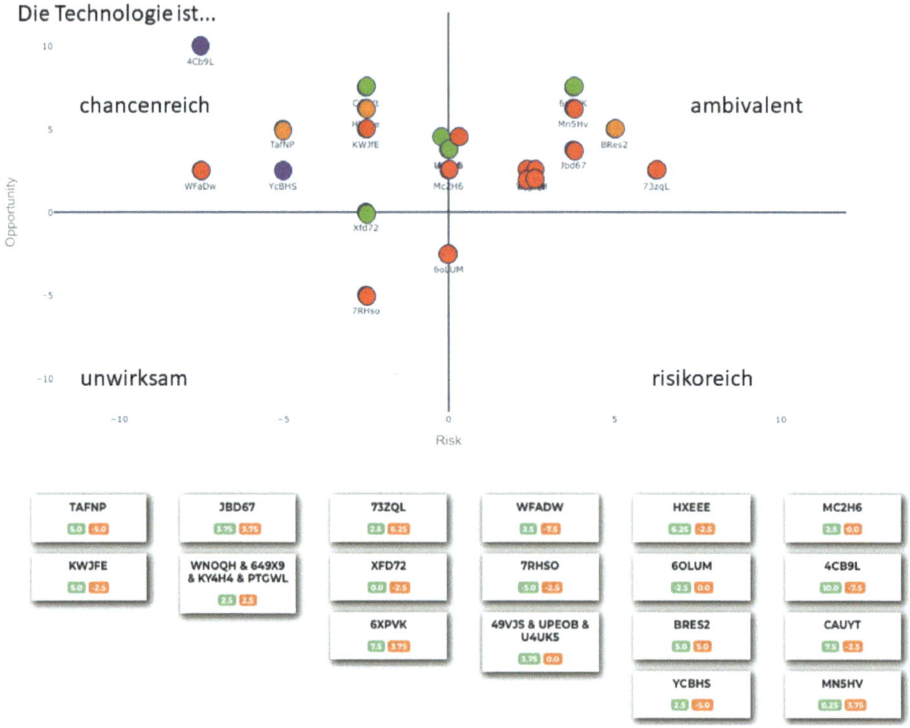

Quelle: Eigene Darstellung

4.1.2.2. Chancen und Risiken

Die grössten Chancen des Bodenmanagements sehen die Stakeholder für eine gesunde Umwelt, die Erfüllung der Grundbedürfnisse sowie Wohlstand und Gleichberechtigung.

- Als Gründe für eine gesunde Umwelt wird vorgebracht, dass eine nachhaltige Landwirtschaft zu einem besseren Wasserhaushalt des Bodens beiträgt und eine Degradation des Bodens verhindert. Die Resilienz des Bodens wird dadurch erhöht. Durch Humusaufbau und dem richtigen Einsatz von Pflanzenkohle kann die Fruchtbarkeit des Bodens erhöht werden und mehr CO_2 aus der Atmosphäre im Boden gebunden werden.
- Die Erfüllung der Grundbedürfnisse, die Gleichberechtigung sowie der Wohlstand können nach Ansicht der Stakeholder durch eine nachhaltige

Bodenbewirtschaftung deshalb positiv beeinflusst werden, weil fruchtbare Böden (durch Humus oder Pflanzenkohle) sowie Agroforstkonzepte zu einer besseren Qualität der Nahrungsmittelproduktion beitragen, wirtschaftliche Strukturen festigen, Armut verringern und somit insbesondere in Entwicklungsländern die Abhängigkeit von der Nahrungsmittelversorgung reduziert werden kann.

In der Ambivalenz des Themas werden in der Bodenbewirtschaftung auch Risiken für eine gesunde Umwelt und Gleichberechtigung gesehen.

Als Gründe werden dafür in erster Linie schlechte Qualität oder der über den Sättigungsgrad hinausgehende Eintrag von Pflanzenkohle genannt. Bei zusätzlicher Anreicherung der Pflanzenkohle mit Nährstoffen (z. B. durch Dung) hat dies grosse Auswirkungen auf den Stickstoffkreislauf, die es genau zu beachten gilt. Darüber hinaus sehen einige Stakeholder in der Verwendung von Pflanzenkohle einen möglichen Nutzungskonflikt mit Biomasse.

4.1.2.3. Wirkungskategorien

Die Begründungen wurden für die 2. Phase der LOTA-Befragung zu zentralen Wirkungskategorien zusammengefasst. Diese stellen jene Kategorien dar, denen bei der Implementierung der Technologie der Bodenbewirtschaftung und ihren Ausprägungen als NET besondere Aufmerksamkeit geschenkt werden muss:

- **Bodenqualität:** Ein wesentlicher Faktor für die Auswirkungen des Bodenmanagements auf die globalen Zielstellungen ist die durch dieses Management beeinflusste Bodenqualität. Sie wirkt sich auf das Wassermanagement, auf natürliche Ressourcen, Biomasse, Resilienz, Biodiversität, Ernährungssicherheit und Fruchtbarkeit aus. Die Bodenqualität wird als grosse Chance für die Erfüllung der Grundbedürfnisse sowie auch für eine gesunde Umwelt und Wohlstand gesehen. Sie kann sich jedoch bei schlechter Bewirtschaftung auch in ein Risiko verwandeln.
- **Produktivitätsmassnahmen:** Das Bodenmanagement wirkt sich durch Produktivitätsmassnahmen im Kontext der CO_2-Bindung (Pflügen, Pflanzenkohle, Humus) auf eine Reihe Faktoren aus: Pestizideinsatz, wirtschaftliche Möglichkeiten, Innovation, Urbanisierung, Arbeit, Einkommen und Bodenqualität (Biodiversität). Es fliessen in dieser Kategorie auch soziale Aspekte ein, denn Wohlbefinden kann indirekt durch einen gesunden Boden verbessert werden. In dieser Kategorie wird eine grosse Chance für die Erfüllung der Grundbedürfnisse gesehen. Es muss jedoch darauf geachtet werden,

dass eine nachhaltige Bewirtschaftung gewährleistet ist und im Falle des Einsatzes von Pflanzenkohle die Umwelt nicht geschädigt wird.

- **CO_2-Abscheidungspotenzial:** Diese Wirkungskategorie wirkt sich auf die Permanenz von Kohlenstoff im Boden, das Potenzial für die Eindämmung des Klimawandels, die Ernährungssicherheit und die Sättigung des Bodens aus. Ein repräsentatives Zitat für diese Kategorie lautet: «*Kann CO_2-Entfernung bewirken, aber die Dauerhaftigkeit ist ein Problem [...].*»
- Die Stakeholder sehen in dieser Kategorie des Bodenmanagements eine Chance für die gesunde Umwelt und die Erfüllung der Grundbedürfnisse, jedoch auch ein Risiko für die Gleichberechtigung. So könnte es zu einer Konkurrenz zwischen Klimaschutzmassnahmen und Massnahmen zur Ernährungssicherheit kommen. **Pflanzenkohle:** Die Stakeholder sehen in der Nutzung von Pflanzenkohle eine wesentliche Wirkungskategorie, die je nach Anwendung eine Chance oder ein Risiko darstellen kann. Zitate: «*Risiken der Verwendung von Pflanzenkohle für die langfristige Bodenfruchtbarkeit*» oder «*Pflanzenkohle wird CO_2 in der Atmosphäre reduzieren und zugleich die Qualität des Bodens bei richtiger Anwendung verbessern.*»

Abb. 17: Chancen von Bodenmanagement und Pflanzenkohle

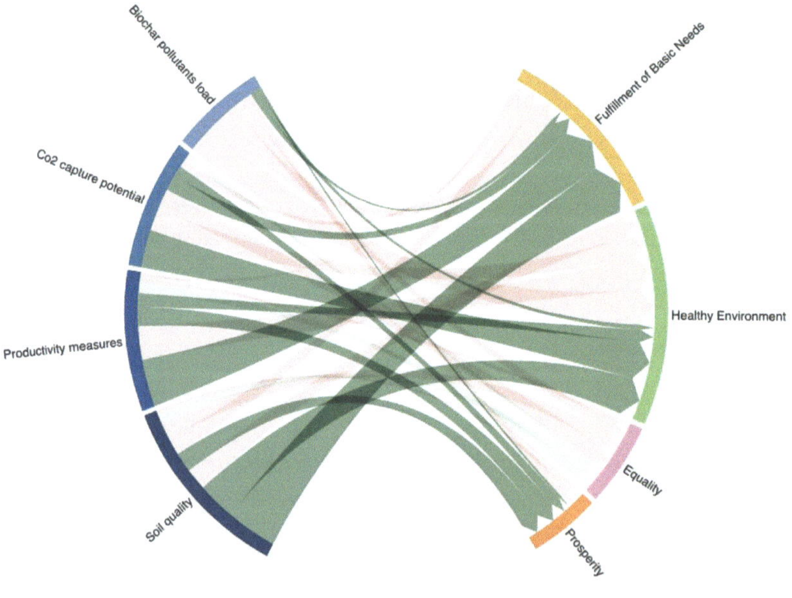

Quelle: Eigene Darstellung

Abb. 18: Risiken von Bodenmanagement und Pflanzenkohle

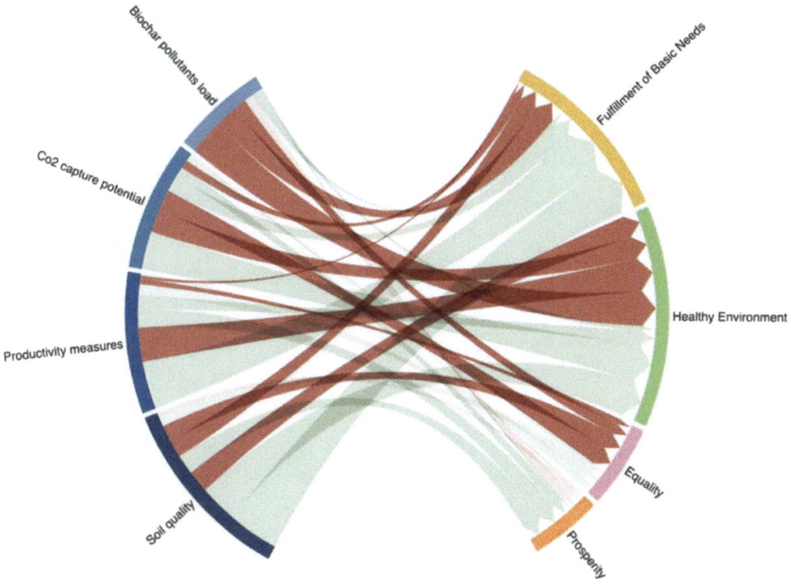

Quelle: Eigene Darstellung

4.1.3. Bioenergienutzung mit CO_2-Abscheidung und -Speicherung (BECCS)

4.1.3.1. Einordnung der Stakeholder

An der Befragung zu BECCS nahmen 20 Stakeholder teil, davon sechs Fachleute aus der Wissenschaft, sechs aus der Verwaltung, drei von NGO sowie vier aus der Wirtschaft **(Abb. 19)**.

Hinsichtlich der Chancen-Risiko-Wirksamkeit der Technologie in Bezug auf globale Ziele benennen die Stakeholder an den vordersten drei Stellen die Ziele der gesunden Umwelt, die Erfüllung der Grundbedürfnisse und den Wohlstand als besonders durch BECCS beeinflusst. Im Einflussbereich benannt werden darüber hinaus globale Vereinbarungen sowie auch Gleichberechtigung.

Die Meinungslandschaft zeigt ein heterogenes Feld, in dem die grösste Gruppe (N=9) ambivalenter Akteure sowohl Chancen wie auch Risiken in der BECCS-Technologie sieht. Eine weitere Gruppe sieht eher Risiken (N=7) und eine etwas kleinere Gruppe eher Chancen (N=4).

Die Sektoren der Stakeholder lassen sich dabei recht deutlich den Gruppen zuordnen:

- Wissenschaft (N=6, grün): ambivalent
- Wirtschaft (N=4, violette): chancenreich und leicht ambivalent
- NGOs (N=3, orange): risikoreich
- Verwaltung (N=6, rot): ambivalent

Abb. 19: Meinungslandschaft BECCS. Legende: Grün: Wissenschaft, rot: Verwaltung, orange: NGO, violett: Wirtschaft

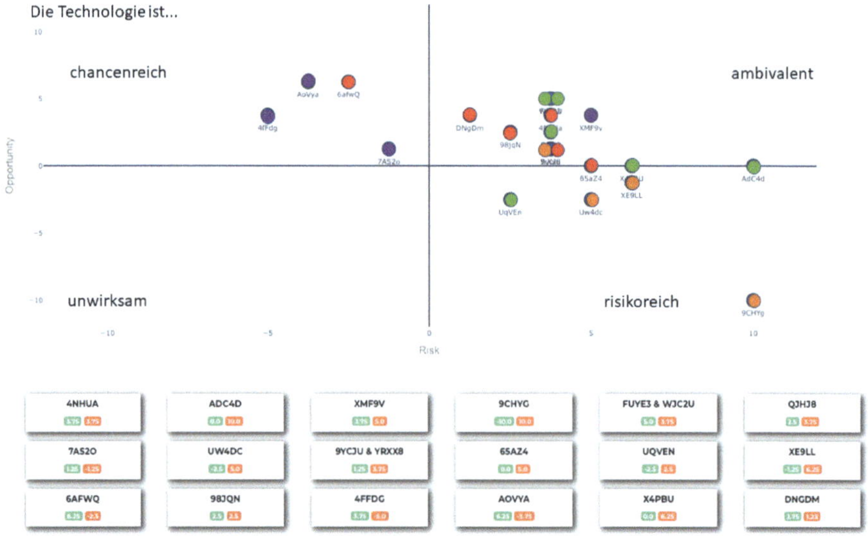

Quelle: Eigene Darstellung

4.1.3.2. Chancen und Risiken

Die ambivalente und eher risikoreiche Beurteilung durch die Stakeholder spiegelt sich auch in der Anzahl der genannten Begründungen wider. 44 Begründungen zu Risiken stehen 39 Aussagen zu Chancen gegenüber.

Chancen werden auch für die gesunde Umwelt und besonders für den Wohlstand gesehen **(Abb. 20)**.

- Die Stakeholder sind der Ansicht, dass BECCS zur Reduktion des CO_2-Gehalts und des CH_4-Ausstosses durch die Reduktion der Verwitterung ungenutzter Biomasse beitragen kann.
- Im Falle der Anwendung in Kehrichtverbrennungsanlagen sehen Stakeholder, dass BECCS zum Standard wird. Sie betonen auch die Chance der Anwendung in der lokalen Energieproduktion (z. B. Pellet- und Biomassekraftwerke).
- Hohe Wertschöpfungspotenziale werden in der Bioenergie und den dadurch geschaffenen Arbeitsplätzen gesehen.

Die wesentlichsten Risiken **(Abb. 21)** werden in Bezug auf eine gesunde Umwelt, die Erfüllung der Grundbedürfnisse sowie die Gleichstellung wahrgenommen.

- Als Risiko für eine gesunde Umwelt wird vorgebracht, dass die verstärkte und nicht nachhaltige Nutzung von Biomasse für BECCS *(«wer zahlt bestimmt»)* zu Monokulturen, Nutzungskonflikten im Bereich der Lebensmittelproduktion und Umweltschäden führen könnte. Mehrmals wird auch die Befürchtung geäussert, dass der Transport und die Speicherung des CO_2 zu Unfällen führen könnte.
- Die Stakeholder befürchten zudem, dass es durch die starke Nutzung von Biomasse zur Energiegewinnung und CO_2-Speicherung zu einem Anstieg der Lebensmittelpreise und damit zu einer grösseren Spaltung zwischen Arm und Reich kommen könnte.

4.1.3.3. Wirkungskategorien

Die Begründungen wurden für die Phase 2 der LOTA-Befragung zu zentralen Wirkungskategorien zusammengefasst. Diese stellen jene Kategorien dar, auf die es bei der Implementierung von BECCS besonders zu achten gilt:

- **CO_2-Abscheidungspotenzial:** Diese Kategorie beschreibt das Potenzial, CO_2 aus der Luft zu filtern und somit Klima und Ökosystem zu beeinflussen. Sie beinhaltet zudem die Aspekte des Umkehreffekts (Wiederaustreten von CO_2 aus dem Speicherort), der Resilienz und der Speicherung des CO_2. Zwei passende Zitate dazu: *«BECCS ermöglicht es schwer zu dekarbonisierenden Industrien, ihre Emissionen zu reduzieren […]», «Dauerhaftigkeit der Lagerung ist ungewiss.»*

- **Investitionsmassnahmen:** Mit diesem Begriff wird die Wirkung der Investitionen in technologische Innovation, benötigte Anlagen und Infrastruktur zusammengefasst. Zudem sind internationale Investitionspartnerschaften (z. B. durch Projekte im Ausland), Investitionen in die Kreislaufwirtschaft und Industrialisierung in dieser Kategorie enthalten. Beispielhaft folgende Zitate: *«Wirtschaftswachstum und Vollbeschäftigung – da es sich um eine recht komplexe Infrastruktur handelt»*, *«BECCS kann dazu beitragen, den Klimawandel abzuschwächen und setzt damit finanzielle Mittel frei, die sonst zur Deckung von Klimaschäden verwendet werden müssten. Ausserdem bietet es technische und innovative Möglichkeiten für frühe Anwender.»*

- **Landverbrauch:** Diese Kategorie umschliesst die Landnutzung für die Biomasseproduktion und die nötigen Infrastrukturen. Die Wirkungskategorie weist auf mögliche Konflikte um Landfläche und Biomasse sowie auf Einflüsse auf die Ernährungssicherheit hin.

- **Einlagerungsbedingungen:** Mit der Wirkungskategorie der Einlagerungsbedingungen werden die Aspekte der CO_2-Speicherung, der internationalen Partnerschaften (Lagerung findet nicht immer im gleichen Land statt) sowie des Transports (je nach Art der CO_2-Speicherung ist Transport notwendig) berücksichtigt. Indirekt wird auch der Aspekt der Gesundheit angesprochen, da das Entweichen von CO_2 nicht immer ausgeschlossen werden kann. Ein passendes Zitat dazu: *«Wettbewerb um bezahlbare Speicherstätten, CO_2-Dumping von Nord nach Süd.»*

- **Energieeffizienz:** Mit der Wirkungskategorie Energieeffizienz werden Aspekte zu Energieverbrauch und Kreislaufwirtschaft thematisiert. Folglich stehen sich hier Aussagen wie *«Hoher Energieverbrauch»*, *«Ressourcenverbrennung»* und *«Waste-to-Energy mit Kohlenstoffabscheidung wird zu einem technologischen Standard werden. Auf diese Weise werden lokal erzeugte Energie sowie negative Emissionen bereitgestellt.»* gegenüber.

- **Nutzung von Biomasse:** Hier wird die bei BECCS in Anspruch genommene Ressource Biomasse angesprochen. Sie wird sowohl als Chance für die Erfüllung der Grundbedürfnisse, eine gesunde Umwelt und Wohlstand gesehen, kann jedoch auch zu Nutzungskonflikten bei der Landnutzung sowie für die Ernährungssicherheit und Energieproduktion führen. Exemplarisch folgende Aussage einer Fachperson aus der Onlinebefragung: *«Erhöhte Belastung der terrestrischen Ökosysteme bei der Gewinnung von Biomasse für BECCS in grossem Massstab.»*

Abb. 20: Chancen von BECCS

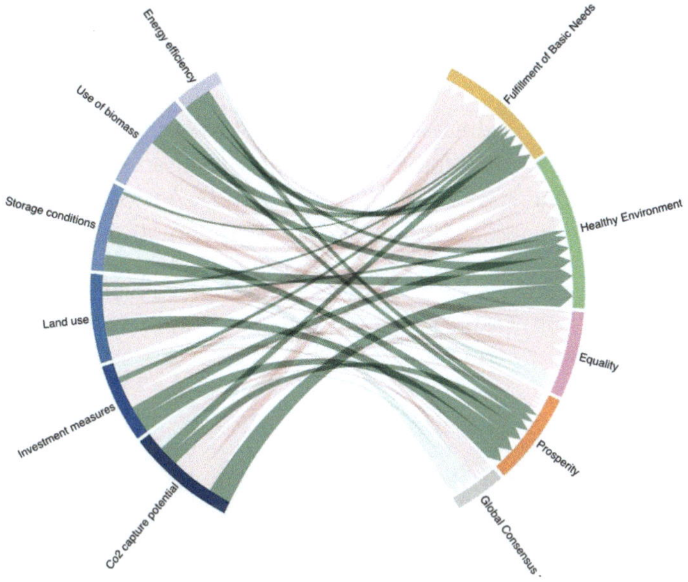

Quelle: Eigene Darstellung

Abb. 21: Risiken von BECCS

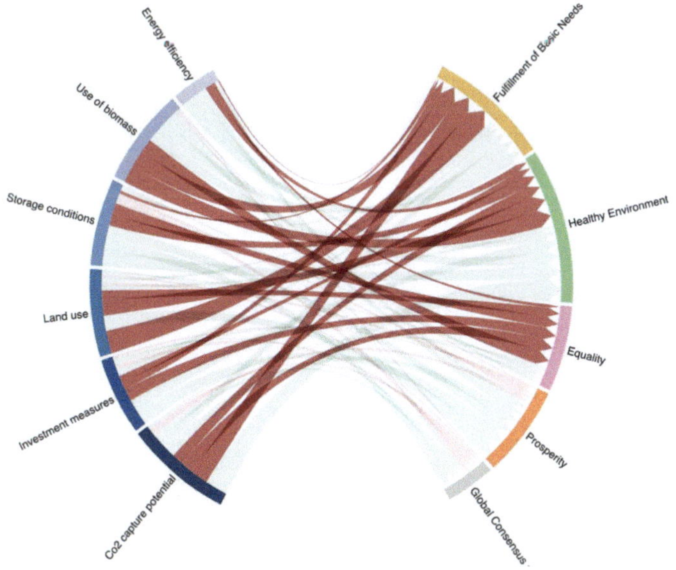

Quelle: Eigene Darstellung

4.1.4. Direkte CO_2-Abscheidung aus der Luft und -Speicherung (DACCS)

4.1.4.1. Einordnung Stakeholder

An der Onlinebefragung zu DACCS beteiligten sich 20 Stakeholder. Fünf der Fachleute beschreiben erhöhte Risiken mit Bewertungen zwischen +2,5 und 5 von 10 möglichen Bewertungspunkten auf der Risikoachse (X-Achse). Andere Stakeholder sehen mit Bewertungen zwischen 1,25 und 10 von 10 möglichen Bewertungspunkten auf der Chancenachse (Y-Achse) eher die Chancen.

Sechs Fachleute befinden sich im «ambivalenten» Quadranten mit jeweils maximal +5 Punkten auf der Chancen- und Risikoachse. Dies zeigt, dass die Chancen der Technologie in der Bewertung der Stakeholder überwiegen, jedoch auch Risiken gesehen werden, die es zu beachten gilt.

Die beruflichen Sektoren lassen sich folgendermassen einordnen:

- Wissenschaft (N=8, grün): chancenreich (N=3), risikoreich (N=3), ambivalent (N=2)
- Wirtschaft (N=4, violett): chancenreich, leicht ambivalent
- NGOs (N=2, Orange): chancenreich
- Verwaltung (N=6, Rot): ambivalent

Betrachten wir die mit Bezug auf DACCS prioritär betroffenen Ziele, so sehen wir eine starke Wirkung auf die Zielstellung der gesunden Umwelt, aber auch auf Wohlstand, Gleichberechtigung, Grundbedürfnisse sowie globale Vereinbarungen **(Abb. 22)**.

Abb. 22: Meinungslandschaft DACCS. Legende: Grün: Wissenschaft, rot: Verwaltung, orange: NGO, violett: Wirtschaft

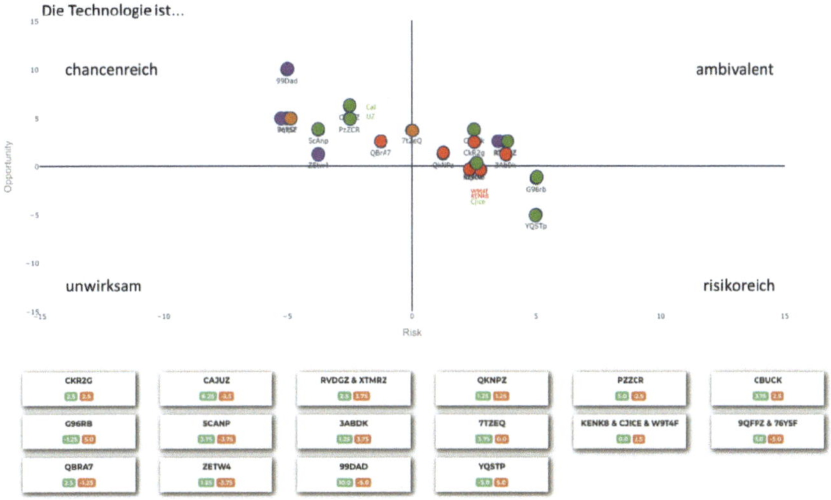

Quelle: Eigene Darstellung

4.1.4.2. Chancen und Risiken

Gesamt sehen die Stakeholder eher Chancen hinsichtlich der Technologie der DACCS. 39 Begründungen zu Chancen stehen 30 Begründungen zu Risiken gegenüber. Im ambivalenten Bereich werden somit auch einige Risiken erkannt, die es zu beachten gilt.

- Als Chance für eine gesunde Umwelt wird das Potenzial der CO_2-Abscheidung ohne direkte Einwirkung auf Umwelt oder Landnutzung gesehen.
- Die Stakeholder sehen in DACCS auch ein zunehmendes Potenzial für wirtschaftliche Entwicklung und Wohlstand durch Investitionen, u. a. auch in ärmeren Regionen. DACCS wird auch die Chance zugeschrieben, Wirtschaftswachstum mit dem Erreichen der Klimaziele vereinbaren zu können.

Risiken hinsichtlich DACCS werden vor allem in gesellschaftlichen Belangen gesehen, beispielsweise für die Erfüllung der Grundbedürfnisse und der Gleichstellung.

- Die Stakeholder sehen in DACCS das Risiko, dass reiche Länder/Unternehmen sich weiterhin einen hohen CO_2-Ausstoss leisten, sodass sich der Spalt zwischen Arm und Reich weiter vergrössert und global die Klimaziele nicht erreicht werden können.

- Durch DACCS-Anlagen könnte es zu einer Verknappung von Wasser und Energie kommen. Beides wird nach aktuellem Technologiestand in hohem Masse benötigt.

4.1.4.3. Wirkungskategorien

Die Begründungen der Stakeholder zu Chancen und Risiken wurden für die 2. Phase der LOTA-Befragung durch das Projektteam zu zentralen Wirkungskategorien zusammengefasst. Diese stellen jene Kategorien dar, auf die es bei der Implementierung von DACCS besonders zu achten gilt.

- **CO_2-Abscheidungspotenzial:** Diese Kategorie beschreibt das Potenzial, CO_2 aus der Luft zu filtern und somit Klima und Ökosystem zu beeinflussen. Sie beinhaltet zudem die Aspekte des Umkehreffekts (Wiederaustreten von CO_2 aus Speicherort), der Resilienz und der Speicherung des CO_2. Ein passendes Zitat dazu: *«Das Potenzial von NET wird langfristig wichtig sein, um ein stabiles Weltklima zu erreichen, was indirekt den Ökosystemen und der biologischen Vielfalt zugutekommt.»*

  Das CO_2-Abscheidungspotenzial wird als grosse Chance für eine gesunde Umwelt gesehen. Als Risiko wird die Möglichkeit eingeschätzt, dass durch die CO_2-Abscheidung durch DACCS der falsche Eindruck entstehen könnte, dass Treibhausgasemissionen gar nicht reduziert werden müssen. Dieses Risiko gefährdet auch die Zielstellung der globalen Vereinbarungen.

- **Energie und Wasserverbrauch:** Mit dieser Kategorie wird der Verbrauch von Energie und Wasser bei DACCS angesprochen sowie die Rolle der Technologie im Wettbewerb mit erneuerbaren Energien. Dazu folgendes Zitat: *«Hoher Energieverbrauch, hoher Wasserverbrauch – das scheint das Umweltproblem eher zu vergrössern als zu verringern. Ausserdem kann der Eindruck entstehen, dass die Treibhausgase nicht reduziert werden müssen.»*

- **Investitionsmassnahmen:** Durch diesen Begriff wird die Wirkung der Investitionen in technologische Innovation, benötigte Anlagen und Infrastruktur zusammengefasst. Zudem sind internationale Investitionspartnerschaften (durch z. B. Projekte im Ausland) und Industrialisierung in dieser Kategorie enthalten. Dazu gemachte Aussagen: *«Teure Technologie, die die globale Ungleichheit verstärken kann!»* sowie: *«Wirtschaftliche Chancen für DACCS-Unternehmen, Potenzial für Synergien mit industriellen CO_2-Clustern (Transport, Speicherstätte).»*

- **Landverbrauch:** Die Nutzung erneuerbarer Energien für DACCS hat eine direkte Wirkung auf die erhöhte Landnutzung und wird hier somit als relevante Wirkungskategorie aufgegriffen. Gleichzeitig beansprucht DACCS als Infrastruktur/Technologie nur wenig Fläche (z. B. verglichen mit Wald oder BECCS mit Landverbrauch durch Biomasse).

- **Einlagerungsbedingungen:** Mit der Wirkungskategorie der Einlagerungsbedingungen werden die Aspekte der CO_2-Speicherung, der internationalen Partnerschaften (Lagerung findet nicht immer im gleichen Land statt) sowie des Transports (je nach Art der CO_2-Speicherung ist Transport notwendig) berücksichtigt. Indirekt wird auch der Aspekt der Gesundheit angesprochen, da das Entweichen von CO_2 nicht immer ausgeschlossen werden kann.

  Einzig im Bereich der Wohlstandsentwicklung identifizieren die Stakeholder in der Wirkungskategorie der Einlagerungsbedingungen eine Chance für die weitere Entwicklung. Es werden mögliche Synergien mit anderen Sektoren der Transport- und Lagerungsindustrie gesehen. Durch die nötige langfristige Lagerung wird auch von langfristigen Partnerschaften ausgegangen.

  Ambivalenter verhält es sich in den Bereichen der globalen Vereinbarungen und der gesunden Umwelt. Hier werden sowohl Chancen als auch Risiken in der Technologie wahrgenommen.

Abb. 23: Chancen von DACCS

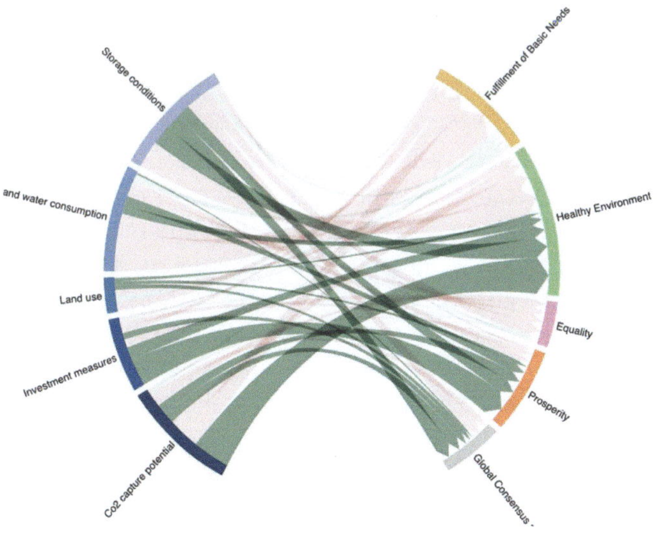

Quelle: Eigene Darstellung

Abb. 24: Risiken von DACCS

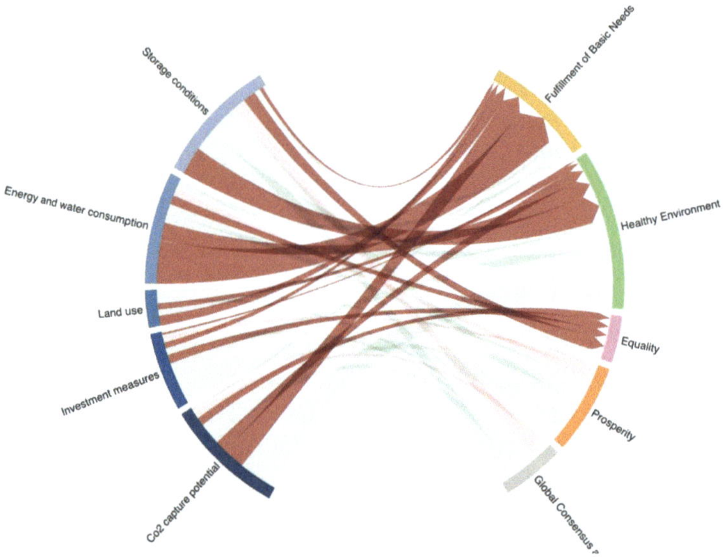

Quelle: Eigene Darstellung

4.1.5. Carbonatisierung

4.1.5.1. Einordnung der Stakeholder

An der Befragung zur beschleunigten Carbonatisierung nahmen 13 Fachleute teil **(Abb. 25)**. Diese kamen aus den Sektoren Verwaltung (N=7, rot), Wissenschaft (N=5, grün), und Wirtschaft (N=1, violett). Bemerkenswert an dieser Gruppe ist, dass der NGO-Sektor nicht vertreten ist und dass sich die Gruppe, wie in **Abb. 25** ersichtlich, sehr heterogen verhält. Die geringe Anzahl der teilnehmenden Stakeholder im Vergleich zu den anderen Befragungen sowie auch in Hinblick auf das Ergebnis dieser Befragung lässt den Schluss zu, dass diese Technologie noch wenig bekannt ist bzw. dass es kaum klare Meinungen bezüglich ihrer Chancen und Risiken gibt. Elf Stakeholder schätzen die Chancen und Risiken eher zurückhaltend ein, mit einer maximalen Ausprägung von jeweils +5. Zwei Stakeholder sehen keine klare Ausprägung von Chancen oder Risiken und stufen die Technologie als unwirksam ein.

Abb. 25: Meinungslandschaft Carbonatisierung. Legende: Grün: Wissenschaft, rot: Verwaltung, orange: NGO, violett: Wirtschaft

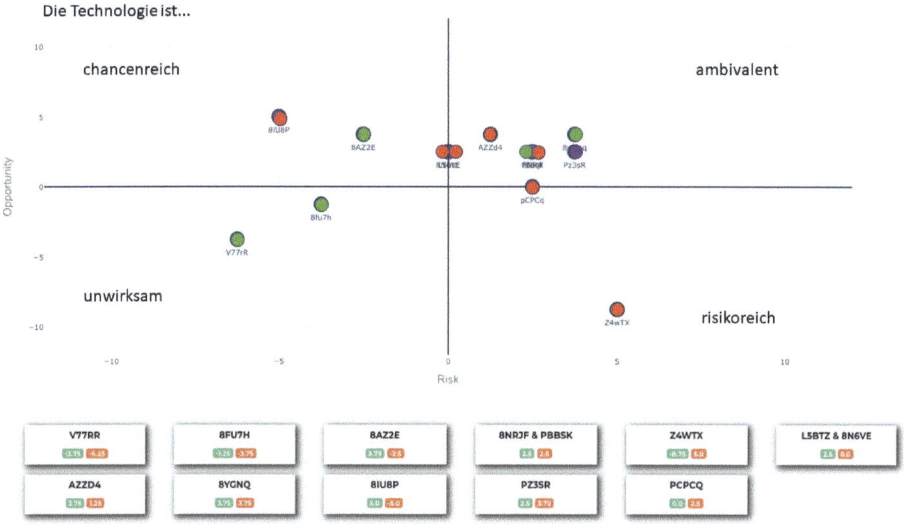

Quelle: Eigene Darstellung

22 Begründungen zu den Chancen der Technologie stehen 16 Begründungen zu den Risiken gegenüber. Insgesamt ergibt sich aus Stakeholdersicht eine ambivalente Meinungslandschaft mit leichter Tendenz zu mehr Chancen.

4.1.5.2. Chancen und Risiken

Die grössten Chancen sehen die Stakeholder für eine gesunde Umwelt sowie Wohlstand.

- Die Gründe, die für eine gesunde Umwelt vorgebracht werden, sind der Beitrag zur Reduktion des Klimawandels sowie eine mögliche positive Wirkung auf landwirtschaftliche Böden.
- Für den Wohlstand werden Kostenersparnisse durch das Recycling von Beton sowie neue Geschäftsfelder im Handel mit Silicatgestein und Abbruchbeton genannt.

Nach Meinung der Stakeholder müssen jedoch auch Risiken für eine gesunde Umwelt sowie die Sicherung der Grundbedürfnisse beachtet werden:

- Bezüglich der Umwelt sehen die Stakeholder das Risiko, dass Böden degradiert werden und die Wasserqualität leiden könnte. Einige Stakeholder befürchten, dass die Nutzung des carbonatisierten Abbruchbetons als Zuschlagstoff für neuen Beton mit übertriebener Werbung (Greenwashing) für die Klimafreundlichkeit von Beton einhergehen könnte. Wenn dadurch die Nachfrage nach Beton steigt, könnte dies zu einem Reboundeffekt führen (höherer Ressourcenverbrauch mineralischer Rohstoffe).
- Im Falle einer Degradierung der Böden und der Wasserqualität könnte es auch zu Problemen bei der Nahrungsmittelproduktion kommen.

4.1.5.3. Wirkungskategorien

Die Begründungen der Stakeholder wurden für die 2. Phase der LOTA-Befragungen zu zentralen Wirkungskategorien zusammengefasst. Diese stellen jene Kategorien dar, auf die es bei der Implementierung der NET besonders zu achten gilt:

- **CO_2-Abscheidungspotenzial:** Diese Kategorie beschreibt das Potenzial, CO_2 aus der Luft zu filtern und somit Klima und Ökosystem zu beeinflussen. Sie beinhaltet zudem die Aspekte des Umkehreffekts (Wiederaustreten von CO_2 aus dem Speicherort), der Resilienz und der Speicherung des CO_2. Stakeholder schätzen diese Wirkungskategorie im Hinblick auf eine gesunde Umwelt ambivalent ein.
- **Immissionen auf die natürliche Umwelt:** Diese Kategorie bezieht sich auf die Immissionen, die durch die Ausbringung der Mineralien in der Landschaft entstehen. Sie beeinflussen die Biodiversität, die Boden- und Wasserqualität.
- **Verwendung von recyceltem Material:** Hier werden Auswirkungen auf folgende Aspekte gesehen: Innovation, Recycling, Wirtschaftlichkeit, Abbruchmaterial und Arbeitsplätze. Durch Innovation im Betonrecycling können neue ökonomische Chancen erzielt und neue Arbeitsplätze geschaffen werden. Eine Aussage, die dies verdeutlicht: «*Es kann die Kreislaufwirtschaft im Bausektor verbessern.*»

  Diese Kategorie wird von den Stakeholdern sehr umfassend als Chance für die Erfüllung der Grundbedürfnisse, eine gesunde Umwelt, Wohlstand sowie globale Vereinbarungen gesehen. Als Chance wird auch das Innovationspotenzial für die Landwirtschaft und die Bauindustrie erwähnt. Ein Risiko liegt nach Ansicht einiger Stakeholder in der Annahme, neuer Beton mit carbonatisierten Bestandteilen sei klimaneutral. Dies könnte eine leichtfertige Nutzung von Baustoffen begünstigen und einen erhöhten Verbrauch von neuem Zement nach sich ziehen.

- **Energieverbrauch:** Diese Kategorie steht im Zusammenhang mit der erforderlichen Zerkleinerung des Abbruchbetons zu Betongranulat. Ein Zitat dazu: «*Der Prozess der Zerkleinerung von Beton oder Gestein verbraucht viel Energie [...].*» Stakeholder sehen in dieser Wirkungskategorie ein erhebliches Risiko für eine gesunde Umwelt.

Abb. 26: Chancen von Carbonatisierung

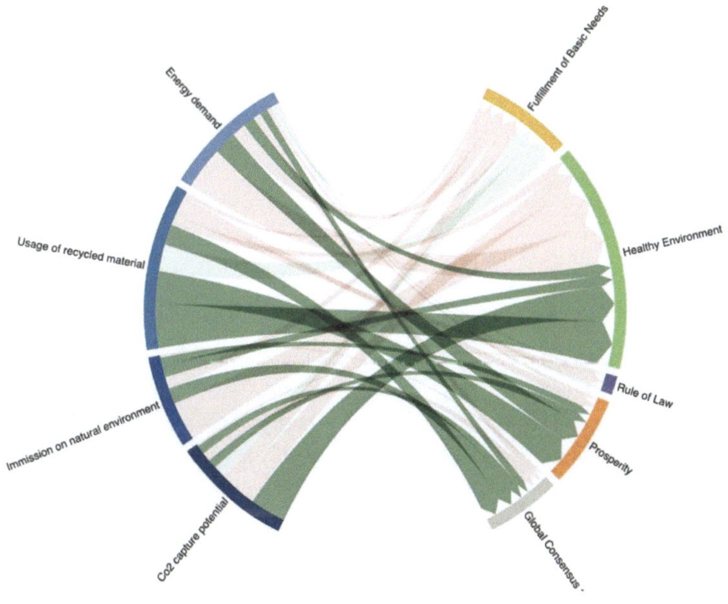

Quelle: Eigene Darstellung

Abb. 27: Risiken von Carbonatisierung

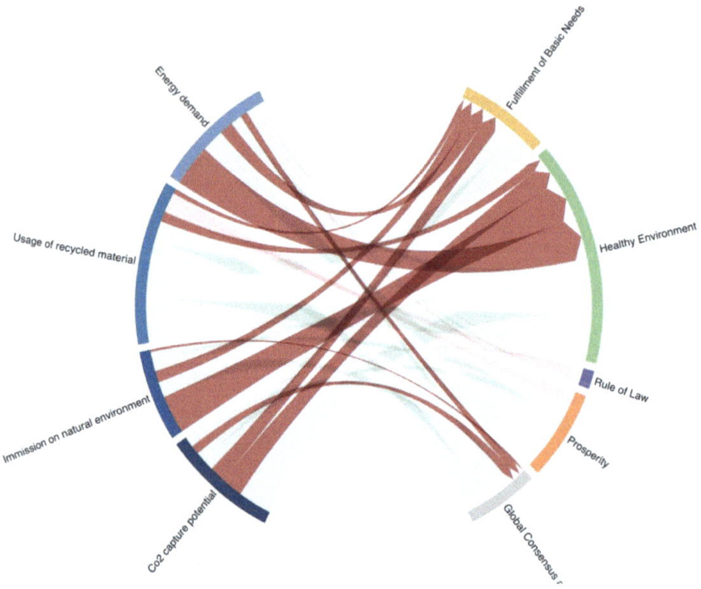

Quelle: Eigene Darstellung

4.2. Tiefeninterviews

Auf der Grundlage der LOTA-Befragung wurden Stakeholder aus möglichst unterschiedlichen Sektoren und Meinungsgruppen für die Tiefeninterviews ausgewählt. Ziel war es, die Meinungen und Argumentation, die aus der LOTA-Befragung sowie aus der Literatur gewonnen werden konnten, zu vertiefen und zu ergründen. Besonderes Augenmerk wurde auf die Erfassung der Ansichten hinsichtlich der Betroffenheit und der Reaktion der Schweizer Bevölkerung auf die Nutzung der jeweiligen NET gelegt.

Insgesamt wurden 13 Personen online über Zoom interviewt, jeweils zwei zu den Themen Waldmanagement, Bodenbewirtschaftung, BECCS, DACCS und NET allgemein sowie drei zur Carbonatisierung. Die Interviews dauerten je eine Stunde. Folgende Personen waren dabei jeweils anwesend: Stakeholder, Interviewleitung, ein bis zwei Fachpersonen aus dem Studienteam, Protokollant oder Protokollantin.

Dieser Abschnitt setzt sich insbesondere damit auseinander, wie die Stakeholder die Betroffenheit oder Reaktion der Bevölkerung einschätzen. Fachfragen fliessen direkt in die Fachkapitel ein, Meinungen zu Chancen und Risiken in die Empfehlungen.

4.2.1. Waldmanagement und Holzverwendung

Interviewpartner: HHKWY (Verwaltung, ambivalent) und 9VHC6 (NGO, risikoreich)

Die Wahrnehmung der Bevölkerung in Bezug auf Waldmanagement und Holzverwendung wird von den Stakeholdern wie folgt eingeschätzt:

- Wald ist in der öffentlichen Meinung sehr positiv behaftet als Erholungsraum, Schutz vor Naturgefahren und natürliche Ressource. Zudem wird der Wald gesetzlich vor Eingriffen sehr stark geschützt. Entsprechend wird auch eine positive Haltung in Bezug auf das Waldmanagement und Holzverwendung als NET erwartet.
- Die Öffentlichkeit wird vor allem die durch den Klimawandel notwendige Verjüngung und die Ansiedlung neuer klimaresistenter Baumarten bemerken.
- Die Waldbrandgefahr wird auch in der Öffentlichkeit präsenter und betrifft zunehmend auch die Bürgerinnen und Bürger.
- Holz als Baumaterial gewinnt als ökologische Bauweise an Bedeutung. Der Nutzen als CO_2-Speicher sollte bewusster gemacht werden.
- Die Wertschöpfungskette sollte vermehrt in der Schweiz stattfinden. Dies steht aber teilweise im Widerspruch zu den nationalen und internationalen CO_2-Reduktionsverpflichtungen, weil die Verarbeitung von Holz und die Produktion von Holzerzeugnissen CO_2 emittiert. Für die Atmosphäre macht es jedoch keinen Unterschied, wo das CO_2 emittiert wird.

4.2.2. Bodenmanagement und Pflanzenkohle

Interviewpartner: 649x9 (Verwaltung, ambivalent) und Xfd72 (Wissenschaft, unwirksam)

Die Wahrnehmung der Bevölkerung in Bezug auf Bodenmanagement und Pflanzenkohle wird von den Stakeholdern wie folgt eingeschätzt:

- **Pflanzenkohle:** Die Öffentlichkeit nimmt den Eintrag im Boden nur bedingt wahr. Eine Gefahr könnte darin gesehen werden, dass die Pflanzenkohle, wenn sie erstmal in den Boden eingebracht ist, nicht mehr entfernt werden kann. Experimente mit Böden werden kritisch gesehen. Wenn Studien die positive Wirkung und den schadfreien Eintrag belegen können, besteht die Chance, dass Pflanzenkohle auch in Privatgärten eingebracht wird und die Öffentlichkeit somit einbezogen werden kann, auch wenn das Speicherpotenzial hier als gering eingeschätzt wird.
- **Agroforstsysteme:** Diese Systeme kommen gut bei der Bevölkerung an. Die Landwirtschaft müsste im Bereich der Agroforstsysteme stärker subventioniert werden, damit sie mehr Massnahmen umsetzen kann.

4.2.3. Bioenergienutzung mit CO_2-Abscheidung und -Speicherung (BECCS)

Interviewpartner **(Abb. 19)**: XMF9v (Unternehmen, ambivalent) und AoVya (Unternehmen, chancenreich)

Die Wahrnehmung der Bevölkerung in Bezug auf BECCS wird von den Stakeholdern wie folgt eingeschätzt:

- BECCS als Anlage benötigt nicht viel zusätzlichen Platz. Es sollte keine Probleme mit Raumplanung oder Landschaftsschutz geben, da es sich um zusätzliche Module an bestehenden Anlagen (z. B. KVA) handelt. Entsprechend gering dürfte die öffentliche Wahrnehmung sein.
- Tiefenlager werden oft mit Nuklearlagern verwechselt. Diese Assoziation trifft aber in Bezug auf Konstruktion und Risiko nicht zu.
- Die Öffentlichkeit würde vor allem die infrastrukturellen Massnahmen für den Transport des CO_2 wahrnehmen, wenn das CO_2 per Pipeline oder Schiff zur Einlagerung in nördliche Länder transportiert wird.

- Es könnten Bedenken laut werden, dass der Bau der Tiefenlager Erdbeben auslöst oder dass man dabei auf kontraproduktive Gasvorkommen stösst. Diesbezüglich gibt es bereits negative Erfahrungen, die auch in der Öffentlichkeit sehr präsent waren.
- Es ist nicht zu erwarten, dass sich die Bevölkerung grosse Sorge darüber macht, dass CO_2 nach der Speicherung wieder austreten könnte.
- Der Schweizer Geologenverband und der Verband der Betreiber Schweizerischer Abfallverwertungsanlagen möchten die Exploration von Möglichkeiten der Speicherung in der Schweiz fördern.[26] Dazu wurde im Parlament eine Motion eingereicht (SP 2020).

4.2.4. Direkte CO_2-Abscheidung aus der Luft und -Speicherung (DACCS)

Interviewpartner: 99Dad (Unternehmen, chancenreich) und RVDGZ (Wissenschaft, ambivalent)

Die Wahrnehmung der Bevölkerung in Bezug auf DACCS wird von den Stakeholdern wie folgt eingeschätzt:

- Da DACCS vorwiegend im Ausland eingesetzt würde, ist nicht zu erwarten, dass es in der Bevölkerung zu Widerstand kommen würde.
- Um der Öffentlichkeit das Wissen, die Funktion und die Einwirkungen auf die Umwelt zu veranschaulichen und ihre Reaktion zu testen, wäre es sinnvoll, auch in der Schweiz Demonstrationsprojekte mit Reallaborcharakter umzusetzen.
- Es wird erwartet, dass bei der Implementierung von DACCS das NIMBY-Prinzip (Not In My Backyard) zum Tragen kommt, ähnlich wie derzeit bei der Windkraft. In Island war die öffentliche Wahrnehmung gemäss der Interviewpartner positiv, weil es die erste Anlage dieser Dimension weltweit war. Wie es sich mit weiteren Anlagen verhält, bleibt natürlich noch offen.

---

[26] VBSA, Gurtensymposium 2022: Speicherung im Untergrund – unverzichtbar für die ökologische Wende! https://vbsa.ch/gurtensymposium-2022-speicherung-im-untergrund-unverzichtbar-fuer-die-oekologische-wende/.

4.2.5. Carbonatisierung

Interviewpartner: Unternehmer*in, 8YGNQ (Wissenschaft, ambivalent) und 8FU7H (Wissenschaft, unwirksam)

Die Wahrnehmung der Bevölkerung in Bezug auf die Carbonatisierung wird von den Stakeholdern wie folgt eingeschätzt:

- Grosses Interesse wird seitens der Zementindustrie erwartet, da sie weniger Emissionsrechte kaufen müsste und sich das Image von Beton verbessern würde.
- Der Abbau von Primärstoffen wird durch den Eingriff in die Landschaft zunehmend schwierig. Fallbeispiele, die Abfallstoffe aufwerten, könnten von der Öffentlichkeit positiv aufgenommen werden.
- Durch dezentrale Einheiten werden in der Zementindustrie lange Transportwege vermieden. Dies kommt in der öffentlichen Wahrnehmung auch der Verwertung von Abbruchmaterial zugute. Zudem sind keine neuen Grossanlagen nötig, da die Anlagen zur Verwertung in bestehende Anlagen integriert werden können.
- Der Eintrag auf Feldern könnte von der Öffentlichkeit kritisch gesehen werden, solange die Langzeitfolgen für den Boden noch nicht bekannt sind.

4.2.6. Allgemein oder übergreifend

Interviewpartner: Stakeholder Y (Verwaltung), Stakeholder Z (Wissenschaft)

Die Wahrnehmung der Bevölkerung in Bezug auf NET wird von den Interviewpartnern wie folgt eingeschätzt:

- Die Akzeptanz in der Bevölkerung muss durch eine breite Sensibilisierung erst noch geschaffen werden. Derzeit ist das Wissen in der Öffentlichkeit noch gering.
- Die Thematik muss klimapolitisch verankert werden. Kantone sowie auch die grossen emittierenden Industrien müssen zuerst «abgeholt» und eingebunden werden.
- Für Laien ist das Thema der NET schwer zu beurteilen und das Thema auch ist noch nicht angekommen.

- Die Reduktion von CO_2 aus dem Konsum muss weiterhin Priorität haben. NET dürfen nicht als Vorwand für erhöhte Emissionen genutzt werden.
- Die Bevölkerung muss eng in den Prozess der infrastrukturellen Massnahmen eingebunden werden.
- Eine ineffiziente Klimapolitik zu unnötig hohen Kosten wird von der Bevölkerung abgelehnt werden. CDR kann von der Öffentlichkeit als Absicherung gegen hohe Preise gesehen werden.
- Internationale NGO sind gegen gewisse NET wie die Aufforstung, da sie ethisch (Moral Hazard) schwer zu vertreten sind (z. B. Externalisierung von Verantwortung durch Investitionen im Ausland). Einige Initiativen versuchen mitunter plakativ glaubhaft zu machen, dass der persönliche CO_2-Ausstoss durch eine sehr geringe Investition in die Aufforstung in fernen Ländern kompensiert werden könne. Diese Aufforstungsprojekte sind jedoch oft sehr ineffizient, befinden sich nicht in lokalem Besitz und sind mittel- bis langfristig bezüglich ihrer CO_2-Speicherung kaum überprüfbar.
- So wie verunreinigte Böden behandelt werden müssen, muss auch die Luft von CO_2 gereinigt werden. Es gibt eine moralische Notwendigkeit, das zu tun.

Fazit aus den Interviews: Die Fachleute sahen für die jeweilige NET meist eher die Herausforderungen und sind skeptisch, was den Beitrag ihrer «eigenen» Technologie zur Erreichung der Klimaneutralität in der Schweiz betrifft. Mehrere von ihnen betonen, dass keine der Technologien ein Allheilmittel sei und alle NET benötigt würden, um die Klimaneutralität in der Schweiz zu erreichen (Swiss-Mix).

4.3. Stakeholderworkshop

Beim Stakeholderworkshop konnten die aus den Ergebnissen der Onlinebefragung, den Tiefeninterviews und der Literatur abgeleiteten Empfehlungsentwürfe mit 23 Fachleuten diskutiert werden. Die vorgeschlagene Struktur für die Empfehlungen mit Bezug auf die einzelnen NET, die allgemeinen Empfehlungen und die jeweilige Priorisierung und Kategorisierung wurden von den Stakeholdern weitgehend unterstützt. Etliche Empfehlungen konnten durch die Diskussion jedoch auch korrigiert oder präzisiert werden. Einige wurden als weniger relevant oder bereits umgesetzt erachtet, während an anderen Stellen Lücken identifiziert und zusätzliche Empfehlungen formuliert wurden. All diese Kommentare wurden in der Nachbereitung des Workshops aufgegriffen und überarbeitet, auf ihre Faktenbasis geprüft und entsprechend eingearbeitet.

Da alle Teilnehmenden während des World-Café-Formats am Nachmittag die Möglichkeit hatten, sich mit allen fünf NET zu befassen, wurde eine Umfrage zum erwarteten Beitrag der einzelnen NET zur Kompensation der im Jahr 2050 unvermeidbaren Emissionen durchgeführt **(Abb. 28)**.

Von BECCS erwarteten die Teilnehmenden den grössten Beitrag zum Ausgleich der im Jahr 2050 in der Schweiz verbleibenden Treibhausgasemissionen, von der Carbonatisierung den geringsten. Dies visualisiert subjektiv auch den für die Schweiz zu erwartenden «Swiss-Mix» bei der Ausgestaltung der NET.

Abb. 28: Ergebnis der Umfrage zum erwarteten Beitrag der einzelnen NET

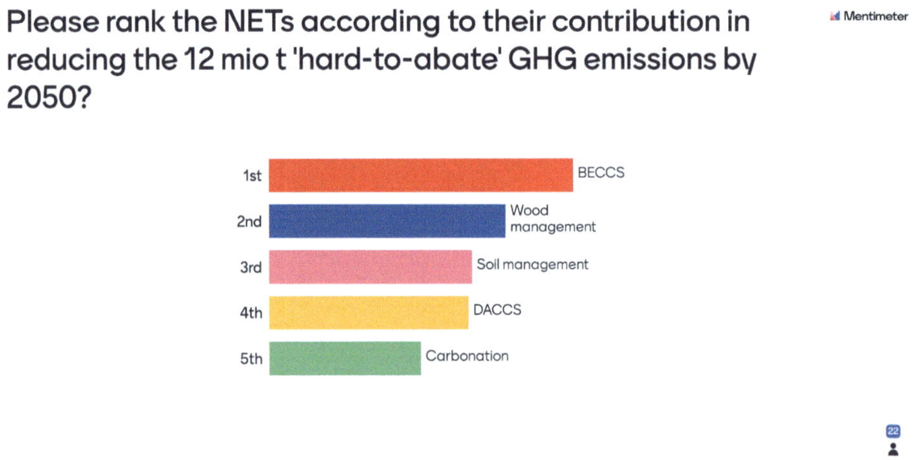

Quelle: Eigene Darstellung auf Basis des Mentimeters[27]

Im Folgenden sind die Highlights der Diskussionen in den Kleingruppen zusammengefasst.

---

27 https://www.mentimeter.com/.

4.3.1. Allgemeine Empfehlungen

- Vollständigkeit der Empfehlungen: Die Stakeholder der 1. Diskussionsrunde stimmten zunächst der Auswahl der allgemeinen Empfehlungen zu und fügten im Laufe der Diskussion zwei weitere Empfehlungen hinzu, die nun in die Empfehlungen aufgenommen wurden. Während des World Cafés wurden keine Vorschläge für weitere Empfehlungen gemacht.
- Konkretisierung der Empfehlungen: Sowohl in der 1. Diskussionsrunde wie auch während des World Cafés wurden die Empfehlungen im Detail konkretisiert und mit Beispielen unterlegt. Diese wurden bei der Revision und Finalisierung der Empfehlungen berücksichtigt.
- Dissens: Da bezüglich NET viele Aktivitäten auf verschiedenen Ebenen laufen, wurde der Sinn der Empfehlungen teilweise hinterfragt, da einige davon bei Veröffentlichung der Studie bereits umgesetzt sein werden, geplant sind oder schon in anderen Berichten publiziert wurden. Daher wurden die Empfehlungen mit Querverweisen zu Empfehlungen in anderen wichtigen Studien versehen, Pläne weiter konkretisiert und durch neue Aspekte ergänzt.
- Konsens: Die Stakeholder waren sich einig, dass ein «Weiter-wie-bisher» nicht möglich sein wird, da NET kein Allheilmittel sind, ihre Weiterentwicklung (insbesondere bei technischen NET) und Umsetzung im industriellen Massstab Zeit brauchen wird und alle NET technische, strukturelle, politische und gesellschaftliche Herausforderungen bewältigen müssen. Daher muss der Fokus auf die Reduktion der Emissionen liegen. Die Verringerung der Emissionen muss noch schneller und mit verstärkten Anstrengungen noch effizienter und seriöser umgesetzt werden, da jegliches Zuwarten und Verzögern nur die Risiken für die Gesellschaft und die Kosten erhöht. Eine frühzeitige Reduktion ist viel günstiger als eine Korrektur durch NET. Zudem war man sich einig, dass alle NET nötig sind und weiterverfolgt werden sollen und dass ein überzeugender und von allen politischen Parteien und Stakeholdern gemeinsam getragener Prozess erforderlich ist. Ein weiterer Konsens bestand darin, dass schon jetzt über das Jahr 2050 hinaus geplant werden sollte, da netto null nur ein Zwischenziel sein kann.

4.3.2. Waldmanagement und Holzverwendung

Die Empfehlungen fanden im Wesentlichen Zustimmung und wurden durch die Teilnehmenden im Laufe der ersten und zweiten Workshoprunden weiter konkretisiert.

Folgende Punkte wurden während des Workshops hauptsächlich diskutiert:

- Es soll eine Lebenszyklusanalyse (LCA) für die Holznutzung erarbeitet werden, damit diese mit anderen NET oder Baumaterialien verglichen werden kann. Dadurch könnte eine Entscheidungsgrundlage für den Vergleich von End-of-Life-Optionen (energetische Verwertung, Pflanzenkohle, BECCS) als letzter Schritt der Kaskadennutzung von Holz geschaffen werden. Die Systemgrenzen müssen noch genau festgelegt werden; Biodiversität, Klimaadaption und SDG sollen dabei miteinbezogen werden. Bei der Analyse der unterschiedlichen Holzflüsse sollte auch in Bezug auf die Qualität quantifiziert werden.
- Es sollen Accounting- und Monitoringmethoden für das Waldmanagement und die Holzverwendung erarbeitet und/oder angepasst werden. Dabei sollen auch das Risikomanagement, die Bürgschaft und die Finanzierung miteinbezogen werden und die Investoren für diese Thematik sensibilisiert werden.
- Es hat sich herausgestellt, dass die Erarbeitung einer Biomassestrategie in der Schweiz Klarheit schaffen würde und notwendig ist, da verschiedenste Stakeholder auf Biomasse angewiesen sind. Das Rest- und Altholz kann von unterschiedlichen Industrien in der Schweiz verwendet werden und sollte nicht zwingend für BECCS oder Pflanzenkohle genutzt werden.

4.3.3. Bodenmanagement und Pflanzenkohle

Die Empfehlungen fanden im Wesentlichen Zustimmung und wurden durch die Teilnehmenden im Laufe der ersten und zweiten Runde des Workshops weiter konkretisiert.

- Ein Hauptaugenmerk liegt auf dem Umgang mit Pflanzenkohle. Es wird in den Gesprächen deutlich, dass es in der Schweiz an Langzeitstudien zur Wirkung von Pflanzenkohle im Boden mangelt.
- Grosse Einigkeit herrscht auch hinsichtlich des Bedarfs nach einem Trackingsystem für den Eintrag und die Produktionsketten von Pflanzenkohle.
- Es wird deutlich, dass in der Anwendung von Pflanzenkohle sehr viele Varianten relevant sind, die unterschiedliche Wirkungen haben. Für alle scheint es sehr schwierig zu sein, das Abscheidungspotenzial zu berechnen oder zu definieren.

4.3.4. Bioenergienutzung mit CO_2-Abscheidung und -Speicherung (BECCS)

- Bedenken und Sorgen der Bevölkerung: Es ist unklar, ob es Ängste vor Risiken gibt, da in der Schweiz bisher keine Diskussion zu BECCS oder CCS stattgefunden hat (anders als z. B. in Deutschland, wo CCS unter dem Stichwort «Clean Coal» als Option zur Laufzeitverlängerung fossiler Kraftwerke propagiert wird).
- Kaskadennutzung: Wenn weder Anbau- noch Importbiomasse für BECCS zugelassen wird, verbleiben am Ende der Kaskade nur geringe Mengen an Restbiomassen sowie biogene Ressourcen. Letztere sind meist behandelt und/oder nicht sortenrein und können daher nur in Anlagen mit entsprechender Filtertechnik verbrannt werden, um die Einhaltung der Grenzwerte für Luftschadstoffe zu gewährleisten.
- Es werden daher keine neuen Anlagen benötigt; das Potenzial an biogenen Reststoffen und biogenen Anteilen nach der Kaskadennutzung kann in bestehenden KVA, Zementwerken und Altholzanlagen genutzt werden.
- Der Neubau von spezifischen Anlagen ist in der Schweiz nicht notwendig; zur Nutzung von BECCS müssten bestehende KVA mit der CO_2-Abscheidetechnik nachgerüstet werden.
- Bereits heute ist es vorgeschrieben, dass bis 2030 mindestens eine KVA mit CO_2-Abscheidetechnik ausgerüstet sein und pro Jahr mindestens 100 000 t CO_2 abscheiden muss. Sobald der Abtransport des CO_2 durch Pipelines möglich ist, muss das CO_2 auch in den übrigen KVA abgeschieden werden (SE 2022b).
- Speicher und Pipelines «sind Rock'n'Roll», u. a., dort spielt die Musik. Swisstopo erstellt derzeit eine Studie über die CO_2-Speicherpotenziale in der Schweiz;[28] Pipelineplanung ist erst sinnvoll, wenn die Speicher im In- oder Ausland identifiziert sind.
- Die Rollen, Kompetenzen und die Zusammenarbeit von Bund und Kantonen bei der Planung von Speichern und Pipelines sind derzeit unklar.

[28] Bundesamt für Landestopografie, swisstopo, CO_2 im Untergrund speichern – mögliche Chancen und Risiken, https://www.swisstopo.admin.ch/de/home.detail.event.html/swisstopo-internet/events2020/colloquium-19-20/20200131.html.

4.3.5. Direkte CO_2-Abscheidung aus der Luft und -Speicherung (DACCS)

- Vollständigkeit der Empfehlungen: Die Stakeholder der 1. Diskussionsrunde haben den vorgestellten Empfehlungen im Kern zugestimmt; ausserdem wurden diese als weitgehend vollständig erachtet. Im Rahmen des World Cafés wurden keine Vorschläge für weitere Empfehlungen gemacht.
- Priorisierung der Empfehlungen: Die Stakeholder empfehlen keine Priorisierung, alle Empfehlungen wurden als gleich wichtig erachtet.
- Konkretisierung der Empfehlungen: Seitens der Stakeholder wurden diverse Vorschläge für Konkretisierungen von Scope, Begründung und Wording eingebracht; diese wurden bei der Revision und Finalisierung der Empfehlungen berücksichtigt.
- Akteure: Relevante Akteure konnten für einige Empfehlungen identifiziert bzw. konkretisiert werden. Für eine Identifizierung der Akteure bei allen Empfehlungen fehlte allerdings die Zeit.
- Vision 2030: Mit Blick auf den Zeithorizont 2030 und die Schweizer Klimaziele erwarten die Stakeholder, dass DACCS nicht zu den drei mengenmässig wichtigsten NET gehören wird. Allerdings müssen bis dahin wichtige technische und organisatorische Grundlagen geschaffen sowie flankierende Prozesse angestossen werden (siehe Empfehlungen), damit die DACCS-Technologie ihr erwartetes deutlich grösseres Potenzial bis zum Bezugsjahr 2050 realisieren kann.

4.3.6. Carbonatisierung

- Die Nutzung der technisch beschleunigten Carbonatisierung von Abbruchbeton als NE-Option befindet sich in der Schweiz noch im Stadium der Technologieentwicklung. Während Forschungseinrichtungen und Bauwirtschaft bereits Demonstrationsanlagen zur Carbonatisierung von Abbruchbeton errichtet haben, hat diese NE-Option bisher noch kaum die Aufmerksamkeit der Öffentlichkeit erregt. Eine gesellschaftliche Meinungsbildung zu dieser NET hat deshalb offensichtlich noch nicht stattgefunden. Da sich diese NET jedoch nahtlos in die etablierten technischen und logistischen Prozesse der Bauwirtschaft integrieren lässt, kann nach Ansicht verschiedener Stakeholder mit einer gesellschaftlichen Akzeptanz gerechnet werden, sofern ihre

Anwendung nicht zu zusätzlichen Gesundheits- und Umweltbelastungen im Umfeld von Baustellen und Industrieanlagen führt.

- Vollständigkeit der Empfehlungen: Die am Workshop teilnehmenden Stakeholder erhoben keine Einwände gegen die vorgeschlagenen Empfehlungen. Es wurden jedoch Konkretisierungen und Ergänzungen der Formulierung vorgeschlagen. Während des World Cafés wurden keine Vorschläge für weitere Empfehlungen geäussert.
- Priorisierung der Empfehlungen: Die Stakeholder empfehlen keine Priorisierung. Es wird aber darauf hingewiesen, dass eine gesetzliche Verankerung der NE und der Accountingregeln als Voraussetzung für deren industrielle Hochskalierung betrachtet werden, um Investitionen in NET zu ermöglichen.

4.4. Schlussfolgerungen des qualitativen Methodenteils

Der qualitative Methodenteil umfasst die Onlinebefragung der Stakeholder mittels LOTA, die Tiefeninterviews sowie den Stakeholderworkshop. Auf Basis dieses methodischen Settings sollten die Meinungen der Fachleute eingeholt sowie ihre Begründungen für die Chancen- und Risikobeurteilungen aus unterschiedlicher Perspektive reflektiert und diskutiert werden.

Zusammenfassend lässt sich sagen **(Tab. 7)**, dass über alle Stakeholdergruppen hinweg die grösste Meinungsgruppe jene ist, die den NET ambivalent gegenübersteht. Sie sehen also sowohl Chancen wie auch Risiken in der Nutzung der Technologien für primär betroffene globale Ziele wie eine gesunde Umwelt, Wohlstand und die Erfüllung der Grundbedürfnisse. Dies zeigt zum einen die reflektierte Haltung der befragten Fachleute und gibt zum anderen ein Indiz auf die noch vielfältigen offenen Fragen, die mit der Nutzung der NET verbunden sind. Die Stakeholdergruppen sehen den Einsatz der Technologien noch im Kontext unsicherer Szenarien. Je nach der weiteren technologischen, politischen und gesellschaftlichen Entwicklung kann er mit Chancen, aber auch mit Risiken verbunden sein.

Die zweitgrösste Meinungsgruppe ist die der Stakeholder, die in den Technologien eher Chancen für die genannten primären globalen Ziele sehen. Auch in dieser Meinungsgruppe finden sich Vertreterinnen und Vertreter aller Stakeholdergruppen, am stärksten ausgeprägt ist jedoch die Gruppe der Wirtschaft.

Mit Ausnahme des Waldmanagements sehen die Stakeholder aus der Wirtschaft vor allem Chancen in den anderen NET. Betrachtet man alle Technologien, so wird einzig das Bodenmanagement von allen Stakeholdergruppen als chancenreich oder ambivalent beurteilt.

Tab. 7: Überblick, wie chancen-, risikoreich oder ambivalent die Stakeholdergruppen die Net sehen

Wissenschaft	ambivalent / chancenreich	chancenreich / ambivalent	ambivalent / risikoreich	ambivalent, chancen- und risikoreich	ambivalent / unwirksam
Wirtschaft	ambivalent / leicht risikoreich	chancenreich	chancenreich / ambivalent	chancenreich	chancenreich / ambivalent
NGOs	risikoreich / ambivalent	chancenreich / ambivalent	risikoreich	chancenreich	keine Teilnahme
Verwaltung	chancenreich / ambivalent	ambivalent / chancenreich	ambivalent / chancenreich	ambivalent	ambivalent / risikoreich

Quelle: Eigene Zusammenstellung

Im Workshop konnten die Stakeholder ihre Sichtweisen und Argumente austauschen. In den Diskussionen über die Empfehlungen wurden Einigkeit und gegenseitiges Verständnis über die Sicht auf Chancen und Risiken erzielt.

Das Format des rotierenden World Cafés ermöglichte es den Stakeholdern auch, sich zu Themen einzubringen, die nicht in ihrem Fokus lagen, und so systemische Zusammenhänge zu verdeutlichen.

Als Ergebnis dieser breiten Reflexionsmöglichkeiten wird deutlich, dass keine Stakeholder bzw. keine Stakeholdergruppe eine spezifische NET als die einzig entscheidende Lösung ansehen (Allheilmittel). Wenngleich Stakeholder mit möglichst ausgeprägten Meinungen eingeladen wurden, so brachten auch sie vornehmlich lösungsorientierte und konstruktive Argumente bezüglich der Chancen und Risiken der Technologien ein.

Die Stakeholder betrachten die gemeinsame Umsetzung in Form eines «Swiss-Mix» als notwendig für die Schweiz. Wie und in welcher Gewichtung dieser Swiss Mix jedoch zusammengesetzt sein soll, bleibt jedoch eine Frage der technologischen Entwicklung und der politischen Umsetzung in der Schweiz und in Europa sowie auch des gesellschaftlichen Wandels.

Es gibt «alte» Technologien wie Waldmanagement und Holzverwendung, Bodenmanagement und Pflanzenkohle, die im Kontext der NET eine neue Nutzungsbedeutung erhalten. Für sie gibt es bereits eine breite Akzeptanz und vielfältige Regelungen. Im Kontext der NET werden viele dieser Regelungen jedoch neu zu begutachten sein, da ihre Anwendung in einem neuen quantitativen und systemischen Kontext steht. Für die «neuen» Technologien (DACCS, BECCS, Carbonatisierung) erwarten die Stakeholder starke Forschungsanstrengungen und angemessene politische Rahmenbedingungen, um ihren praktischen Einsatz in der Schweiz möglichst zeitnah und wirkungsvoll zu ermöglichen.

5. Empfehlungen

Die vom Projektteam in diesem Kapitel formulierten Empfehlungen beruhen auf den Erkenntnissen der Literaturanalyse, den LOTA-Onlinebefragungen, den Tiefeninterviews und/oder dem Stakeholderworkshop (Abschnitt 2.6) und konzentrieren sich auf den Beitrag der NET zur Erreichung des Schweizer Netto-Null-Ziels. Da das Entnahmepotenzial der NET in der Schweiz limitiert ist, müssen die Treibhausgasemissionen bis 2050 so weit wie möglich reduziert werden, was jedoch nicht Gegenstand der folgenden Empfehlungen ist, sondern als Voraussetzung angesehen wird.

Wie in den vorangegangenen Kapiteln beschrieben, beinhalten auch die NET – wie alle Technologien – Chancen und Risiken für Umwelt, Mensch und Gesellschaft. Darüber hinaus beanspruchen NET knappe Ressourcen wie z. B. Wasser, Biomasse, Land, erneuerbare Energien, Finanzierungsmittel, kritische Rohstoffe (z. B. seltene Metalle) oder Fachkräfte mit Know-how. Ausserdem wird auch die Umsetzung der NET zu Emissionen führen – auch wenn die NET netto zu negativen CO_2-Emissionen führen. Die betrachteten NET stehen noch weitgehend am Anfang ihrer technologischen Entwicklung bzw. grosstechnischen Realisierung und sind folglich mit Unsicherheiten bezüglich ihres Entnahmepotenzials behaftet. Insofern sollten alle fünf in diesem Bericht berücksichtigten NET weiterentwickelt werden, um das Netto-Null-Ziel der Schweiz im Jahr 2050 und negative Emissionen in der Zeit danach zu erreichen, damit die CO_2-Konzentration in der Atmosphäre langfristig auf ein erträgliches Mass gesenkt werden kann.

Letztlich kann Klimaneutralität nur durch das Mitwirken der gesamten Bevölkerung erreicht werden. Insofern erfordert die Umsetzung der Empfehlungen die Beteiligung verschiedener gesellschaftlicher Gruppen (Unternehmen, Wissenschaft etc.). Gleichwohl richten sich die Empfehlungen in der Regel eher an die politischen Entscheidungsträger auf Bundes- oder Kantonsebene. Denn nur dort können die Weichen für entsprechende gesetzliche Änderungen gestellt werden, welche Unternehmen, Organisationen und einzelne Individuen dazu motivieren sollen, ihre Aktivitäten entsprechend anzupassen (z. B. durch veränderte Investitionsentscheidungen oder Verhaltensmuster).

In den folgenden Abschnitten haben wir zunächst übergreifende Empfehlungen für die Entwicklung von NET insgesamt formuliert (Abschnitt 5.1) und danach spezifische Empfehlungen für die einzelnen NET (Abschnitte 5.2 bis 5.6). Im Abschnitt 5.7 betrachten wir die Gesamtheit der Empfehlungen und ziehen ein Fazit.

Die Empfehlungen richten sich an verschiedene Akteure (Bund, Kantone, Unternehmen, Wissenschaft etc.) und adressieren verschiedene Aktivitäten (Subvention, Planung, Forschung & Entwicklung etc.). Insofern sind sie sehr heterogen und folgen keiner spezifischen Reihenfolge. Die einzelnen Empfehlungen enthalten einen kurzen Titel, eine Erläuterung des Ansatzpunktes, in dem auch die für die Umsetzung verantwortlichen Akteure genannt werden, sowie eine Begründung. Sie wurden darüber hinaus sowohl im Hinblick auf den Zeithorizont wie auch im Hinblick auf die angesprochenen soziotechnischen Dimensionen kategorisiert. Beim Zeithorizont wurde zwischen kurz-, mittel- und langfristig differenziert, wobei «kurzfristig» etwa den Zeitraum bis 2027 umfasst. «Mittel- und langfristig» umfassen die Zeiträume bis 2033 respektive bis 2040. Bei den soziotechnischen Dimensionen differenzieren wir wie folgt:

1. **Bewertungsrahmen schaffen:** Es gibt bereits Methoden und Regeln zur Anrechnung von Kompensationsprojekten (BAFU 2022e), die im Rahmen der Anrechnung von NE relevant sind. Zugleich sind etliche Fragen zur Quantifizierung und Anrechnung der NET noch offen (Einbindungsraten, Speicherdauer, Anrechnung von im Ausland finanzierten NET-Projekten etc.).

2. **Chancen und Risiken verstehen und adressieren:** Die bereits bestehenden Erkenntnisse über Abscheidungs- oder Speicherpotenziale, Risiken, Synergien und Kosten (Kapitel 3) sind einerseits unvollständig und zum jetzigen Zeitpunkt zwangsläufig unvollständig. Das Wissen zu diesen Themen muss beständig weiterentwickelt werden, um die Chancen nutzen und die Risiken minimieren zu können.

3. **Entwicklung und Umsetzung fördern:** Die zukünftige Nutzung von NET erfordert, dass technische und systemische Innovationen weiter mobilisiert werden und die Nutzung sowohl zwischen verschiedenen NET wie auch verschiedenen Akteuren (Unternehmen, Bund/Kantone/Gemeinden etc.) koordiniert wird, aber auch, indem konkrete (Pilot-)Projekterfahrungen gesammelt und, wo möglich, Skaleneffekte durch die Ausweitung von Anlagengrössen initiiert werden.

4. **Kommunikation und Partizipation:** Um die Unterstützung für NET in der Schweizer Gesellschaft zu gewährleisten, sollen die aktuellen Erkenntnisse einer breiten Öffentlichkeit zugänglich gemacht und Betroffene in die Dialogprozesse zur Weiterentwicklung und Nutzung der NET einbezogen werden.

Bei den Empfehlungen zu Waldmanagement und Bodenmanagement (ausgenommen Pflanzenkohle) ist zu beachten, dass die vorgeschlagenen NET zum Teil schon umgesetzt werden, aber weiter optimiert werden können. Die Empfehlungen beziehen sich folglich nicht auf die generelle Einführung der Massnahmen, sondern auf deren verbesserte Umsetzung.

Die Empfehlungen zu Pflanzenkohle, BECCS, DACCS und beschleunigte Carbonatisierung fokussieren darauf, wie sich die NET möglichst schnell entwickeln und umsetzen lassen, und zwar mit möglichst wenig Risiken für andere Schutzziele wie Biodiversität, Luft-, Wasser- und Bodenqualität und unter der Berücksichtigung der Bedürfnisse der Gesellschaft.

Es gibt verschiedene Berichte der Bundesämter zum Thema NET und Klimapolitik, in denen Empfehlungen und Richtlinien formuliert wurden (z. B. BAFU 2022b; 2022e; 2022f; 2021f; 2021i; BAFU; BFE 2022; Der Bundesrat 2020a; infras; Perspectives 2020; SRD 2019). Diese werden berücksichtigt und durch weitere Empfehlungen aus dieser Studie ergänzt.

5.1. Allgemeine oder übergreifende Empfehlungen

NET-übergreifend wird eine Multistakeholder-NET-Taskforce empfohlen. Um die Entwicklung und die Umsetzung aller NET zu fördern, sind eine Strategie für begrenzte Ressourcen, eine Finanzierungsstrategie und die Koordinierung der Forschungsprogramme zu den NET erforderlich. Um den Bewertungsrahmen für die NET zu stärken, wird empfohlen, die in der CO_2-Verordnung verankerte Permanenz von 30 Jahren CO_2-Speicherung zu hinterfragen, Accounting- und Monitoringmethoden für die einzelnen NET zu entwickeln und getrennte Ziele für die Emissionsreduktion und die Menge an NE festzulegen. Zur Verbesserung der Kommunikation und Partizipation soll die Öffentlichkeit durch eine faktenbasierte, konsistente und verständliche Darstellung der NET informiert werden.

5.1.1. Empfehlung 1: Eine Multistakeholder-NET-Taskforce unter der Leitung des BAFU bilden

Ansatzpunkt: Unter der Leitung des BAFU sollen der Austausch, die Koordination und die Kooperation bezüglich NET zwischen allen involvierten Bundesämtern und kantonalen Stellen sowie weiteren Stakeholdern aus Wirtschaftsverbänden, Wissenschaft, Industrie (inkl. Finanzindustrie), Forschungsförderung (SNF, Innosuisse) und NGO durch regelmässige Treffen gestärkt werden, bis die gesetzlichen Grundlagen, Technologien, Infrastruktur und Märkte entwickelt und organisiert sind. Die in der NET-Roadmap des BAFU (2022b) vorgesehene Arbeitsgruppe soll dadurch mit dem zusätzlichen Ziel unterstützt werden, die Öffentlichkeit an den Diskursen und der Strategieerarbeitung rund um NET teilhaben zu lassen. Dies kann dadurch erreicht werden, dass die NET-Taskforce z. B. thematische Netzwerke zu den NET einbindet und Bürgerforen zu konkreten Fragestellungen initiiert.

Begründung: Die NET und ihre Rolle sind noch nicht in allen Strategien des Bundes (z. B. Biomassestrategie [BAFU 2009]) und in der Gesellschaft angekommen. Daher ist, wie in der NET-Roadmap des BAFU beschrieben, eine NET-Taskforce (Arbeitsgruppe) für eine klare Kommunikation über die Rolle der NET zur Erreichung internationaler und nationaler Klimaziele notwendig (BAFU 2022a).[29] Es braucht eine solche NET-Taskforce, um die gesamtheitliche Systemsicht der heutigen und zukünftigen NET aufrechtzuerhalten, in einem dynamischen System reagieren zu können, die Kommunikation, Kooperation und Koordination zwischen den unterschiedlichen Stakeholdern zu fördern und die öffentliche Partizipation zu stärken. Die aufgebaute Arbeitsgruppe des BAFU sollte zusätzlich Wissenschaft[30], Forschungsförderung, Finanzindustrie (Wenger et al. 2022) und NGO einbeziehen.

Darüber hinaus sollte eine Arbeitsteilung zwischen dem Bund und den zivilgesellschaftlichen Stakeholdern in Erwägung gezogen werden.[31] Somit könnte der Bund auch durch die öffentliche Debatte (z. B. in Bürger- und Bürgerinnenforen[32]) und Fachdiskussionen unterstützt werden.

In der Taskforce können verschiedene Aktivitäten initiiert und unterstützt sowie verschiedene Aspekte adressiert werden:

- Für die rasche und effiziente Entwicklung und Umsetzung von NET in der Schweiz und die Skalierung der Technologien ist eine konsistente Strategie

---

[29] SRV, 16.09.2022, Mutlose Klimapolitik – Weshalb reagiert die Politik immer erst, wenn's brennt? https://www.srf.ch/news/schweiz/mutlose-klimapolitik-weshalb-reagiert-die-politik-immer-erst-wenn-s-brennt.

[30] Der Dialog zwischen Wissenschaft und Politik ermöglicht eine konstruktive Zusammenarbeit und fördert kreative Lösungen; SCNAT, 2022, Ideenpapier für einen klaren und steten Dialog zwischen Wissenschaft und Politik, https://scnat.ch/de/publications/uuid/i/865dbb7a-a48e-57bb-a28c-14118f7f55ab-Science_Advice_Network.

[31] Swiss Carbon Removal Platform, https://www.carbon-removal.ch/de/.

[32] SRF, 17.09.2022, Mutlose Klimapolitik, https://www.srf.ch/news/schweiz/mutlose-klimapolitik-weshalb-reagiert-die-politik-immer-erst-wenn-s-brennt.

(Politik, Gesetze, Standards) über alle Bundes- und auch Kantonsstellen hinweg notwendig (BAFU 2022b; BAG 2022; Hände 2022).

- Um neueste Entwicklungen, vor allem bei den technischen NET, mitzuverfolgen, Doppelspurigkeiten zu vermeiden und Synergien zu nutzen, soll die Taskforce eine Übersicht über die laufenden Projekte (Inland, Ausland) schaffen.
- Zudem sollen «Frontrunner» und «Best Practices» (Inland, Ausland) identifiziert und ggf. unterstützt werden (Erkenntnis aus den Interviews, Swiss Carbon Removal Platform[33]).
- Um die Entwicklung der NET nicht zu bremsen, braucht es in der Pilotphase und beim Up-Scaling der Technologien (finanzielle, politische, gesetzgeberische) Freiräume, die eher über flexible Richtlinien als durch Gesetze geschaffen werden können (Erkenntnis aus dem Workshop).
- Um eine klare Ausgangslage zu schaffen und Informationen zugänglich und verständlich zu machen, braucht es eine konsistente Definition der NET und ihrer Systemgrenzen (CCU, Permanenz, historische oder materialbezogene Emissionen, Transport, Lagerung) sowie Berechnungen der Potenziale (BAFU 2022b) (siehe auch Abschnitt 5.1.9).
- Durch die Zugänglichkeit von Informationen kann die Bevölkerung in die Entwicklung eingebunden werden (z. B. Bürger- und Bürgerinnenforen). Die Bewusstseinsbildung, das Aufzeigen der Notwendigkeit der NET und die Mitverantwortlichkeit der Bevölkerung können dazu führen, dass sich die Öffentlichkeit an der Umsetzung und Förderung der NET beteiligt und diese unterstützt.

Zeithorizont: kurzfristig

Dimension: Chance und Risiken verstehen und adressieren

5.1.2. Empfehlung 2: Strategie für begrenzte Ressourcen entwickeln

Ansatzpunkt: Der Bund soll eine übergreifende Strategie zur Nutzung von begrenzten Ressourcen (Wasser, Biomasse, Boden, erneuerbare Energien, Finanzen, kritische Rohstoffe, Fachkräfte) mit genau definierten Zielen, Grenzwerten und Richtlinien für den Ressourcenverbrauch erarbeiten.

---

33 Swiss Carbon Removal Platform, https://www.carbon-removal.ch/de/.

Begründung: NET brauchen Ressourcen (Wasser, Biomasse, Land, [erneuerbare] Energien, Geld, kritische Rohstoffe [z. B. seltene Metalle] sowie Fachkräfte und Know-how), welche in der Schweiz und auch global begrenzt sind. Daher ist es notwendig, eine konsistente Ressourcenstrategie zu entwickeln, um auch im Falle einer Verknappung schnell und strategisch reagieren zu können (BAFU 2021f; EK 2021a) (siehe auch Abschnitt 5.2.3). Für die Erarbeitung einer solchen Strategie sind die Potenziale und die Verfügbarkeit der Ressourcen/NET zu ermitteln, mögliche Entwicklungen und Trends zu berücksichtigen und gegebenenfalls die notwendige Priorisierung des Zugangs bei Ressourcenknappheit zu klären. Zudem sollte ein Konzept (Kriterien) für Projekte von nationalem Interesse entwickelt werden, das ein beschleunigtes Bewilligungsverfahren unter Einbezug anderer Interessen, wie z. B. des Umweltschutzes[34], ermöglicht.

Darüber hinaus sollten auch folgende Punkte geklärt werden: Definition der Systemgrenze im Inland/Ausland, Menge der vorhandenen Ressourcen (Materialflüsse, Monitoring), Quantifizierung der Nutzung pro NET, Verteilung der Ressourcen (Verteilungsgerechtigkeit), Inklusion der Akteure (siehe auch Abschnitt 5.2.3). Zusätzlich sollen mögliche Strategien für eine bessere Nutzung der Ressourcen erarbeitet werden, inkl. Urban Mining, Kreislaufwirtschaft, Kaskadennutzung etc. (EK 2018).

Zeithorizont: kurzfristig

Dimension: Entwicklung und Umsetzung fördern

5.1.3. Empfehlung 3: Finanzierungsstrategie für die Entwicklung und Umsetzung der NET klären

Ansatzpunkt: Die Finanzierung der Entwicklung und Umsetzung von NET soll frühzeitig geklärt werden, damit sie möglichst verursachergerecht von den THG-Emittierenden getragen werden kann. Die Zuständigkeiten für die Finanzierung von Suche, Ausbau und Betrieb geologischer Speicher sollen geklärt und gesichert werden. Zusätzlich sollte ein angemessener CO_2-Preis als Grundlage für die Finanzierung diskutiert werden.

---

[34] Projects of Common Interest, https://energy.ec.europa.eu/topics/infrastructure/projects-common-interest_en.

Während der Forschungsphase sollten alle betrachteten NET parallel vorangetrieben werden, damit mehrere Optionen zur Verfügung stehen, falls bei einzelnen Schwierigkeiten bei der Umsetzung auftreten.

Unterschiedliche Finanzierungsphasen sollten erarbeitet werden: Kurzfristig sollte in Forschung und Pilotprojekte, mittelfristig in Infrastruktur, Ausbau und Betrieb der unterschiedlichen NET investiert werden. Darüber hinaus soll eine Debatte über die langfristige Finanzierung der NET bis 2050 geführt werden. Sie soll auch Überlegungen dazu einschliessen, wie die NET finanziert werden, wenn die Schweiz sich nach 2050 im negativen CO_2-Bereich befindet.

Begründung: Es ist noch unklar, wie der CO_2-Transport und die Skalierung der Technologien (z. B. Investition in neue Anlagen und Infrastruktur) finanziert werden soll (BAFU 2022b). Insofern stellt sich zunächst die Frage, ob nicht eher in die Vermeidung und Verminderung von Emissionen als in NET investiert werden sollte (Gletscher-Initiative 2022b), da es in der Regel kostengünstiger ist, Emissionen zu vermeiden als emittiertes CO_2 zurückzugewinnen (Zickfeld et al. 2021; Robinson 2020).

Die derzeitigen CO_2-Preise, die durch Lenkungsabgaben festgelegt oder durch Emissionshandelssysteme erzielt werden, liegen deutlich unter den Kosten von NET. Solange dies der Fall ist, werden sich Technologien zur Kohlenstoffabscheidung und zur langfristigen CO_2-Speicherung am Markt nicht durchsetzen (SRD 2019).

Es wäre deshalb denkbar, die Entwicklung und Umsetzung von NET durch zusätzliche oder erhöhte Treibhausgasabgaben zu subventionieren. Diese Massnahme würde Unternehmen oder Privatpersonen einen festen Ertrag für jede Tonne CO_2 garantieren, die über einen bestimmten Zeitraum nachweislich aus der Atmosphäre entfernt wird. Die Subvention pro Tonne entzogenem CO_2 könnte im Zuge des Ausbaus der schweizerischen Nettokapazität schrittweise reduziert werden.[35] Um sicherzustellen, dass NET im Jahr 2030 zu reduzierten spezifischen Kosten zur Verfügung stehen, sollte ein jährlich steigender Beitrag als Anschubfinanzierung in neue NET-Projekte fliessen.

Zeithorizont: kurz- bis mittelfristig

Dimension: Entwicklung und Umsetzung fördern

---

[35] Klimastreik, negative Emissionen: https://climatestrike.ch/posts/cap-7-negative-emissions-executive-summary.

5.1.4. Empfehlung 4: Permanenz von 30 Jahren CO_2-Speicherung hinterfragen

Ansatzpunkt: Die Mindestzeitdauer der CO_2-Fixierung (Permanenz), ab welcher eine Technologie bzw. ein jeweiliges NET-Projekt im Sinne des CO_2-Gesetzes anerkannt (und ggf. gefördert) wird, sollte als klar definiertes und glaubwürdiges Gütesiegel bzw. Regulativ in der CO_2-Verordnung verankert werden. Die CO_2-Verordnung soll sicherstellen, dass CCU die geforderte Permanenz der NET nicht infrage stellt und dass die genaue Rolle von CCU definiert wird.

Die derzeit diskutierte Permanenz von 30 Jahren CO_2-Speicherung sollte hinterfragt und erweitert werden.

Begründung: Laut der CO_2-Verordnung des Bundes muss das gebundene CO_2 (biologische oder geologische Kohlenstoffsenken) für ein Kompensationsprojekt zur Erhöhung der Senkenleistung unabhängig von der Projektdauer für mindestens 30 Jahre eingelagert werden (Art. 5 Abs. 2 CO_2-Verordnung) (BAFU 2022e). Die oft genannte 30-Jahre-Frist beruht nicht auf robusten, modellgestützten, wissenschaftlichen Erkenntnissen, sondern auf anderen derzeit geltenden rechtlichen Rahmenbedingungen bzw. auf rechtsprozeduralen Gründen. Bei der geologischen Speicherung ist eine höhere Permanenz zu erwarten als bei der biologischen, weil Letztere das CO_2 weniger langfristig bindet (BAFU 2022b).

Die Speicherung von CO_2 ist dynamisch und je nach NET unterschiedlich (z. B. ist die biologische Speicherung in Wäldern und Böden verschiedenen Risiken, wie natürlichen oder anthropogenen Störungen ausgesetzt; siehe auch Abschnitte 3.2 und 3.3). Daher sollen Ansätze entwickelt werden, die die Unterschiede in der Permanenz reflektieren, mit dem Ziel, alle fünf (und auch zukünftige) Technologien zu ermöglichen, z. B. indem die Unterschiede in der Permanenz bei der Preisbildung für CO_2-Zertifikate transparent gemacht werden. In diesem Zusammenhang sollte die genaue Preiseinheit diskutiert werden (z. B. Preis pro Tonne CO_2 und Speicherjahre) (Erkenntnis aus dem Workshop). Dies ist auch in Bezug auf die öffentliche Wahrnehmung von CO_2-Zertifikaten ein wichtiger Punkt.

Zum Vollzug muss ein transparentes Monitoring- und Accountingsystem eingerichtet werden, das die Wirksamkeit jedes einzelnen NET-Projekts über Jahrzehnte gewährleisten kann, um Betrug mit CO_2-Zertifikaten und Greenwashing zu verhindern.

Als Alternative zu NET könnte auch der Umgang mit der kurzfristigen Speicherung von CO_2 (CCU) diskutiert werden (Erkenntnis aus dem Workshop). Allerdings darf CCU die geforderte Permanenz der NE nicht infrage stellen, sodass unterschieden werden soll, ob das CO_2 in einem Produkt (CCU) oder ohne Nutzung gespeichert wird (Erkenntnis aus dem Workshop). Einige NET-Produkte sind gleichzeitig Wirtschaftsgüter mit positivem Marktwert. Ohne Aufsicht könnte das ausgeglichene CO_2 nach wenigen Jahren wieder in Umlauf kommen (z. B. als Zusatz für kohlensäurehaltige Getränke; Valser 2019) und den NE-Effekt aufheben. Bei anderen NET-Produkten wie carbonatisiertem Beton bewirkt die Nutzung (CCU) hingegen keine Reemission.

Zeithorizont: kurzfristig

Dimension: Bewertungsrahmen schaffen

5.1.5. Empfehlung 5: Accounting- und Monitoringmethoden für NET entwickeln

Ansatzpunkt: Es sollen Accounting- und Monitoringmethoden für NET entwickelt werden. Diese sollten transparent, wissenschaftsbasiert und einfach umsetzbar sein. Insbesondere sollten Doppelzählungen und Greenwashing verhindert und die Permanenz der CO_2-Speicherung sowie weitere wichtige Faktoren, wie zum Beispiel der Zeitpunkt der CO_2-Entnahme, angemessen berücksichtigt werden. Haftungs- und Zuständigkeitsfragen für das langfristig geplante Monitoring sind zu klären. Zudem sollte eine Regelungs- und Vollzugsmöglichkeit geschaffen werden, um die langfristige Verwahrung der gespeicherten CO_2-Mengen im Ausland oder Inland zu garantieren. Neben einem NET-übergreifend einheitlichen Prozess für die Zertifizierung und Anrechnung von NE müssen auch spezifische Monitoringmethoden für die einzelnen NET etabliert werden (siehe auch Abschnitte 5.2.5, 5.3.1, 5.5.2, 5.5.3, 5.6.1, 5.6.2). Darüber hinaus sollte die Anschlussfähigkeit an die in der EU entwickelten Regelungen zum Accounting von NE sichergestellt werden.[36]

Begründung: Für die Glaubwürdigkeit ist es wichtig, dass die Accounting- und Monitoringmethoden transparent und wissenschaftlich fundiert sind, Doppelzählungen und Greenwashing verhindern und die Permanenz der CO_2-Speicherung auf geeignete Weise berücksichtigen. Auch Haftungsfragen sollen geklärt wer-

---

[36] Insbesondere «Legislative proposal on a Union certification framework for carbon removals», https://www.europarl.europa.eu/legislative-train/theme-a-european-green-deal/file-carbon-removal-certification.

den, für den Fall, dass CO_2 ungeplant wieder freigesetzt wird (Erkenntnis aus dem Workshop).[37]

Das CO_2-Gesetz regelt die CO_2-Emissionsverminderungsprojekte im In- und Ausland. Im Ausland ist als Emissionsverminderungsprojekt oder programm nur die geologische Speicherung von Kohlenstoff zulässig (BAFU 2022b). Die Speicherung im Ausland schafft Abhängigkeiten und löst eine Debatte über die Landnutzung und die Anrechenbarkeit als Ausgleich der eigenen Emissionen aus. Zudem ist noch unklar, ob eine nur im Inland umgesetzte NET-Strategie (inkl. Speicherung) in der Schweiz positiv oder negativ wahrgenommen würde (relativ hohe Kosten, Landverbrauch, aber auch Unabhängigkeit und kürzerer Transport etc.). Falls in der Schweiz zu wenige geologische Speicher vorhanden sind, muss die Abhängigkeit vom Ausland gegen die Permanenz der Speicherung abgewogen werden.

Die Zuständigkeit für die langfristige Überwachung der entnommenen CO_2-Emissionen ist in der Schweiz noch ungeklärt. Es braucht ein NET-spezifisches und unabhängiges Monitoring und einen Kontrollmechanismus zur genauen Quantifizierung der ausgeglichen CO_2-Emissionen (BAFU 2022b) (siehe auch Abschnitte 5.2.5 und 5.3.1). Das Monitoring im Ausland ist je nach den gesetzlichen Grundlagen des jeweiligen Landes aufwendiger als in der Schweiz.

Methodisch ergeben sich verschiedene Fragestellungen: So ist es z. B. für das Klima besser, wenn der Anstieg der CO_2-Konzentration in der Atmosphäre so früh wie möglich gebremst wird. Soll daher neben der Permanenz der Speicherung auch der Zeitpunkt der NE und der Speicherung berücksichtigt werden, um die richtigen Anreize zu schaffen? Braucht es auch getrennte Ziele für die kurzfristige und langfristige Speicherung von Kohlenstoff? (Erkenntnis aus dem Workshop)

Zeithorizont: kurzfristig

Dimension: Bewertungsrahmen schaffen

---

37 Teilweise bereits geregelt im Rahmen der Kompensationsprojekte nach CO_2-Gesetz und unter der CCS-Richtlinie der EU. Soll zukünftig auch für Anlagen im Schweizer EHS relevant sein, die CO_2 zwecks Untergrundspeicherung exportieren wollen (BAFU 2022e).

5.1.6. Empfehlung 6: Getrennte Ziele für Reduktion der Emissionen und NET festlegen – auch nach 2050

Ansatzpunkt: Es sollten rechtliche Grundlagen für getrennte langfristige Klimaziele (Reduktionsziel sowie Ziel für negative Emissionen auch für die Zeit nach 2050) geprüft und entwickelt werden. Der Bundesrat sollte klären, für welche CO_2-Emissionen die Schweiz verantwortlich ist und welche Möglichkeiten die Schweiz zur Dekarbonisierung auch im Ausland hat (Wenger et al. 2022). Es wäre wichtig abzuklären, welche Teile der Gesellschaft in welchem Szenario wie stark für den Emissionsausgleich verantwortlich sind.

Begründung: Die Schweiz hat ihre Klimaziele bisher verfehlt (BAFU 2022g). Im Bericht des BAFU heisst es: «Getrennte Klimaziele für ambitionierte Verminderungen und negative Emissionen könnten eine klarere Grundlage schaffen, um sowohl die Reduktion der Treibhausgasemissionen als auch den Aufbau von negativen Emissionen zielgerichtet voranzutreiben.» Auch ein Netto-Negativ-Emissionspfad bzw. «eine insgesamt kühlende Klimawirkung der Schweizer Emissionsbilanz für die Zeit nach 2050 ist zu prüfen» (BAFU 2022b). Diese Herangehensweise des Bundes soll unterstützt werden.

NET sollen laut der Strategie des Bundes für den Ausgleich der Restemissionen aus den Sektoren Landwirtschaft, Abfallwirtschaft und Industrie eingesetzt werden. Im Zusammenhang mit der Debatte um die Gletscher-Initiative[38] wird die Regierung voraussichtlich die rechtlichen Grundlagen für separate langfristige Klimaziele (Reduktions- und Negativ-Emissionsziele) prüfen (BAFU 2022b; SE 2021). Die Trennung der Ziele dient dazu, eine Verwässerung der Reduktionsbemühungen zu vermeiden (Swiss Carbon Removal Platform[39]).

Die NET sind nicht die Lösung für alles und ermöglichen uns kein «Weiter-wie-bisher-Szenario». Die Reduktion der Emissionen muss weiterhin Priorität haben. Für den Fall, dass die Klimaziele nach wie vor nicht erreicht werden, müssten die «schwer vermeidbaren» Emissionen hinterfragt und aufs Neue verhandelt werden. So müsste beispielsweise der Sonderstatus für die landwirtschaftliche Produktion nach Ansicht der EKHA (2022) differenziert geprüft werden. Die Verantwortlichkeit für Emissionsausgleich und reduktionen je nach Szenario sollte geklärt werden.

---

[38] Gletscher-Initiative, https://gletscher-initiative.ch/.

[39] https://www.carbon-removal.ch/de/.

Um die Strategien des Bundesrates umzusetzen (BAFU 2022b; 2021e), sollte zunächst geprüft werden, für welche CO_2-Emissionen die Schweiz verantwortlich ist. So sind beispielsweise Emissionen aus dem Flugverkehr oder dem Militärsektor, historische Emissionen, Emissionen, die durch den Import von Konsumgütern (Scope 3), durch Investitionen in Staatsanleihen oder durch die Finanzindustrie im Ausland verursacht werden, in den Strategien des Bundes nicht aufgeführt (Wenger et al. 2022; Swiss Carbon Removal Platform 2022).

Zeithorizont: kurz- bis mittelfristig

Dimension: Bewertungsrahmen schaffen

5.1.7. Empfehlung 7: Forschungsprogramme zu NET koordinieren

Ansatzpunkt: Die Koordination der NET-Forschungsprogramme sollte national und international (insbesondere mit der EU) intensiviert werden. Forschungsfinanzierung ist auch für spätere Innovationsphasen und Skalierung notwendig. Begleitforschung muss gefördert werden, um mithilfe von Systemperspektiven wichtige Aspekte für die Umsetzung von NET sowie sozial- und geisteswissenschaftliche Fragestellungen zu beantworten. Erfolgreiche NET-Projekte/-Ansätze sollten als Beispiele dienen und die Kantone zur Umsetzung motivieren.

Begründung: Als innovatives Land erachtet es die Schweiz als Chance, auch bei der Entwicklung der NET eine Vorreiterrolle zu übernehmen (BAFU 2022b). Das bedeutet aber auch, dass die Schweiz genügend Forschungsgelder für die Erforschung der Lücken bezüglich NET sowie für die späteren Innovationsphasen zur Verfügung stellen muss, wie es in der Motion 21.4333 verlangt wird (SP 2021a).[40] In diesem Zusammenhang sollte z. B. geklärt werden, wie abgeschiedenes flüssiges CO_2 aus der biogenen Fraktion der KVA genutzt und/oder langfristig gespeichert werden kann, wie hoch das CO_2-Speicherpotenzial im Schweizer Untergrund ist,[41] wie schnell die NET skaliert werden können und wie sich Effizienz der CO_2-Abscheidung in DACCS im In- oder Ausland weiter steigern lässt.

---

[40] Stiftung Klimarappen, Ausschreibung für CCUS/NET-Projekte, https://www.klimarappen.ch/de/Negativemissionstechnologien.1.html.

[41] Bundesamt für Landestopografie, swisstopo, CO_2 im Untergrund speichern – mögliche Chancen und Risiken, https://www.swisstopo.admin.ch/de/home.detail.event.html/swisstopo-internet/events2020/colloquium-19-20/20200131.html.

Die Skalierungspotenziale sollten vorerst identifiziert werden und der Fokus sollte dann auf spätere Innovationsphasen und die Skalierung der NET gelegt werden (SRD 2019). Es sollte nicht nur an Pilotanlagen geforscht werden, sondern auch an der Skalierung (Erkenntnis aus dem Workshop). Zudem braucht es eine transdisziplinäre Begleitforschung, die eine Systemsicht einbringt, z. B. ob in der Schweiz genügend erneuerbare Energie und Biomasse produziert werden kann, um die NET wie geplant umzusetzen.

Weiter sollten bisher weniger beachtete sozial- und geisteswissenschaftliche Fragestellungen, u. a. Gerechtigkeit und Akzeptanz, vertieft untersucht werden, insbesondere wenn die CO_2-Emissionen kontingentiert werden müssen, weil die Schweiz sonst die Klimaziele nicht erreicht (BAFU 2022b; BFE 2021b; Swiss Carbon Removal Platform 2022). Dabei sollten im Rahmen einer trans- und interdisziplinären Forschung alle relevanten Akteure frühzeitig einbezogen werden.

Damit Doppelspurigkeiten vermieden, Synergien genutzt und Best Practices schnell übernommen werden können, sollte eine bessere Koordination der nationalen und internationalen NET-Forschungsprojekte geschaffen werden. Eine verstärkte Zusammenarbeit mit Vorreitern (z. B. Ländern oder Firmen) kann dabei helfen, effizienter mit Herausforderungen umzugehen, da sie als Vorbilder dienen können.

Zeithorizont: kurzfristig

Dimension: Entwicklung und Umsetzung fördern

5.1.8. Empfehlung 8: Reallabore zur Chancen- und Risikobewertung einrichten

Ansatzpunkt: Im Rahmen einer längerfristig ausgelegten Begleitforschung sollten die Chancen und Risiken der NET systematisch untersucht werden, um ihre Akzeptanz zu fördern. Als methodischer Rahmen bieten sich hierfür Reallabore an, die im Inland wie im Ausland bei bestehenden oder neu geplanten NET-Projekten gemeinsam mit Anlagenherstellern und wissenschaftlichen Akteuren konzipiert und durchgeführt werden sollten. Dabei handelt es sich um neue Formen der Kooperation zwischen verschiedenen Akteuren aus Politik, Wirtschaft, Wissenschaft und Zivilgesellschaft, bei denen das gegenseitige Lernen in einem experimentellen Umfeld im Vordergrund steht. Insbesondere die Befürchtungen und Erwartungen, aber auch allfällige konkrete Lösungsvorschläge von betroffenen Personenkreisen sollten in das Design, den Betrieb und die Evaluation von

NET einbezogen werden. Ziel des Reallaboransatzes ist es, auf Basis eines gemeinsamen Problemverständnisses wissenschaftlich und sozial robuste Lösungen zu erarbeiten und auszuprobieren. Als Untersuchungsgegenstand sollte ein neu aufzubauendes NET-Projekt im Industriemassstab herangezogen werden, um mittels eines wissenschaftlich abgesicherten Monitorings insbesondere Fragen zu klären, die derzeit noch offen sind, z. B. zu Energiebedarf und Kostenstruktur bei der Hochskalierung von NET. Fragestellungen und Formate, wie sie beispielsweise im Rahmen der «DemoUpCARMA»-Forschungsvorhaben[42] entwickelt wurden, können bei der Gestaltung solcher Reallabore hilfreich sein.[43]

Begründung: Viele Auswirkungen der Hochskalierung der NET sind noch weitgehend ungeklärt, z. B. Energie-, Rohstoff- und Flächenbedarf. Gleiches gilt für die Belastbarkeit der aktuellen Kostenangaben sowie für die Annahmen zur zukünftigen Kostendegression (Nick und Thalmann 2021). Mittels Reallabore wird für alle beteiligten Akteure besser identifizierbar, worin die Chancen und Risiken der Technologie tatsächlich bestehen. So liefern ein längerfristiges Stakeholder-engagement und das Monitoring von zentralen Parametern (z. B. Energiebedarf und Kosten) eine belastbare Faktenbasis für die Entwicklung und Bewertung konkreter Interventionsideen (z. B. alternativer Einsatz der benötigten Ressourcen).

Zeithorizont: kurz- bis mittelfristig

Dimension: Entwicklung und Umsetzung fördern

5.1.9. Empfehlung 9: Öffentlichkeit mittels faktenbasierter, konsistenter und nachvollziehbarer Information zu NET in die Gestaltung der Technologieentwicklung miteinbeziehen

Ansatzpunkt: Die öffentliche Diskussion und gesellschaftliche Debatte sollen durch die Vermittlung von faktenbasierten, konsistenten und nachvollziehbaren Informationen zu Klimapolitik und NET gefördert werden.

Begründung: Das Erreichen der klimapolitischen Ziele ist nur durch die Gesellschaft als ganze zu leisten. Wie die NET weiterentwickelt und angewendet werden, muss daher auch Gegenstand einer öffentlichen Diskussion und demo-

---

[42] DemoUpCARMA &DemoUpStorage – the projects in brief, http://www.demoupcarma.ethz.ch/en/home/.

[43] «Unterstützung der NET-Pilotprojekte DemoUpCARMA und DemoUpStorage unter Leitung der ETH Zürich durch das BFE» (BAFU 2022b).

kratischen Willensbildung auf der Grundlage von Expertenwissen und faktenbasierter Information zu den NET sein.

Es soll klar kommuniziert werden, dass alle fünf NET (und auch andere/neue NET-Ansätze) weiterverfolgt werden sollten und dass NET nicht zu einer Verlängerung der Nutzung fossiler Technologien führen dürfen, sondern nur zum Ausgleich von technisch schwer vermeidbaren Emissionen (z. B. in der Landwirtschaft oder der Zementindustrie) genutzt werden sollen.

Die Reduzierung der Emissionen und die Unterstützung der NET gehen uns alle an. Verhaltensänderungen und neue Denkweisen sowie innovative Projekte sind auf allen Ebenen (Bund, Industrie, privat) notwendig (SRD 2019). So sollen innovative positive Beispiele wie z. B. effiziente Prozesse, die weniger CO_2-Emissionen verursachen, aber auch neue Verhaltensweisen weit verbreitet, kritisch diskutiert und auf ihre Umsetzung hin geprüft werden.

Als mögliche Kriterien für die NET-Entwicklung könnten folgende Punkte diskutiert werden: möglichst ressourceneffizient und ohne problematische Substanzen, möglichst wenig Transporte und keine Abhängigkeiten vom Ausland und einzelnen Anbietern (Monopolstellung) etc. (Erkenntnis aus dem Workshop).

Die Öffentlichkeit soll besser darüber aufgeklärt werden, was NET und häufig verwendete Begriffe wie z. B. «klimaneutral» bedeuten, und zwar in einfacher und verständlicher Sprache (SRD 2019). Auch soll mehr Transparenz darüber geschaffen werden, welche Verhaltensweisen wie viele Emissionen verursachen und welcher Aufwand erforderlich ist, um diese Emissionen mit NET zurückzuholen.

Durch die Bereitstellung von transparenten und von vielen unterschiedlichen Stakeholdern (siehe auch Abschnitt 5.1.1) gemeinsam erarbeiteten Informationen zu NET ist die Öffentlichkeit in die Gestaltung der Technologieentwicklung miteinzubeziehen (z. B. in Form von Bürgerinnen- und Bürgerforen).

Zeithorizont: kurzfristig

Dimension: Kommunikation und Partizipation

5.2. Waldmanagement und Holzverwendung

Um einen geeigneten Bewertungsrahmen für das Waldmanagement und die Holznutzung zu schaffen, bedarf es einer verifizierbaren Regelung der Berechnungsmethoden für das NET-Accounting (siehe auch Abschnitt 5.1.5) und einer Grundlage für ein Life Cycle Assessment (LCA) der gesamten Kaskade. Es wird zudem empfohlen, den letzten Schritt der Holzverwendungskaskade zu regeln und die Kostenanalyse für das Waldmanagement und die Holzverwendung zu konkretisieren, um die Chancen und Risiken besser zu verstehen und zu adressieren. Für die Entwicklung und Umsetzung von Waldmanagement und Holzverwendung wird empfohlen, eine Biomassestrategie für die Schweiz zu erarbeiten.

5.2.1. Empfehlung 1: Den letzten Schritt der kaskadenartigen Nutzung von Schweizer Holz regeln

Ansatzpunkt: Die thermische Verwertung von Schweizer Holz als letzten Schritt der kaskadenartigen Holzverwendung soll in den bestehenden Strategien genauer ausgeführt und gesetzlich geregelt werden. Dabei sollten NET als zusätzliche Optionen einbezogen werden, insbesondere BECCS (mit Speicherung oder Weiterverwendung des CO_2) und die Herstellung von Pflanzenkohle zum anschliessenden Einsatz in der Landwirtschaft oder in anderen Verwertungspfaden. In diesem Zusammenhang sollen insbesondere die Anforderungen an Altholz (Restholz und Flurholz) für die Anwendung in BECC-Anlagen und für die Herstellung von Pflanzenkohle präziser geregelt und diskutiert werden.

Begründung: In der Schweiz soll das Holz kaskadenartig genutzt werden (BAFU 2022b; 2021f; 2021i). Das bedeutet, dass es zuerst stofflich für hochwertige und langlebige Produkte (z. B. Baumaterialien oder biobasierte Stoffe) gebraucht wird, dann über mehrere Nutzungsetappen oder Verwertungszyklen genutzt wird und schliesslich eine thermische Nutzung erfolgt (Hofer et al. 2007). Die thermische Verwertung von Holz in Kombination mit CO_2-Abscheidung (BECCS) ist in diesem Zusammenhang nicht explizit vermerkt und ausgeführt (Odermatt et al. 2022). Das Gleiche gilt für die Behandlung in Pyrolyseanlagen zur Herstellung von Pflanzenkohle, die letztlich in der Landwirtschaft, als Baumaterialien oder für andere Verwertungspfade eingesetzt werden kann (CCS oder CCU, siehe auch in Abschnitt 5.3.4, welche Biomasse für die Herstellung von Pflanzenkohle zugelassen ist). Die Anwendung von NET in diesen Behandlungsschritten bedarf einer klaren rechtlichen Regelung (siehe Odermatt et al. [2022] für ein Beispiel, wie diese Aspekte in die Regulierung eingebracht werden können).

Zudem ist der Umgang mit Altholz[44], Flurholz und Restholz, das in der Schweiz stofflich wie auch thermisch mit NET verwertet werden soll, genauer anzuschauen (z. B. Nachweispflicht der Schadstofffreiheit) und zu regeln (SVUT 2020; Quartier 2018; BAFU; BFE 2009). Dies vor allem in Hinblick auf den konkurrierenden Gebrauch von holziger Biomasse in unterschiedlichen Sektoren und in BECC- sowie Pyrolyseanlagen.

Zeithorizont: kurzfristig

Dimension: Chancen und Risiken verstehen und adressieren

5.2.2. Empfehlung 2: Ökobilanz zur Kaskadennutzung von Holz erarbeiten

Ansatzpunkt: Der Bund sollte eine Grundlage (inkl. Systemgrenzen, Risikoberechnungen und Co-Benefits) für ein Life Cycle Assessment (LCA) von Holz und dessen Kaskadennutzung zur Verfügung stellen. Die föderalen Ebenen und Branchen (Verbände und Unternehmungen der Wald- und der Holzwirtschaft) sollen die Ergebnisse dieses LCA als Grundlage für Entscheidungsprozesse und zur öffentlichen Kommunikation verwenden. Die ökobilanzielle Bewertung kann dazu beitragen, dass Holz über seinen Lebenszyklus hinweg in Bezug auf CO_2-Emissionen möglichst effizient eingesetzt werden kann, insbesondere im letzten Schritt, der thermischen Verwertung mit NET (z. B. mit BECCS oder Pflanzenkohle).

Begründung: Die Waldpolitik erklärt als Massnahme, dass eine Grundlage für eine LCA von Holz und Holzprodukten erarbeitet und zur Verfügung gestellt werden soll (BAFU 2021i). Dabei fehlen die Definitionen der Systemgrenzen, der Co-Benefits (z. B. Biodiversität) und das Einbeziehen des Risikomanagements (z. B. Reversibilität des Ökosystems) (Erkenntnis aus dem Workshop).

Die Bilanzierung der Kaskadennutzung von Holz beginnt bei der Senkenleistung des Waldes, die ebenfalls in eine solche Berechnung integriert werden muss (Fehrenbach et al. 2022; Soimakallio et al. 2022). Energieintensive Baustoffe können durch Holz, das eine niedrigere CO_2-Bilanz aufweist, substituiert werden. Der Substitutionseffekt kann mittels LCA quantifiziert werden (Hofer et al. 2007), da die Ökobilanz eines Gebäudes mittels verschiedener Daten ermittelt werden

---

[44] In dieser Phase ist es jedoch nicht möglich, festzuhalten, ob das Altholz ursprünglich einheimisch oder importiert ist.

kann.[45] In diesem Zusammenhang fehlen aber grundsätzlich Ökobilanzdaten für wiederverwendete oder recycelte Bauteile/Baustoffe. Es wurden jedoch bereits Berichte über LCA-Methoden zur Messung der mittel- und langfristigen Klimawirkung von Holz- und Betonmaterialien beim Bau von Gebäuden veröffentlicht (Pittau et al. 2022; Stadt Zürich 2022).[46] LCA-Studien zu BECCS und Holzpyrolyse fehlen hingegen. Dabei sollte die Verwendung des abgeschiedenen CO_2 bzw. der Pflanzenkohle z. B. in Baumaterialien berücksichtigt werden. Mithilfe dieses Tools lässt sich somit auch berechnen, welche «End-of-Life-Option» die emissionsärmste ist (Suter et al. 2016).

Damit es bei keinem Schritt der Kaskadennutzung zu einer Doppelzählung der ausgeglichenen oder vermiedenen Emissionen kommt, soll das Life Cycle Assessment alle Prozesse der gesamten Kaskade (inkl. Senkenleistung im Wald) einbeziehen. Mit diesem Ansatz könnten somit auch Kennzahlen wie z. B. Emissionsfaktoren oder Kohlenstoffeinbindungsraten für das Carbon Accounting ermittelt werden (Erkenntnis aus dem Workshop). Zudem kann die Erarbeitung eines Entscheidungshilfetools diskutiert werden, das auf der Bilanzierung der Kaskadennutzung und der Gewichtung der verschiedenen Produkte und Materialflüsse basiert.

Zeithorizont: kurzfristig

Dimension: Bewertungsrahmen schaffen

5.2.3. Empfehlung 3: Biomassestrategie für die Schweiz erarbeiten

Ansatzpunkt: Auf Bundesebene sollte eine Entwicklungsstrategie zur Vorratshaltung im Waldspeicher und zur Nutzung von Biomasse erarbeitet werden, um die Nutzungsansprüche aller Akteure in Einklang zu bringen. Die Biomassestrategie sollte eine genaue Vorgabe für Systemgrenzen aufweisen, den momentanen Status quo bestimmen und vermerken, wie die Berechnung zum Import/Export von Biomasse erfolgen soll. Zudem soll die Rolle der Biomasse aus Wald, Holz, Landwirtschaft und anderen organischen Stoffflüssen einzeln betrachtet werden.

---

[45] BAFU, 26.10.2022, Ökobilanzdaten im Baubereich, https://www.kbob.admin.ch/kbob/de/home/themen-leistungen/nachhaltiges-bauen/oekobilanzdaten_baubereich.html.

[46] Zurzeit (Stand Oktober 2022) wird im Büro für Umweltchemie (BfU) sowie am Lehrstuhl Nachhaltiges Bauen der ETH Zürich daran geforscht, welchen Beitrag das Bauen mit Holz zur Kohlenstoffspeicherung und Reduktion der Emissionen auf Ebene Gebäudepark leisten kann (Stadt Zürich 2022).

In Bezug auf den NET-Beitrag sind Zielwerte und Rahmenbedingungen zu schaffen und anhand von Kriterien messbar zu machen.

Begründung: Aus den unterschiedlichen Strategien des Bundes ist nicht direkt ersichtlich, wie die Biomasse in der Schweiz verteilt werden soll (z. B. BAFU 2021i; 2021f; 2020a; BFE 2021a; BAFU 2009). Zudem ist die Biomassestrategie des Bundes veraltet und sollte überarbeitet werden (BAFU 2009). Es gibt viele Nutzungsansprüche an Biomasse aus verschiedenen Industrien und die Verteilung und Massenflüsse sollen präziser ausgeführt werden.

Die Berechnung der Biomassepotenziale in der Schweiz, wie in der Studie von (Thees et al. 2017), bietet eine Grundlage für die Erarbeitung eines Monitorings und einer Biomassestrategie (Material Economics 2021). Durch das Monitoring der Biomasseflüsse können die Potenziale für biomasseabhängige NET bestimmt werden. Da die Berechnungen der NET-Potenziale die gesamte verfügbare Schweizer Biomasse berücksichtigen (Der Bundesrat 2020b), ist es notwendig, die NET-Strategien an die begrenzte Ressourcenverfügbarkeit mit konkurrierenden Nutzungen anzupassen (WWF 2022).

Bei der Erarbeitung der Biomassestrategie sollten nicht nur die Massenflüsse aus den unterschiedlichen Sektoren (Wald, Holz, Landwirtschaft, andere organische Stoffflüsse) beachtet werden, sondern auch deren Qualität und darin enthaltene Nährstoffe (Erkenntnis aus dem Workshop), da jede Branche, die Biomasse beansprucht, spezifische Ansprüche an deren Eigenschaften hat. Zu diesem Zweck sollen Zielwerte und Kriterien entwickelt werden, die Umweltschutz, Biodiversität, SDG, Landnutzungskonflikte etc. berücksichtigen (Erkenntnis aus dem Workshop) (BAFU 2022b).

Zeithorizont: kurzfristig

Dimension: Entwicklung und Umsetzung fördern

5.2.4. Empfehlung 4: Kostenanalyse Waldmanagement und Holzverwendung konkretisieren

Ansatzpunkt: Für die Entwicklung der NET-Strategie der Schweiz sollte der Bund die Systemgrenzen für das System Waldmanagement und Holzverwendung festlegen und die unterschiedlichen Speicherpools in diesem System definieren. Danach sollen die Umsetzungs- und Vermeidungskosten (CHF/t CO_2) der unterschiedlichen Speicherpools, unter Berücksichtigung der zuvor definierten Systemgrenzen, abgeschätzt werden.

Begründung: Zurzeit gibt es für die Schweiz keine genauen Kosten- oder Preisangaben für die Entnahme von 1 t CO_2 durch Waldmanagement und/oder Holzverwendung (SCNAT 2018). Die Information zur Kosten- oder Preisangabe für die Entnahme pro 1 t CO_2 ist jedoch wesentlich, um zukünftige Szenarien zum Waldmanagement und der Holzverwendung zu entwickeln und deren NE-Potenzial zu quantifizieren. Die Handhabung und die Systemgrenzen in diesen unterschiedlichen Speicherpools sind zuvor jedoch klar festzulegen. Dabei sollten zudem die Emissionsverminderungseffekte der Holzverwendung gegenüber fossilen und energieintensiven Materialien wie Beton und Stahl berücksichtigt werden.

Zeithorizont: kurzfristig

Dimension: Chance und Risiken verstehen und adressieren

5.2.5. Empfehlung 5: NET-Accounting Waldmanagement und Holzverwendung regeln

Ansatzpunkt: Damit das Waldmanagement und die Holzverwendung als NET genutzt werden kann, sind transparente und verifizierbare Accountingregeln für die langfristig realisierte NE-Leistung erforderlich. Für das Accounting von Waldmanagement soll dafür das Baselineszenario mit vorbestimmten Referenzwerten (Forest Management Reference Level) für den aktuellen Stand auf Bundesebene verwendet werden. Es sollte analysiert werden, inwiefern das derzeitige Anrechnungsschema im THGI mit den verschiedenen NET-Ansätzen kompatibel ist, wie die Systemgrenzen gesetzt werden sollten und wie Referenzszenarien für kleinere Projektberechnungen generiert werden können. Ausserdem sollen Berechnungsgrundlagen für die Ermittlung des CO_2-Senkenpotenzials, das zusätzlich zu den bisher praktizierten Waldbewirtschaftungsmassnahmen erzielt werden kann, erarbeitet werden.

Begründung: Laut CO_2-Gesetz (revidierte Version Januar 2022) können Kompensationsprojekte im Ausland nur angerechnet werden, wenn die CO_2-Speicherung auf geologischer Basis erfolgt (BAFU 2022e). Für Projekte im Inland muss aufgezeigt werden, dass die in biologischen Kohlenstoffsenken gebundenen CO_2-Emissionen unabhängig von der Projektdauer für mindestens 30 Jahre eingelagert sind (Art. 5 Abs. 2 CO_2-Verordnung). Zudem muss die Senkenwirkung auf der Grundlage eines nationalen Referenzszenarios berechnet und das Projekt wissenschaftlich begleitet und überwacht werden, da ein Zertifikatsmissbrauch nur mittels eines strikten Monitorings und staatlicher Kontrolle vermieden werden kann (WSL 2022).

Die Additionalität berechnet sich aus der CO_2-Bilanz des Waldes und des Holzsektors, die mit einem unter der UNFCCC festgelegten Referenzwert (Forest Management Reference Level) verglichen wird.[47] Wichtig ist die Auflistung der genauen Systemgrenzen (z. B. Rundholz[48], raumplanerische Konzepte von Bewaldung/Bäumen in den Städten oder Hecken und Agroforst im ländlichen Raum) (Erkenntnis aus dem Workshop).

Zeithorizont: kurzfristig

Dimension: Bewertungsrahmen schaffen

5.3. Bodenmanagement und Pflanzenkohle

Für Bodenmanagement und Pflanzenkohle bedarf es eines geeigneten Monitorings und Berechnungsmethoden für das NET-Accounting (siehe auch Abschnitt 5.1.5). Für die Förderung von Kommunikation und Partizipation wird empfohlen, Landwirtinnen und Landwirte im Rahmen der Bodenmanagementmassnahmen über die Aspekte der CO_2-Senken zu informieren. Ausserdem wird empfohlen, die Senkenleistung von Pflanzenkohle über einen Grundbucheintrag zu diskutieren. Damit die Chancen und Risiken dieser NET besser verstanden werden können, sollen die Langzeitauswirkungen von Pflanzenkohle erforscht, deren Mengen- und Materialeinsatz diskutiert und Verwertungspfade von Pflanzenkohle erforscht und geregelt werden.

5.3.1. Empfehlung 1: Ein geeignetes Monitoring für Bodenmanagement schaffen

Ansatzpunkt: Ein geeignetes Monitoring zur Quantifizierung der NE-Potenziale von Bodenmanagement, Agroforstwirtschaft und des Einsatzes von Pflanzenkohle soll in der Schweiz geschaffen werden, um CO_2-Zertifikate als weitere Einnahmequelle der Landwirtinnen und Landwirte zu generieren. Für landwirtschaftliche Flächen, die als NE-Entnahmegebiete ausgewiesen sind, sollte eine kantonale Aufsicht über die Art der Bewirtschaftung eingerichtet und auf

---

[47] https://www.bafu.admin.ch/bafu/de/home/themen/wald/fachinformationen/waldzustand-und-waldfunktionen/wald--holz-und-co2.html.

[48] Schweizer Rundholz, das im Ausland genutzt wird, wird nicht als Speicher angerechnet.

Bundesebene harmonisiert werden. Damit kann sichergestellt werden, dass eine Nutzungsänderung nicht zu einer späteren Wiederfreisetzung von Treibhausgasen führt. Die Schweiz sollte in diesem Zusammenhang die Übernahme der Carbon Farming Initiative der EU[49] in Betracht ziehen, um neue Einkommensfelder für die Wald- und Landwirtschaft zu erschliessen.

Begründung: Ein geeignetes Monitoring-/Trackingsystem zur Überwachung der mittels Bodenmanagement generierten NE, sei es durch Humusaufbau, Agroforst oder Pflanzenkohle, ist schweizweit noch nicht funktionsfähig (BAFU 2020a).[50] Für die Ermittlung des SOC-Gehaltes[51] im Boden gibt es Schweizer Monitoringansätze, die derzeit erforscht werden (Deluz et al. 2020). Für die Nutzung im Emissionshandelsmarkt müssen die ausgeglichenen CO_2-Mengen quantifiziert und die Zusätzlichkeit nachgewiesen werden. Darüber hinaus muss sichergestellt werden, dass keine Emissionen ausserhalb der Systemgrenzen generiert werden (Leakage) und dass das CO_2 langfristig stabil eingebunden wird (Spuhler et al. 2020). Die Zusätzlichkeit der CO_2-Fixierung ist z. B. bei Humusprojekten schwer nachzuweisen. Bei der Nutzung von Pflanzenkohle im Bodenmanagement ist die Menge des eingelagerten Kohlenstoffes dagegen einfacher zu beziffern (Spuhler et al. 2020; Schweizer Bauer 2022). Dies könnte durch ein zentrales C-Senken-Register erfolgen, in dem der Standort der C-Senke geografisch eindeutig erfasst wird (Schmidt et al. 2021).

Die Schweizer Landwirtschaft wird über politisch festgelegte finanzielle Anreize (Direktzahlungen) gesteuert. Der Handel mit CO_2-Zertifikaten, wie ihn die EU-Carbon-Farming-Initiative ermöglicht, könnte eine zusätzliche Einnahmequelle für Landwirte darstellen. Die Idee der Carbon-Farming-Initiative und deren Ansätze sind noch in der Entwicklung. Es werden standardisierte Rahmenbedingungen für eine transparente Kohlenstoffbuchhaltung erarbeitet, um die CO_2-Fixierung im Boden und die Rückemissionen von Treibhausgasen in die Atmosphäre transparent zu überwachen und zu überprüfen.[52]

Zeithorizont: kurz- bis mittelfristig

Dimension: Bewertungsrahmen schaffen

---

49 European Commission, Carbon Farming: https://ec.europa.eu/clima/eu-action/forests-and-agriculture/sustainable-carbon-cycles/carbon-farming_en.

50 AGRICIRCLE – Macht nachhaltige Lebensmittelproduktion messbar, https://www.agricircle.com/.

51 SOC-Gehalt (Soil Organic Carbon): der im Boden organisch gebundene Kohlenstoff.

52 European Commission, Carbon Farming: https://ec.europa.eu/clima/eu-action/forests-and-agriculture/sustainable-carbon-cycles/carbon-farming_en.

5.3.2. Empfehlung 2: Landwirte und Landwirtinnen zu NET-Bodenmanagementmassnahmen und Carbon Farming schulen

Ansatzpunkt: In der Grundausbildung für Landwirtinnen und Landwirte sollten die Aspekte der CO_2-Senken durch Bodenmanagement, Agroforstwirtschaft und der Einsatz von Pflanzenkohle sowie das Konzept des Carbon Farmings behandelt und diskutiert werden. Es sollte auch darauf hingewiesen werden, dass die Massnahmen nicht unterbrochen werden dürfen, da sonst das CO_2 wieder entweicht. Durch die Bereitstellung standortspezifischer Bodeninformationen sollten mit den Landwirtinnen und Landwirten die für den jeweiligen Standort jeweils effektivsten Massnahmen (bzgl. CO_2-Senken) bestimmt werden.

Begründung: Das vorhandene Fachwissen der Landwirtinnen und Landwirte über die lokalen Gegebenheiten der als NE-Senken infrage kommenden Böden ist eine unabdingbare Prämisse für die Umsetzung von Bodenmanagementmassnahmen, Agroforstwirtschaft und den Einsatz von Pflanzenkohle. Allerdings erfordern diese Massnahmen auch zusätzliche Kenntnisse über Bewirtschaftungsmethoden sowie die administrativen Anforderungen zu NE-Monitoring und Zertifikatshandel. Für das Bodenmanagement ist die Bereitschaft der Landwirtinnen und Landwirte zur Mitarbeit notwendig, und die Schulungen sollen ihre Selbstbestimmung fördern (BAFU 2020a).

Die Vermittlung von Informationen zur effizienten (in Bezug auf Ernte und Kosten) Umsetzung von Bodenmanagementmassnahmen, Agroforstwirtschaft und Pflanzenkohleeinsatz soll in die Grundausbildung[53] oder in die vertiefende Aus- und Weiterbildung der Landwirtinnen und Landwirte integriert werden (BAFU 2020a; Agroscope 2022).

Die Informationsvermittlung ist wichtig, denn wenn die Landwirtinnen und Landwirte die Bewirtschaftungsmethode wieder verändern, kann der im Boden fixierte Kohlenstoff wieder als CO_2 oder Methan entweichen. Das Auftreten dieses Effekts kann für Landwirtinnen und Landwirte ernüchternd sein, da sie das Gefühl haben könnten, dass ihre Bemühungen umsonst waren.

Es ist wichtig, die Landwirtinnen und Landwirte durch die Bereitstellung standortspezifischer Bodeninformationen (Bodenart, SOC-Referenzwert für die Zieldefinition etc.) zu unterstützen. Auf diese Weise können den Humusaufbau förderliche Massnahmen ergriffen werden, um den Boden angesichts der sich

---

[53] Diese wird auf Bundesebene geregelt und wird im Moment revidiert (https://www.agri-job.ch/de/grundbildung/weiterentwicklung-grundbildung.html).

infolge des Klimawandels verändernden Bedingungen fruchtbar und stabil zu halten (BAFU 2020a).

Zeithorizont: kurzfristig

Dimension: Kommunikation und Partizipation

5.3.3. Empfehlung 3: Die Senkenleistung von Pflanzenkohle über einen Grundbucheintrag diskutieren

Ansatzpunkt: Die derzeitige Regelung der Senkenleistung von Pflanzenkohle über einen Grundbucheintrag sollte diskutiert werden. Die Senkenleistung könnte über ein landwirtschaftliches Register (z. B. über ein Register beim Kanton oder ein spezifisches Trackingsystem) erfasst werden.

Begründung: Diese Diskussion wurde auch bei der Revision der CO_2-Verordnung geführt (Der Bundesrat 2021a). Für die Anwendung von Pflanzenkohle in der Landwirtschaft ist derzeit ein Grundbucheintrag (Anmeldung beim BAFU) erforderlich, um die Nachverfolgbarkeit der Permanenz sicherzustellen und für die betroffenen Grundstücke die Nutzungsbeschränkung als «biologischer Speicher» oder «geologischer Speicher» zu vermerken (Art. 8a Anmerkung im Grundbuch [GBV 2020]). Für in Baustoffen gebundenen Kohlenstoff wird keine Anmerkung im Grundbuch angeordnet, da das Risiko der Umkehrbarkeit der Permanenz gering ist (BAFU 2022f).

Dies ist jedoch für Landwirtinnen und Landwirte ein impraktikabler Prozess, da er bürokratisch aufwendig ist und das Land oft nur gepachtet ist, sodass zunächst das Einverständnis des Besitzers eingeholt werden muss.

Zeithorizont: kurzfristig

Dimension: Chance und Risiken verstehen und adressieren

5.3.4. Empfehlung 4: Die Langzeitauswirkungen von Pflanzenkohle erforschen und deren Mengen- und Materialeinsatz diskutieren

Ansatzpunkt: Agroscope sollte das NET-Potenzial und die Umweltauswirkungen von Pflanzenkohle für Schweizer Verhältnisse mittels Langzeitfeldstudien und einer Obergrenze für den Pflanzenkohleeinsatz, differenziert nach Flächentypen (z. B. Äcker und Parkanlagen), abschätzen. Das Zusammenspiel mit andern NET, die Biomasse nutzen, soll dabei berücksichtigt werden. Darüber hinaus soll diskutiert werden, ob die Mengenbeschränkung für Pflanzenkohle in der CO_2-Verordnung/Düngerverordnung beibehalten werden soll, da die eingesetzte Grenze aus agronomischen Gründen variiert und eine begründbare Obergrenze für den Pflanzenkohleeinsatz noch nicht festgelegt wurde. Die Diskussion über die Reststoffverwertung und die Frage, welche Stoffe für die Pyrolyse verwendet werden sollen, soll weitergeführt werden, und es sollte sichergestellt werden, dass einem System keine notwendigen Stoffe entzogen werden (z. B. Totholz im Waldsystem). Für die Herstellung von Pflanzenkohle und für Pflanzenkohleanlagen soll ein Kontrollmechanismus erarbeitet werden, damit keine verunreinigten Produkte entstehen.

Begründung: Es fehlen für Schweizer Böden bisher Langzeitstudien und wissenschaftlich begründbare Obergrenzen, die belegen, dass die neuen Technologien des Pflanzenkohleeinsatzes keine Gefährdung für Mensch und Umwelt darstellen (Schmidt et al. 2021). Ausserdem soll die Konkurrenz zwischen der Herstellung von Pflanzenkohle und die direkte Verwendung (z. B. zur Bodenverbesserung) bewertet werden. Der Einsatz von Pflanzenkohle darf den Schutz und die Fruchtbarkeit des Bodens nicht beeinträchtigen (VBBo 2016). Zudem sollen laut CO_2-Verordnung nur Projekte mit Pflanzenkohle zertifiziert werden, die den Anforderungen der Düngerbewilligung des BLW entsprechen (BAFU 2022f). Dies bedeutet, dass die Ausbringung von Pflanzenkohle eine Menge von acht Tonnen pro Hektare und Kreditierungsperiode nicht überschreiten darf (Der Bundesrat 2021b).

In der Schweiz ist nur EBC-zertifizierte Pflanzenkohle zugelassen und es darf nur unbehandeltes Holz verwendet werden.[54] Es sollten Reststoffe aus der Verarbeitung land- und forstwirtschaftlicher Produkte sein, die nicht anderweitig weiterverwendet werden können. Zudem gibt es eine Liste der EBC für geeignete Biomasse-Ausgangstoffe für EBC-zertifizierte Pflanzenkohle (EBC). Der Schadstoffgehalt wird bei der Herstellung stark kontrolliert. Das Risiko der Verunreinigung ist bei Grossanlagen geringer als bei Kleinanlagen, weshalb vor allem Kleinanlagen kontrolliert werden müssen (Schmidt et al. 2021).

Zeithorizont: kurz- bis mittelfristig

Dimension: Chance und Risiken verstehen und adressieren

[54] https://charnet.ch/nicht-jede-kohle-darf-in-den-boden/.

5.3.5. Empfehlung 5: Verwertungspfade von Pflanzenkohle erforschen und regeln

Ansatzpunkt: Die Wissenschaft soll klären, welche Verwertungspfade von Pflanzenkohle hinsichtlich NE-Potenzial, Umweltauswirkungen, Permanenz, Wirtschaftlichkeit und Umsetzbarkeit eingeschlagen werden sollten und welche dieser Anwendungen als NET angerechnet werden können.

Begründung: Pflanzenkohle kann im Boden (z. B. Trägerdünger, Substrat Stadtbäume), in der Tierhaltung (z. B. Futtermittelzusatz), in der Umwelttechnik (z. B. Abwasserreinigung), in der Energietechnik (z. B. Biogasanlage) und als Werkstoff (z. B. Innenwandputz) eingesetzt werden (Schmidt et al. 2021). Der Einsatz von Pflanzenkohle in der Tierfütterung sollte weiter erforscht werden, um die Wirkung und Menge des Materials im Bodeneintrag über die Ausscheidungen beurteilen zu können (Schmidt et al. 2021). Der Einsatz von Pflanzenkohle in (Bau-)Materialien sollte ebenfalls weiter erforscht werden, da das CO_2-Gesetz vorsieht, die Nutzung von Pflanzenkohle als Baustoff für Emissionsverminderungen und Kohlenstoffspeicherung zu zertifizieren (Der Bundesrat 2021b).

Durch den Einsatz von Pflanzenkohle in Parkanlagen könnten die Risiken, die sich beim Ausbringen auf dem Feld ergeben (siehe auch Abschnitt 3.3.7), vermindert werden. In der Stadt Zürich gibt es ein Pilotprojekt zum Einsatz von Pflanzenkohle in Parkanlagen, das bereits umgesetzt wird (Stadt Zürich 2021; FiBL 2021).

Biomasse und die daraus hergestellte Pflanzenkohle könnten zunehmend zu lukrativen landwirtschaftlichen (Neben-)Produkten werden, die nicht nur in der Landwirtschaft, sondern insbesondere auch in verschiedenen Industrien zum Einsatz kommen.

Für all diese verschiedenen Verwertungspfade soll die Wissenschaft die Umweltauswirkungen, Permanenz, Wirtschaftlichkeit und Umsetzbarkeit bestimmen, damit die Gesetze entsprechend angepasst und die NE-Potenziale ausgeschöpft werden können.

Zeithorizont: kurzfristig

Dimension: Chance und Risiken verstehen und adressieren

5.4. Bioenergienutzung mit CO_2-Abscheidung und -Speicherung (BECCS)

Die Hochskalierung dieser NET ist durch die verfügbare Biomasse in der Schweiz limitiert. Deshalb wird die energetische Nutzung von inländischen biogenen Rest- oder Abfallstoffen, nicht aber die Nutzung von Anbaubiomasse empfohlen. Zudem soll BECCS eher bei bestehenden Anlagen eingesetzt werden. Dies kann mit Investitionsanreizen oder der Schaffung eines eigenen Marktes durch die Integration in bestehende Regelungen (z. B. CO_2-Abgabe) erreicht werden. Bei der Planung von grossskaligen Infrastrukturen für CO_2-Transport und Speicherung sollte die Wahrnehmung von Chancen und Risiken bei allen betroffenen Bevölkerungsgruppen berücksichtigt werden.

5.4.1. Empfehlung 1: Bedürfnisse bezüglich CO_2-Transport und -Speicherung ernst nehmen

Ansatzpunkt: Die Akzeptanz des CO_2-Transports und der CO_2-Speicherung im Untergrund in der Schweiz ist nicht bekannt. In anderen Ländern wurde Carbon Capture & Storage (CCS) zu Beginn dieses Jahrtausends als Option für den verlängerten Betrieb von Kohlekraftwerken diskutiert, was zum Teil zu einer Ablehnung dieser Technologie geführt hat. Da Kohlekraftwerke in der Schweiz eine marginale Rolle spielen, wurde die Diskussion über die Akzeptanz von CCS in der Schweiz bisher nicht geführt.

Der Bund soll nach Vorliegen der swisstopo-Studie[55] zu den Potenzialen der Einlagerung von CO_2 die Wahrnehmung von Chancen und Risiken von CCS-Anlagen (Transport & Speicherung) in der Bevölkerung (siehe auch Abschnitt 4.1.3.2) mittels einer Pilotanlage im Industriemassstab untersuchen, z. B. im Rahmen eines Reallabors mit wissenschaftlicher Begleitung.

Begründung: Anlagen zum Transport und zur Speicherung von CO_2 sind mit Risiken verbunden (Havarien, Auslösen seismischer Aktivitäten, langsames Entweichen von CO_2 etc.), die durch sorgfältige Planung und ein entsprechendes Design reduziert werden können. Mittels eines Reallabors können sich Betroffe-

---

[55] Bundesamt für Landestopografie, swisstopo, CO_2 im Untergrund speichern – mögliche Chancen und Risiken, https://www.swisstopo.admin.ch/de/home.detail.event.html/swisstopo-internet/events2020/colloquium-19-20/20200131.html.

ne und politische Entscheidungstragende ein Bild von den Chancen und Risiken der Technologie machen. Zu diesem Zweck soll eine Sensibilisierungskampagne durchgeführt werden, bei der die Bevölkerung eng in den Untersuchungsprozess eingebunden und über die Risiken und Chancen aufgeklärt werden kann.

Zeithorizont: kurz- bis mittelfristig

Dimension: Kommunikation und Partizipation

5.4.2. Empfehlung 2: Die Nutzung von Anbaubiomasse, insbesondere aus grossen Entfernungen, unterbinden

Ansatzpunkt: Der Bund soll ein Verbot der direkten Nutzung von Anbaubiomasse, insbesondere aus grossen Entfernungen, für BECCS erlassen. Stattdessen sollen vorrangig inländische biogene Reststoffe genutzt werden. Biomasseverbrennungsanlagen sollten nur noch zugelassen werden, wenn vor der Verbrennung eine Kaskadennutzung der Biomasse stattfindet und das CO_2 aus dem Rauchgas abgeschieden und langfristig gespeichert wird (BECCS).

Begründung: Mit zunehmender Entfernung steigt der Energieaufwand für den Transport und somit die Nettominderung der Treibhausgasemissionen. Gemäss Modellrechnungen von Hennenberg et al. (2022) sinkt die Treibhausgasminderung in den meisten untersuchten Fällen bei Entfernungen über 2500 km um mehrere Prozentpunkte.

Bei Anbaubiomasse besteht zudem grundsätzlich eine Nutzungskonkurrenz mit landwirtschaftlichen Flächen für Ernährungs- und für Energiezwecke (siehe auch Abschnitt 4.1.3.2, Stichwort Teller oder Tank). Darüber hinaus besteht bei Anbaubiomasse das Risiko von zusätzlichen Treibhausgasemissionen aufgrund von Landnutzungsänderungen, wenn z. B. für die Erhöhung des Biomasseexports boreale Wälder gerodet werden (Stichwort: Indirect Land Use Change, ILUC). Da beide Effekte insbesondere auf Länder im globalen Süden einen grossen Druck ausüben und eine Vermeidung der Effekte nur sehr schwer zu überwachen ist, soll der Import von Anbaubiomasse in die Schweiz vollständig verboten werden.

Zeithorizont: kurzfristig

Dimension: Chancen und Risiken verstehen und adressieren

5.4.3. Empfehlung 3: Keine ausschliesslichen BECCS-Anlagen fördern

Ansatzpunkt: Der Bund soll der Ausrüstung bestehender Anlagen, in denen Biomasse mit CO_2-Abscheidetechnik verbrannt wird, Priorität gegenüber Investitionen in zusätzliche BECCS-Anlagen einräumen und grossskalige BECCS-Anlagen nicht zusätzlich fördern.

Begründung: Bei Ausschluss von aus- und inländischer Anbaubiomasse (siehe auch Abschnitt 5.4.2) und Beschränkung auf die Nutzung von inländischen biogenen Rest- oder Abfallstoffen aus einer Nutzungskaskade sind die BECCS-Potenziale überschaubar und erfordern keine umfangreichen Investitionen in BECCS-Anlagen. Darüber hinaus müssten neue BECCS-Anlagen mit modernster Filtertechnik ausgestattet werden, um die Emission von Luftschadstoffen durch kontaminierte Reststoffe zu verhindern.

Zeithorizont: kurz- bis mittelfristig

Dimension: Entwicklung und Umsetzung fördern

5.4.4. Empfehlung 4: Für die CO_2-Entnahme mittels BECCS sollen Anreize geschaffen werden

Ansatzpunkt: Der Bund soll Anreize zur Nutzung der CO_2-Entnahme aus der Atmosphäre mittels BECCS schaffen, z. B. durch die Anrechnung in bestehenden Regelungen zur Treibhausgasminderung (z. B. CO_2-Abgabe) oder, wie in der EU vorgesehen, durch die Schaffung eines separaten Marktes für die Entnahme und Speicherung von CO_2 (EK 2021c).

Begründung: Für KVA bestehen diese Anreize bereits durch eine freiwillige Vereinbarung zwischen Anlagebetreibern und Bund (SE 2022b). Sofern die CO_2-Preise über den CCS-Kosten von 70–210 US$/t liegen (Cames et al. 2022), bestehen z. B. auch bei Zementwerken durch den Emissionshandel bereits Anreize, CCS anzuwenden. Da Biomasse im Emissionshandel mit dem Emissionsfaktor Null erfasst wird (BAFU 2021b), besteht bei Anlagen für die Verbrennung von Altholz kein hinreichender Anreiz zur Anwendung von CCS. Durch eine Anrechnung von CO_2-Entnahmen im Rahmen der CO_2-Abgabe oder durch die Schaffung eines separaten CO_2-Entnahme- und -Speichermarktes würden in bestehenden Anlagen Anreize für CCS-Investitionen geschaffen.

Zeithorizont: kurz- bis mittelfristig

Dimension: Entwicklung und Umsetzung fördern

5.4.5. Empfehlung 5: Nutzung des CO_2 aus BECCS-Anlagen bei der beschleunigten Carbonatisierung von Beton fördern

Ansatzpunkt: Die Kantone sollen zusammen mit dem Bund darauf hinwirken, BECCS-Anlagen und Anlagen zur beschleunigten Carbonatisierung von Abbruchbeton in räumlicher Nähe zu realisieren, um Transporte zu minimieren. Dies erfordert eine frühzeitige Koordinierung der Planung z. B. mittels runder Tische. Ein planerischer Abgleich des CO_2-Angebots aus BECCS-Anlagen und der CO_2-Nachfrage für die Carbonatisierung kann Synergieeffekte zwischen den beiden NET mobilisieren.

Begründung: Die Anlagengrössen beider NET können gut aufeinander abgestimmt werden. Die biogenen Reststoffe liegen räumlich verteilt vor und müssen dementsprechend für die Nutzung in BECCS-Anlagen eingesammelt werden. Dies bedingt relativ hohe Transportaufwendungen und resultiert in der Regel in eher dezentral verteilten Anlagen. Carbonatisierung von Abbruchbeton wiederum kann gut auf das verfügbare CO_2-Angebot skaliert werden, sodass durch eine räumliche Nähe beider Anlagen die CO_2-Transportkosten reduziert werden könnten.

Zeithorizont: kurz- bis mittelfristig

Dimension: Entwicklung und Umsetzung fördern

5.4.6. Empfehlung 6: Planung von CO_2-Speicherstätten und -Pipelines vorantreiben

Ansatzpunkt: Bund und Kantone sollen gemeinsam, z. B. durch runde Tische, die Planung für die Einrichtung von geologischen CO_2-Speicherstätten und -Transportpipelines, einschliesslich der Anbindung an internationale Pipelinenetzwerke, so weit vorantreiben,[56] dass spätestens Ende der 2020er-Jahre mit dem Abtransport und der Einlagerung von CO_2 begonnen werden kann und die Volumina dem steigenden Bedarf entsprechend sukzessive ausgeweitet werden können. Zu diesem Zweck müssen zunächst die Aufgaben- und Kompetenzverteilung zwi-

[56] «Aufbau einer nationalen Arbeitsgruppe zu CCS/NET auf Wunsch der Kantone unter Einbezug der relevanten Ämter und der betroffenen Wirtschaft; Diskussion übergeordneter Fragen rund um Zuständigkeiten» (BAFU 2022b).

schen Bund und Kantonen klar abgegrenzt[57] und der Modus Operandi für die Zusammenarbeit bei diesen Fragen definiert werden (siehe auch Abschnitt 4.3.4).

Begründung: Das aggregierte theoretische Potenzial für die Einlagerung von CO_2 in der Schweiz wird auf 2,5 Gt CO_2 geschätzt (Der Bundesrat 2020b). Das ist einerseits ein Vielfaches des für 2050 prognostizierten Bedarfs von 7 Mio. t CO_2. Andererseits ist das tatsächlich nutzbare Potenzial erheblich geringer. Wie gross das Potenzial für eine umweltverträgliche und permanente CO_2-Speicherung in der Schweiz tatsächlich ist, soll mittels der Studie von swisstopo[58] ermittelt werden. Die Ergebnisse der Studie werden in Kürze vorliegen. Auf politischer Ebene soll die Erkundung des schweizweiten Untergrunds durch ein Programm vorangetrieben werden (SP 2020). Auf dieser Basis sollen die am besten geeigneten Speicherstätten ausgewählt werden, sodass die Planung für die Nutzung dieser CO_2-Speicherstätten und der notwendigen CO_2-Transportpipelines einschliesslich Umweltverträglichkeitsprüfung und Anhörung der Bürgerinnen und Bürger zügig vorangetrieben werden können.

Zeithorizont: mittelfristig

Dimension: Entwicklung und Umsetzung fördern

5.5. Direkte CO_2-Abscheidung aus der Luft und -Speicherung (DACCS)

Von der staatlichen Förderung einer grossflächigen Implementierung von DACCS-Anlagen mit zugehörigen Infrastrukturen für CO_2-Transport und -Speicherung im Inland wird abgeraten. Der Einsatz von Fördermitteln für eine gezielte Weiterentwicklung der Technologie und ihrer Demonstration wird jedoch für sinnvoll erachtet. Für den Ausbau der DACCS-Technologie sollten Standorte im Ausland priorisiert werden, an denen sowohl möglichst permanente und konzentrierte erneuerbare Energie (z. B. eine

---

[57] «Prüfung von langfristigen Anpassungen der Rechtsgrundlagen, so dass der nötige Ausbau von CCS und NET im Rahmen der Klimapolitik nach 2030 ermöglicht wird (inkl. Zuständigkeitsfragen Bund / Kantone / Privatwirtschaft, Finanzierungslösungen, Anpassungsbedarf bei Verfassungsgrundlagen)» (BAFU 2022b).

[58] Bundesamt für Landestopografie, swisstopo, CO_2 im Untergrund speichern – mögliche Chancen und Risiken, https://www.swisstopo.admin.ch/de/home.detail.event.html/swisstopo-internet/events2020/colloquium-19-20/20200131.html.

hohe Anzahl Sonnenstunden oder regelmässiger Wind) als auch CO_2-Speicher zur Verfügung stehen. Im Zuge der Planung von DACCS-Anlagen im In- und Ausland empfiehlt sich eine innovationsbegleitende Chancen- und Risikobewertung unter Einbezug der betroffenen Bevölkerungsgruppen. Hierfür bietet sich die Methode der Reallabore an. Zudem sollten international einheitliche Reporting- und Qualitätsstandards sowie Anrechnungsmethoden für CO_2-Zertifikate für die DACCS-Technologie entwickelt werden.

5.5.1. Empfehlung 1: Technologieentwicklung und -demonstration im Inland, grossflächige Implementierung an geeigneteren Standorten im Ausland fördern

Ansatzpunkt: Eine grossflächige und undifferenzierte Implementierung der DACCS-Technologie im Inland sollte durch den Bund kurz- bis mittelfristig nicht gefördert werden. Stattdessen sollte eine Weiterentwicklung der Technologie (z. B. mit Blick auf eine verbesserte Energieeffizienz) und deren Demonstration anhand ausgewählter Pilotprojekte im Inland gefördert werden, da sie als Ausgangspunkt einer grossflächigen Implementierung an geeigneten Standorten im Ausland dienen kann (BAFU 2021e).

Begründung: DACCS-Anlagen sollten idealerweise an Standorten installiert werden, an denen noch nicht ausgeschöpfte Kapazitäten für erneuerbare Energien und CO_2-Speichermöglichkeiten bestehen. Beide Voraussetzungen sind in der Schweiz derzeit nicht erfüllt. So bestehen weder nennenswerte Überschüsse an erneuerbarer Energie noch verfügbarere CO_2-Speicherkapazitäten für DACCS. Gemäss der langfristigen Klimastrategie sollen inländische CO_2-Speicher, sobald diese verfügbar sind, prioritär für BECCS verwendet werden (BAFU 2021e). Darüber hinaus bilden auch die weiteren für den Betrieb von DACCS-Anlagen benötigten Energie- und Rohstoffinputs (v. a. Wärme und Wasser) limitierende Faktoren. Angesichts dieser äusserst begrenzten Potenziale erscheint es auch mit Blick auf die ökologische Hebelwirkung deutlich sinnvoller, wenn sich die Schweiz als führende DACCS-Technologieentwicklerin bei der Errichtung von DACCS-Anlagen an lukrativen Standorten im Ausland engagiert. Dieser Punkt wurde auch im Rahmen der LOTA-Analyse als ein wesentlicher Risikofaktor identifiziert. In diesem Kontext wäre auch eine staatliche Förderung der Technologieentwicklung und -demonstration sinnvoll, wobei die jeweiligen Entscheidungen von einem robusten MRV-Ansatz (Monitoring, Reporting und Verifizierung) flankiert werden sollten. Auf diese Weise könnten die bei der

LOTA-Analyse identifizierten wirtschaftlichen Chancen durch Investitionstätigkeiten u. a. auch in ärmeren Regionen realisiert werden.

Zeithorizont: kurz- bis mittelfristig

Dimension: Chancen und Risiken verstehen und adressieren

5.5.2. Empfehlung 2: International einheitliche Reporting- und Qualitätsstandards etablieren

Ansatzpunkt: Der Bund sollte sich unter Mitwirkung von Anlagenherstellern auf internationaler Ebene (z. B. im Rahmen von ISO, OECD bzw. UNFCCC) dafür einsetzen, dass einheitliche Reportingstandards für den Betrieb von DACCS-Anlagen etabliert werden, welche die Grundlage für eine spätere Standardisierung und Rechtssetzung bilden können.[59]

Begründung: International verbindliche Qualitätsstandards für die Errichtung und den Betrieb von DACCS-Anlagen fehlen bislang. Diese sind jedoch unabdingbar, um die Potenziale der DACCS-Technologie zu nutzen und gleichzeitig die insbesondere mit dem Betrieb verbundenen Umweltbelastungen und allfälligen Risiken zu minimieren. Wichtige materielle Anforderungen in diesem Zusammenhang sind der Verzicht auf fossile Energiequellen bei der Strom- und Wärmebereitstellung, die Nutzung von Abwärme sowie das Vermeiden des Einsatzes von Frischwasser. Um keine Strom- und Wärmeknappheiten zu verursachen, sollten DACCS-Anlagen ferner nicht in dicht besiedelten Gebieten, sondern am Ort der Speicherung errichtet werden. Zudem sollten DACCS-Anlagen, die im Ausland installiert werden, vor Ort positive Beiträge zu den Sustainable Development Goals der Agenda 2030 (UN 2015) ermöglichen oder diesen zumindest nicht entgegenwirken. Andernfalls besteht das Risiko, dass Investitionen in ausländische DACCS-Anlagen bestehende wirtschaftliche Ungleichheiten auf globaler Ebene noch verschärfen, indem sie beispielsweise mit der lokalen Wirtschaft um die vor Ort verfügbare Energie konkurrieren. Diese Befürchtung wurde im Rahmen der LOTA-Analyse von den Stakeholdern mehrfach geäussert.

---

59 «Schaffung der völkerrechtlichen Bedingungen im Rahmen des London Protokolls für CO_2-Export zur Speicherung im tiefen Meeresboden (Hinterlegung der Urkunde zur Annahme der Änderung von 2009 sowie Erklärung derer vorläufigen Anwendung)» (BAFU 2022b).

Als Vorstufe und Grundlage für eine verbindliche Festlegung der oben genannten Anforderungen sollte zunächst im Rahmen eines einheitlichen Reportingschemas für DACCS-Anlagen der Status quo in Bezug auf die Errichtung und den Betrieb solcher Anlagen dokumentiert werden.

Zeithorizont: kurzfristig

Dimension: Bewertungsrahmen schaffen

5.5.3. Empfehlung 3: International einheitliche Anrechnungsmethoden etablieren

Ansatzpunkt: Ergänzend zu den Reporting- und Qualitätsstandards sollte der Bund auch die Etablierung international einheitlicher Methoden zur Anrechnung von DACCS-Negativemissionen im Ausland vorantreiben.[60] Mit Blick auf die Klimarahmenkonvention der Vereinten Nationen (engl. United Nations Framework Convention on Climate Change, UNFCCC) betrifft dies v. a. die konkrete Ausgestaltung von international transferierten Minderungsleistungen (engl. Internationally Transferred Mitigation Outcomes, ITMO), also Emissionsminderungen, die Vertragsparteien des Pariser Abkommens im Rahmen ihrer Kooperation gemäss Artikel 6 übertragen und auf ihr Klimaschutzziel anrechnen lassen können.

Begründung: International gültige Anrechnungsmethoden mit konkretem Bezug zur DACCS-Technologie gibt es derzeit nicht, sie sind aber der Schlüssel, um tatsächlich einen Beitrag zur Erreichung von Netto-Null-Emissionen leisten zu können. Ohne diese Methoden ist es nicht auszuschliessen, dass sich sowohl das investierende Land als auch das Land, in dem sich die Anlage befindet, Negativemissionen anrechnen. Solche Doppelzählungen würden die ökologische Wirksamkeit konterkarieren, da die Negativemissionen höher eingeschätzt würden, als sie tatsächlich sind. Im Kontext mit den nationalen Klimaschutzbeiträgen (engl. Nationally Determined Contributions, NDCs) der Klimarahmenkonvention wird die Doppelzählung in der Emissionsbilanzierung eines Staates durch sogenannte «korrespondierende Anpassungen» (engl. Corresponding Adjustments) vermieden. Dabei werden die in der Schweiz angerechneten Zertifikate in dem Land abgezogen, in dem die Zertifikate generiert werden. Für einen wirksamen Klimaschutz ist es erforderlich, dass ausländische Staaten, in denen DACCS-Anlagen mit Schweizer Finanzierung errichtet und betrieben werden, auch dann

[60] «Etablierung von international harmonisierten Anforderungen an CCS und NET unter dem Pariser Abkommen sowie im internationalen CO_2-Markt» (BAFU 2022b).

korrespondierende Anpassungen durchführen müssen, wenn Minderungsleistungen aus diesen Staaten auf den freiwilligen Markt transferiert und dort verwendet werden.

Zeithorizont: kurzfristig

Dimension: Bewertungsrahmen schaffen

5.6. Carbonatisierung

Zu dieser NET wird zunächst empfohlen, als Speichermaterial nur Abbruchbeton und keine natürlichen Gesteine zu verwenden. Die Carbonatisierung sollte ausschliesslich in kontrollierten technischen Anlagen erfolgen. Es bedarf einer Regelung der Berechnungsmethoden von in Abbruchbeton fixierbaren CO_2-Mengen und eine Festlegung der Systemgrenze für die Anrechnung als CO_2-Zertifikate. Ausserdem wird empfohlen, die grossskalige Carbonatisierung von Abbruchbeton und die Verwendung der carbonatisierten Produkte in die Logistik der Bauwirtschaft einzuplanen.

5.6.1. Empfehlung 1: Der Bund soll eine zum Pariser Abkommen konforme Anrechnungsmethode für diese NET festlegen und deren internationale Harmonisierung vorantreiben

Ansatzpunkt: Die Anrechnung der Carbonatisierung von Abbruchbeton als NE wirft die Frage auf, wie die bei der ursprünglichen Zementherstellung freigesetzten CO_2-Mengen zu berücksichtigen sind. In der Vergangenheit wurde das bei der thermischen Umwandlung von Kalkgestein in Zement entstandene CO_2 in die Atmosphäre entlassen. Wenn Abbruchbeton aus einem in der Vergangenheit errichteten Bauwerk verwendet wird, dann werden die damals emittierten CO_2-Mengen teilweise wieder aus der Atmosphäre entfernt. Dieser Vorgang kann als NE gelten, da historische Emissionen wieder eingefangen werden.

Dies gilt jedoch nicht für neu hergestellten Zement. Die CO_2-Emissionen des gesamten Beton-Lebenszyklus sind viel höher, als sie durch die Carbonatisierung von Abbruchbeton wieder eingefangen werden können. Daher kann bei dieser NET-Variante nur dann eine negative Nettoemission realisiert werden, wenn das bei der Zementherstellung anfallende CO_2 bereits an der Quelle im Zementwerk mittels CCS abgeschieden und langfristig gespeichert wird.

Begründung: Für zukünftig erzeugte Betonprodukte sollte die Carbonatisierung von Abbruchbeton nur dann als NE im nationalen Treibhausgasinventar anrechenbar sein, wenn die CO_2-Konzentration der Atmosphäre über den gesamten Lebenszyklus des Betons (Zementherstellung + Carbonatisierung) reduziert wird. Dies kann nur gelingen, wenn der neu hergestellte Zement infolge der Ausrüstung der Zementwerke mit CCS keine neuen CO_2-Emissionen verursacht.

Die Methode soll eine Abgrenzung zu Massnahmen der Emissionsvermeidung schaffen und gewährleisten, dass eine Doppelzählung der NE vermieden wird. Abbruchbeton ist nur deshalb als CO_2-Senke geeignet, weil bei der Zementherstellung in der Vergangenheit das ursprüngliche Carbonatgestein unter CO_2-Emission in Kalk umgewandelt wurde. Die Umkehrung dieses Vorgangs sollte daher nur für die aus der Atmosphäre entzogenen CO_2-Mengen als NE-Option gewertet werden. Hingegen ist die Nutzung von Abbruchbeton als CO_2-Senke in der heutigen Zementproduktion als CCS und nicht als NE zu bewerten.

Zeithorizont: kurzfristig

Dimension: Bewertungsrahmen schaffen

5.6.2. Empfehlung 2: Der Bund soll die Anrechenbarkeit für NE-Beiträge der Carbonatisierung von Abbruchbeton in Einklang mit den MRV-Richtlinien des Übereinkommens von Paris (Artikel 6) regeln

Ansatzpunkt: Die Vorgaben der Klimarahmenkonvention zur Messung, Berichterstattung und Verifizierung (MRV) von Negativemissionen in nationalen Treibhausgasinventaren sind in einem Leitfaden hinterlegt (UNFCCC 2022). Da die Carbonatisierung von Beton bis zu einem gewissen Grad auch ohne technisches Zutun stattfindet, sollte nur das zusätzlich NE-Potenzial, das im Gegensatz zu diesem natürlichen Vorgang durch technische Massnahmen erzielt wird, als NE angerechnet werden. Die natürlich stattfindende Carbonatisierung von Beton verursacht keine Kosten, bedarf also keiner Finanzierung. Hingegen stellt der Bau und Betrieb technischer Anlagen zur Beschleunigung der Carbonatisierung einen Kostenaufwand dar, der finanziert werden muss. Der Handel mit CO_2-Zertifikaten erschliesst eine finanzielle Einnahmequelle für die Betreiber dieser NET, sollte aber nur die tatsächlich erbrachte NE-Leistung abdecken.

Begründung: Die Aufnahmefähigkeit von Abbruchbeton für CO_2 und dessen Eignung als langfristige CO_2-Speichermöglichkeit lässt sich durch technische Verfahren stark beschleunigen und vergrössern. Die Permanenz der CO_2-Fixierung ist hoch. Abbruchbeton ist als CO_2-Senke in der Schweiz verfügbar und die inländische Verarbeitung spart weite Transportwege für CO_2.

Um technische und logistische Innovationen bei dieser NET zu beschleunigen, benötigen die beteiligten Akteure (insbesondere die Bauwirtschaft) eine ausreichende Planungs- und Investitionssicherheit. Die Aufnahme dieser NET-Option in das CO_2-Gesetz beschleunigt die notwendigen Investitionen in die Hochskalierung und Effizienzverbesserung (Workshopergebnis). Eine gesetzliche Regulierung, wie die Berechnung von CO_2-Zertifikaten erfolgen soll, wäre der raschen industriellen Hochskalierung dieser NET förderlich.

Dazu ist es notwendig zu definieren, welchen NE-Beitrag die jeweiligen Carbonatisierungsverfahren (z. B. trocken, nass) über den natürlich stattfindenden Vorgang der Recarbonatisierung hinaus leisten und in welchem Umfang dieser Betrag als NE angerechnet werden kann. Die Einrichtung einer Marktüberwachung für diese NET ist essenziel, um der Bauwirtschaft zu ermöglichen, sie als funktionierendes Geschäftsmodell zu etablieren. Dies erfordert ein effizientes und transparentes Accounting- und Controllingsystem (Vollzug).

Ausserdem sollte ein Kennzahlensystem für verfahrens- und materialspezifische NE-Kapazitäten relevanter Abbruchbetonqualitäten auf der Basis empirischer Daten erstellt und durch Referenzmaterialien abgesichert werden.

Zeithorizont: kurzfristig

Dimension: Bewertungsrahmen schaffen

5.6.3. Empfehlung 3: Der Bund soll das langfristig realisierbare NE-Potenzial der Carbonatisierung von Abbruchbeton konkret ermitteln

Ansatzpunkt: Das Potenzial zur Anwendung der beschleunigten Carbonatisierung von Abbruchbeton (Trocken- und Nassverfahren) wird einerseits durch dessen inländische Verfügbarkeit als auch durch die Effizienz der Verfahren beeinflusst. Je nach Art des Materials und der zum Einsatz kommenden NET lassen sich theoretisch bis zu 250 kg CO_2 pro Tonne Abbruchbeton abscheiden, gegenwärtige NET kommen auf etwa 60 kg CO_2/t (Sika AG 2021). Da Abbruchbeton in der Baubranche kontinuierlich anfällt, steht ein theoretisches Senkenpotenzial von bis zu 2,5 Millionen t CO_2 pro Jahr zur Verfügung (Der Bundesrat 2020).

Begründung: Das in der Schweiz realisierbare NE-Potenzial der Carbonatisierung liegt vor allem in der Nutzung des ohnehin in der Baubranche anfallenden

Abbruchbetons. Die gegenwärtig vorliegende Abschätzung des NE-Potenzials der Carbonatisierung beruht jedoch auf Extrapolationen des theoretischen Senkenpotenzials von Abbruchbeton unter Zugrundelegung der bisher erzielten NET-Effektivität. Die Hochskalierung dieser NET auf eine landesweite Umsetzung erfordert jedoch eine konkretere Planung hinsichtlich der langfristigen regionalen Verfügbarkeit und Qualität von Abbruchbeton und dessen Eignung für NET. Insbesondere sollte eine Modellierung der zukünftig benötigen Anlagenstandorte und der Umweltauswirkungen dieser NET einschliesslich der Transporte (Abbruchbeton und CO_2) durchgeführt werden, um das realisierbare NE-Potenzial genauer zu planen. Zu diesem Zweck sollte parallel zum technischen Innovationsprozess eine Begleitforschung etabliert werden.

Zeithorizont: kurzfristig

Dimension: Entwicklung und Umsetzung fördern

5.6.4. Empfehlung 4: Die Bauwirtschaft (Abbruchunternehmen, Betonverarbeitung) soll eine planerische Integration der NET in die Logistik der Bauwirtschaft anstreben

Ansatzpunkt: Gegenwärtig herrscht noch grosse Ungewissheit über die Realisierbarkeit des NE-Potenzials in der Praxis, z. B. hinsichtlich der Verfügbarkeit und Qualität von Abbruchbeton und dessen Eignung für NET. Insbesondere die zur Hochskalierung der NET benötigte Infrastruktur muss geplant werden. Dazu gehören die Investitionsplanung, Prozessabläufe und Logistik sowie die Umwelt- und Qualitätsüberwachung.

Begründung: Die Bauwirtschaft sollte Planungsgrundlagen schaffen und der Bundesverwaltung einen Zeitplan für die Umsetzung mitteilen. Auf dieser Basis kann das realisierbare NE-Potenzial der Carbonatisierung von Abbruchbeton genauer quantifiziert werden. Auch die Umweltauswirkungen der Anlagen zur Betoncarbonatisierung, wie z. B. zusätzliche Lärm- und Staubbelastungen durch die Verarbeitung des Abbruchbetons, sind zu klären.

Zeithorizont: mittelfristig (sobald geeignete NET-Anlagen verfügbar sind)

Dimension: Entwicklung und Umsetzung fördern

5.6.5. Empfehlung 5: Normen zur Qualitätsbestimmung und -sicherung von Beton mit carbonatisierten Zuschlagstoffen entwickeln, um die Marktakzeptanz und Wettbewerbsfähigkeit dieser CCU-Baustoffe in einer Kreislaufwirtschaft zu verbessern

Ansatzpunkt: Das Reaktionsprodukt dieser NET besteht aus carbonathaltigem Granulat, welches einen niedrigeren pH-Wert aufweist als unbehandelter Abbruchbeton. Dieses Material lässt sich als Gesteinskörnung (Füllmaterial ohne eigene Bindungskraft) für die Herstellung von neuem Beton stofflich verwerten (CCU). Dies ist im Sinne einer Kreislaufwirtschaft und zur Schonung der Ressourcen primärer Kieslagerstätten sinnvoll.

Begründung: Um eine gute Akzeptanz dieser recycelten Baustoffe bei der Bauwirtschaft und den Endkunden zu gewährleisten, müssen sie den Anforderungen bestehender technischer Normen und Gütesiegel für Beton genügen. Für die Qualitätssicherung von Beton, der mit carbonathaltigen Gesteinskörnungen hergestellt wird, sollten Langzeittests erfolgen und die technischen Prüfvorschriften gegebenenfalls so erweitert werden, dass dem niedrigeren pH-Wert dieser Materialien Rechnung getragen wird.

Zudem sollte die Privatwirtschaft die Technologie und Logistik für die Carbonatisierung von Abbruchbeton mit dem Ziel weiterentwickeln, die Effektivität der CO_2-Bindung und die Energieeffizienz der Prozesse (Zerkleinern, CO_2-Kontaktierung) zu optimieren und die potenziellen Schwachstellen (z. B. CO_2-Emission aus dem Reaktor) zu minimieren. Nassverfahren sollten weiterentwickelt werden, um die Effektivität der NET zu steigern (Interview).

Zeithorizont: kurzfristig

Dimension: Bewertungsrahmen schaffen

5.6.6. Empfehlung 6: Ausbringung von zerkleinertem Abbruchbeton in der Landschaft (zum Zwecke der natürlichen Verwitterung) soll nicht als NE-Option betrachtet werden

Ansatzpunkt: Theoretisch könnte Abbruchbeton auch mit geringem technischem Aufwand als CO_2-Senke genutzt werden. Dazu wäre nach Zerkleinerung lediglich eine längerfristige offene Lagerung nötig. Allerdings ist der Platzbedarf dieser NET-Variante hoch, sodass in der Schweiz allenfalls eine Ausbreitung gemahlenen Abbruchbetons in der Landschaft infrage käme.

Begründung: Einfaches Ausbreiten von zerkleinertem Abbruchbeton ohne weitere technische Massnahmen kann zwar den Grad der natürlich stattfindenden Carbonatisierung von Abbruchbeton vergrössern, aber die Permanenz der CO_2-Fixierung bei diesem Vorgang ist noch nicht geklärt. Auch die Umweltauswirkungen im Boden sind noch nicht ausreichend erforscht. Hingegen lassen sich neben ökologischen und technischen Risiken auch starke sozioökonomische Bedenken identifizieren (LOTA und Interviews). Die Stakeholder vertreten die Ansicht, dass das Schadstoffpotenzial und der hohe pH-Wert von Abbruchbeton negative Auswirkungen auf die Bodenqualität und Gesundheit der Bevölkerung haben könnte. Da Abbruchbeton zudem auch schadstoffbelastet sein kann, sollte diese NET-Variante nicht weiter in Betracht gezogen werden, zumal die technische Carbonatisierung besser gesteuert und überwacht werden kann (LOTA und Workshop).

Zeithorizont: mittel- bis langfristig

Dimension: Chancen und Risiken verstehen und adressieren

5.6.7. Empfehlung 7: Natürliche Silicatgesteine in der Schweiz sollten nicht als Rohstoff für die beschleunigte Verwitterung verwendet werden

Ansatzpunkt: Eine weitere theoretische NET-Variante zur mineralischen Abscheidung von CO_2 aus der Luft ist die beschleunigte Verwitterung zerkleinerter Silicatgesteine wie Serpentinit oder Basalt. Die natürliche Verwitterung dieser Gesteinstypen bindet ebenfalls CO_2 aus der Luft. Dies ist jedoch ein sehr langsamer Vorgang, der sich technisch beschleunigen lässt. Dazu muss das Festgestein abgebaut und zerkleinert werden, um es effektiv mit CO_2 in Kontakt zu bringen.

Begründung: Die Verwendung natürlich vorkommender Silicatgesteine wie Serpentinit oder das Mineral Olivin (Bestandteil von Basalt) erfordert deren oberflächennahen Abbau und Zerkleinerung. Da diese Gesteine in der Schweiz oberflächennah nur in einigen Gebieten südlich des Alpenhauptkamms vorkommen, besteht nur ein geringes NE-Potenzial. Zudem ist für den Abbau, die Verarbeitung und gegebenenfalls den Transport ein hoher Energieaufwand erforderlich. Weiter kann der oberflächennahe Gesteinsabbau zu Zielkonflikten mit der Landwirtschaft, dem Tourismus sowie dem Natur- und Immissionsschutz führen (LOTA und Workshop). Deshalb wird diese NET-Variante von den befragten Stakeholdern kritisch bewertet. Insbesondere wurden Bedenken hinsichtlich der ökologischen und sozioökonomischen Auswirkungen des Festgesteinabbaus in den Alpen zum Ausdruck gebracht. Als NET-Option wäre diese Variante der mineralischen CO_2-Speicherung nach Ansicht einzelner Stakeholder nur im Ausland realistisch, z. B. in Skandinavien, wo Olivin und Basalt in grossen Mengen verfügbar sind.

Zeithorizont: mittel- bis langfristig

Dimension: Chance und Risiken verstehen und adressieren

5.7. Übersicht und Fazit

Auf der Basis von vier Analyseschritten (Abschnitt 2.6) hat das Projektteam insgesamt 35 Empfehlungen für die zukünftige Nutzung von NET in der Schweiz erarbeitet, darunter sowohl allgemeine Empfehlungen, die sich auf alle NET beziehen, als auch Empfehlungen, die sich auf einzelne NET konzentrieren. Die Studie enthält Empfehlungen für die Finanzierung von NET, Empfehlungen für die (Weiter-)Entwicklung von Regelungen, Standards oder Grenzwerten (Monitoring, Accounting, Permanenz, Emissionsfaktoren etc.), Empfehlungen für die Aus- und Weiterbildung der involvierten Akteuren (z. B. aus der Landwirtschaft) und Reallabore, Empfehlungen zur vorausschauenden Koordinierung und Planung zwischen Regionen (Kantone und Gemeinden) oder verschiedenen Akteursgruppen (Forstwirtschaft, Baugewerbe etc.), Empfehlungen für die Weiterentwicklung des Wissensstandes zu NET (Langzeitwirkungen, Minderungspotenzial, Kosten etc.) sowie Empfehlungen zur (Weiter-)Entwicklung von Strategien (z. B. Biomasse) und Zielen (z. B. getrennt für NET und THG-Minderung) aber auch Empfehlungen, bestimmte Optionen nicht zu verfolgen (z. B. keine Förderung von DACCS-Anlagen im Inland, keine Nutzung von Silicatgestein).

Um den Beitrag der NET zum Netto-Null-Ziel der Schweiz zu ermöglichen, müssen verschiedene Akteure an der Entwicklung mitwirken. Dabei wurde zwischen Bund, Kantonen, Gemeinden, Unternehmen, Wissenschaft und sonstigen Akteuren differenziert. **Tab. 8** gibt einen Überblick darüber, bei wie vielen Empfehlungen zu den einzeln NET die jeweiligen Akteure für die Umsetzung verantwortlich sind oder an der Umsetzung mitwirken sollen.

Tab. 8: Rollen verschiedener Akteure bei der Umsetzung der Empfehlungen

	Allge-mein						**Alle**
Verantwortlich	**9**	**5**	**5**	**6**	**3**	**7**	**35**
Bund	7	5	3	5	3	5	28
Wissenschaft	1		2				3
Unternehmen						2	2
Kantone				1			1
Sonstige	1						1
Mitwirkung	**10**	**3**	**4**	**1**	**1**	**6**	**25**
Wissenschaft	5	2	1			3	11
Unternehmen	3				1	1	5
Kantone	1	1	2	1		1	6
Gemeinden	1					1	2
Sonstige			1				1

Quelle: Eigene Zusammenstellung

Da NET ein neues Politikfeld sind und sie zum gesamtschweizerischen Netto-Null-Ziel beitragen sollen, liegt die Verantwortung für die Umsetzung in den meisten Fällen beim Bund. Da zudem erheblicher Forschungs- und Entwicklungsbedarf besteht, ist in vielen Fällen die Mitwirkung von Wissenschaft oder Unternehmen gefordert. Die Kantone und Gemeinden sind unverzichtbar, wenn es um eine vorausschauende regionale Koordination und Planung geht, wie z. B. bei der Standortwahl von NET-Anlagen und Transportinfrastrukturen/Speichern für abgeschiedenes CO_2.

Tab. 9 zeigt eine Übersicht über den Zeithorizont, in dem die Empfehlungen für die einzelne NET umgesetzt werden müssen. Aufgrund der Neuheit des Politikfeldes und der Tatsache, dass für die Entwicklung und Implementierung eines weitgehend neuen Technologiefeldes bis zum Zieldatum 2050 nicht viel Zeit bleibt, müssen die meisten Empfehlungen kurz- oder mittelfristig umgesetzt werden.

Tab. 9: Zeithorizont für die Umsetzung der Empfehlungen

	Allgemein						**Alle**
Gesamtergebnis	**9**	**5**	**5**	**6**	**3**	**7**	**35**
kurzfristig	6	5	3	1	2	4	21
kurz-/mittelfristig	3		2	3	1		9
mittelfristig				1		1	2
mittel-/langfristig				1		2	3

Quelle: Eigene Zusammenstellung

Die Empfehlungen, bestimmte denkbare Entwicklungen nicht weiter zu verfolgen, wurden als mittel- bis langfristig eingestuft. Manche Empfehlungen können erst mittelfristig umgesetzt werden, da zuvor andere Empfehlungen kurz- bis mittelfristig umgesetzt werden müssen, z. B. die Standortplanung von NET-Anlagen, die auf geologische Speicher angewiesen sind.

Darüber hinaus wurden die einzelnen Empfehlungen nach vier soziotechnischen Dimensionen kategorisiert. Die Übersicht der Kategorisierung in **Tab. 10** zeigt, dass jeweils etwa zehn Empfehlungen auf die Kategorien «Bewertungsrahmen schaffen», «Chancen und Risiken verstehen und adressieren» sowie «Entwicklung und Umsetzung fördern» entfallen.

Tab. 10: Soziotechnische Dimensionen der Empfehlungen

	Allgemein						**Alle**
Insgesamt	**9**	**5**	**5**	**6**	**3**	**7**	**35**
1. Bewertungsrahmen schaffen	3	2	1		2	3	11
2. Chancen und Risiken verstehen und adressieren	1	2	3	1	1	2	10
3. Entwicklung und Umsetzung fördern	4	1		3		2	10
4. Kommunikation und Partizipation	1		1	2			4

Quelle: Eigene Zusammenstellung

Auch die übergreifenden Empfehlungen und die Empfehlungen für die einzelnen NET sprechen meist mehrere Dimensionen an. Da die Entwicklung des Politikfeldes noch am Anfang steht, müssen zunächst viele andere sozioökonomische und technische Fragen geklärt werden, bevor eine breite Kommunikation und Partizipation sinnvoll erscheinen. Gleichwohl sollte diese letzte Dimension nicht vernachlässigt werden und sie bedarf einer frühzeitigen Vorbereitung.

Für die Implementierung der NET ist die Mitwirkung verschiedener Akteure, vor allem aus Regierung und Verwaltung (Bund, Kantone, Gemeinden) sowie aus Wissenschaft und Wirtschaft, erforderlich. Da die NET einen wichtigen Beitrag zum Netto-Null-Ziel der Schweiz leisten sollen, kommt dem Bund eine besondere Verantwortung für deren Weiterentwicklung und Implementierung zu. Wenn die involvierten Akteure konstruktiv zusammenarbeiten und die Empfehlungen zeitnah umgesetzt werden, besteht die Chance, dass die NET den angestrebten Beitrag zur Erreichung des Schweizer Netto-Null-Ziels im Jahr 2050 erbringen.

6. Schlussfolgerungen und Ausblick

Die Analyse der in dieser Studie betrachteten Negativemissionstechnologien zeigt einerseits, dass sie einen wichtigen Beitrag zur Erreichung des Schweizer Netto-Null-Ziels leisten können. Andererseits stehen die technische Entwicklung und Anwendung der NET noch weitgehend am Anfang, und die Erfolgsaussichten für die Zielerreichung sind aufgrund verschiedener Unwägbarkeiten (technisch, planerisch, finanziell) noch keinesfalls gesichert. Vor diesem Hintergrund erscheint der vom Bundesrat geschätzte Bedarf für Negativemissionen von rund 7 Mio. t CO_2eq im Jahr 2050 zum Ausgleich schwer vermeidbarer Treibhausgasemissionen aus Landwirtschaft und Industrie (ohne CCS) als grosse Herausforderung. Viele technische, administrative und methodische Fragen müssen vor einer Anwendung im industriellen Massstab noch geklärt werden. Insbesondere auf der methodischen Ebene ist die exakte Definition und Festlegung der Systemgrenzen der NET die Grundlage für Potenzialberechnungen, Zertifizierung, Finanzierung und Monitoring. Die im Rahmen der Studie konsultierten Stakeholder und Fachleute haben sowohl Chancen wie auch Risiken für Gesellschaft und Umwelt aufgezeigt. Diese wurden vom Projektteam reflektiert und nach einer systemischen Analyse zu politisch umsetzungsorientierten Empfehlungen verarbeitet.

Die übergreifende Einschätzung ist, dass die Negativemissionstechnologien kein Allheilmittel für den Klimaschutz darstellen und kein «Weiter-wie-bisher» ermöglichen. Angesichts limitierender Faktoren wie Energie- und Ressourcenbedarf sowie der begrenzten Verfügbarkeit geologischer CO_2-Speicher in der Schweiz ist die gesamte jährliche Senkenleistung der betrachteten NET begrenzt. Sie lässt sich nicht beliebig hochskalieren. Sie reicht allenfalls dafür aus, die im Jahr 2050 verbleibenden, schwer vermeidbaren THG-Emission auszugleichen. Auch kann keine der NET für sich allein die verbleibenden Emissionen kompensieren. Folglich muss die Emissionsminderung in allen Wirtschaftszweigen und Konsumbereichen weiterhin erste Priorität haben. Es besteht Einigkeit darüber, dass, je früher und je stärker die Emissionen reduziert werden, desto mehr Kosten gespart und Risiken für die Gesellschaft und Umwelt reduziert werden können. Zugleich muss die Entwicklung der NET mit Nachdruck vorangetrieben werden, um sicherzustellen, dass das prognostizierte CO_2-Entnahmepotenzial zur Erreichung des Netto-Null-Ziels im Jahr 2050 tatsächlich im benötigten Umfang zur Verfügung steht.

Das Netto-Null-Ziel der Schweiz bis 2050 steht im Einklang mit dem Ziel des globalen Klimaabkommens. Die Reduktion der THG-Emissionen hat in diesem

Zusammenhang klare Priorität, und auch die langfristige Klimastrategie des Bundesrates bekennt sich zum Vorrang der Emissionsvermeidung. Der Einsatz von NET als ergänzende Option zur Erreichung des Netto-Null-Ziels soll nicht von den Anstrengungen zur Emissionsvermeidung ablenken. Im politischen Diskurs mitzudenken sind auch die gesamtgesellschaftlichen Kosten und Risiken der Klimaerhitzung, die im Falle einer Nichtrealisierung des angestrebte NE-Beitrags von der Bevölkerung getragen werden müssten.

Vor diesem Hintergrund sollten folgende Fragen breit diskutiert und beantwortet werden:

- Wie viele THG-Restemissionen will sich die Schweiz in Zukunft noch «leisten» und was bedeutet «schwer vermeidbar» im Zusammenhang mit den verbleibenden THG-Restemissionen?
- Angesichts der Feststellung, dass die NET keine schnell verfügbare Lösung bieten und auch die Zielgrössen der Entnahme optimistisch anmuten, stellt sich die Frage: Sollten nicht ehrgeizigere Reduktionsziele als die heute geplanten umgesetzt werden?
- Einerseits ist es ratsam, die Forschung und Entwicklung der NET aus Steuermitteln des Bundes mitzufinanzieren, um sie möglichst schnell zur Anwendungsreife zu bringen. Andererseits gilt es aber auch, eine verursachergerechte Finanzierung der Implementierungs- und Betriebskosten der NET und der CO_2-Speicherung zu gewährleisten. Wie sollen in diesem Spannungsfeld die Entwicklung und Implementierung der Technologien finanziert werden?
- Was soll und muss nach 2050 geschehen, wenn zur Stabilisierung des Klimas weitere Senkungen der THG in der Atmosphäre erforderlich sind (netto-negativ)?

Die genaue Ausgestaltung und Implementierung der NET zur Zielerreichung in der Schweiz ist nicht vordefiniert, sondern bleibt abhängig von der technologischen Entwicklung sowie einer gesellschaftlichen und (grenzüberschreitenden) politischen Aushandlung (Synergien zwischen Ländern und zwischen Stakeholdern). Teil dieses komplexen Prozesses werden Interessenkonflikte sein, beispielsweise um die Nutzung begrenzter Ressourcen wie Biomasse, Wasser, Land und erneuerbare Energien. Aber auch aus den Prozessen der technologischen und sozialen Innovationen werden sich neue Herausforderungen und neue Lösungswege ergeben. Es wird darauf ankommen, diese Innovationen anhand der in diesem Bericht entwickelten Empfehlungen und Massnahmen regelmässig zu reflektieren.

7. Anhang

Onlinebefragung mit dem LOTA-Befragungstool. Die Befragung wurde parallel zu den fünf untersuchten NET geführt. Die Fragen unterschieden sich dabei nur durch den im Text ersichtlichen Platzhalter {{TECHNOLOGY}}, an dessen Stelle die jeweilige Technologie, z. B. DACCS, eingesetzt wurde.

Phase 1

Weitere Platzhalter finden sich bei Question 2 und Question 3:

{{IMPACT List}} ...	die Liste der Wirkungskategorien
{{OR_PL}} ...	Opportunities / Risks (plural)
{{OR_SI}} ...	Opportunity / Risk (singular)

An ihrer Stelle werden Wirkungskategorien eingesetzt, die aus vorhergehenden Fragen resultieren:

Question 1: Select the most important global goals

Description:

You see below a list of nine global goals that are derived from larger collections, in particular the UN Sustainable Development Goals (SDGs) and the Universal Declaration of Human Rights. In addition, the goals incorporated in the following indicator systems: Human Development Index (HDI), Multi-Dimensional Poverty Index (MDPI), Happy Planet Index (HPI). All these sources have been condensed to the nine goals. You don't have to deal with the original sources behind unless you want to.

Take enough time to understand what the nine goals mean. If you are interested in the sources and how they are related to any of the nine goals, please click on the (i) symbol and you will see the relevant citations by source.

From the nine goals, please select up to four on whose development technology has the greatest impact (opportunity or risk). Please drag and drop the goals you selected to a ranked position on the right side.

Alternatively, you may double-click a goal to select it. In the end, the max. 4 goals you selected should be ordered according to the priority you want to assign to them (from highest to lowest).

Fulfilment of Basic Needs	No poverty, no hunger, availability of water and sanitation for all, standard of living adequate for health and well-being, including food, clothing, housing, energy, medical care and necessary social services.
Basic Freedoms	Freedom of thought and religion; freedom of opinion, expression and peaceful assembly; freedom of movement and asylum. Democratic and economic freedoms. Right to rest and leisure. No slavery.
Security and Peace	Safe cities and settlements. Peaceful and inclusive societies. Social security, just and favourable conditions of work. No torture or cruel, inhuman or degrading treatment or punishment.
Healthy Environment	Stable world climate. Healthy oceans and water resources. Sustainable use of terrestrial ecosystems, no further land degradation and biodiversity loss. Sustainable consumption and production patterns.
Education and Access to Knowledge	Education and lifelong learning opportunities for all. Right to participate in the cultural life of the community, to enjoy the arts and to share in scientific advancement and its benefits.
Rule of Law	Access to justice for all and effective, accountable and inclusive institutions. Guarantee of fundamental rights granted by the constitution or by law.
Equality	Equal rights for all human beings, no discrimination due to gender, religion, race, nationality. Reduction of inequality within and among countries.
Prosperity	Well-being. Economic growth and full employment. High income per capita. Resilient infrastructure, ongoing industrialization and innovation.
Global Consensus and Governance	Strengthen the means of implementation and the global partnerships for human rights and for sustainable development.

Question 2

State of the world and expected impact of {{TECHNOLOGY}}

The following questions refer to the global goals you selected in the previous step. As initially mentioned, the technology assessment study follows the precautionary principle. So, we want to learn how you as stakeholders relate the technology in relevance to global goals and the future development. Again, there is no right or wrong. Your opinion counts to receive a landscape of opinions in the end of this Phase.

For rating: For each goal, you will be asked the same questions:

Answer Style	Strongly Disagree, Disagree, Agree, Strongly Agree
Question:	{{TECHNOLOGY}} will bring about additional opportunities to the implementation of this goal. Please provide the reason why you think the technology will bring additional opportunities for this goal.
Question:	{{TECHNOLOGY}} will bring about additional risks to the implementation of this goal. Please provide the reason why you think the technology will bring additional risk for this goal.

Phase 2

Question 1

Set of global goals most relevant for the discussion of {{TECHNOLOGY}}

The list of global goals you see below is a result of Phase 1. It contains those goals that seem to be most relevant for our discussion about {{TECHNOLOGY}}.

How did we choose this shortlist of global goals?

We first put together all global goals that were selected by any participant in Phase 1. To shorten the list again, we selected the ones that were best fulfilling the following criteria:

General importance: The highest rank they got from anyone in the selection step in Phase 1.

Technological impact: The extent of opportunity or risk of {{TECHNOLOGY}} for the goal that was identified in Phase 1.

The shortening has the purpose to reduce the complexity of the following steps by focusing on the most relevant aspects. In all remaining steps, we will refer to this (shortened) unified list of goals.

Question 2

Below you see a list of possible impacts of {{TECHNOLOGY}} that has been condensed from the input of all participants of Phase I.

{{IMPACT_LIST}}

Some of these impacts may have positive, others may have negative consequences for the global goals, and some even both. Independent of this, we would like to know what you think about the future importance of these impacts.

Therefore, the questions you see below intentionally assume no distinction between positive and negative impacts. (We will later come back to this and ask you about the opportunities and risks you see for the global goals in these impacts.)

Question: *How do you rate the probability that this impact of {{TECHNOLOGY}} will play an important role in the future?*

Very Unlikely, Rather Unlikely, Rather Likely, Very Likely

Question 3. Opportunities and Risks

Look at the global goals on the left side and drag the ones (if any) to the right, for which the impact {{IMPACT}} creates significant {{OR_PL}}.

Order the goals on the right (if any) from highest to lowest {{OR_SI}} (top means the highest opportunity)

If you see no {{OR_SI}} for any of the goals, then go to the next question.

Literatur

Agroscope (2022): Agroforstwirtschaft als neue Landnutzungsform, Agroscope. Online verfügbar unter https://www.agroscope.admin.ch/agroscope/de/home/themen/umwelt-ressourcen/biodiversitaet-landschaft/agrarlandschaft/agroforstwirtschaft.html, zuletzt geprüft am 27.08.2022.

Alcalde, J.; Flude, S.; Wilkinson, M.; Johnson, G.; Edlmann, K.; Bond, C. E.; Scott, V.; Gilfillan, S. M. V.; Ogaya, X.; Haszeldine, R. S. (2018): Estimating geological CO_2 storage security to deliver on climate mitigation. In: *Nature communications* 9 (1), S. 2201. DOI: 10.1038/s41467-018-04423-1.

Allgaier Leuch, B.; Streit, K.; Brang, P. (2017): Naturnaher Waldbau im Klimawandel. Online verfügbar unter https://www.dora.lib4ri.ch/wsl/islandora/object/wsl:13997/datastream/PDF/view, zuletzt geprüft am 26.09.2022.

AU – American University (2020a): What is Agroforestry? Online verfügbar unter https://www.american.edu/sis/centers/carbon-removal/fact-sheet-agroforestry.cfm, zuletzt geprüft am 24.06.2022.

AU – American University (2020b): What is Soil Carbon Sequestration? Online verfügbar unter https://www.american.edu/sis/centers/carbon-removal/fact-sheet-soil-carbon-sequestration.cfm, zuletzt geprüft am 24.06.2022.

BAFU – Bundesamt für Umwelt (2009): Strategie für die Produktion, Verarbeitung und Nutzung von Biomasse in der Schweiz. Online verfügbar unter https://www.newsd.admin.ch/newsd/message/attachments/15396.pdf, zuletzt geprüft am 02.10.2022.

BAFU – Bundesamt für Umwelt (2013): Waldpolitik 2020, Visionen, Ziele und Massnahmen für eine nachhaltige Bewirtschaftung des Schweizer Waldes. Online verfügbar unter https://www.bafu.admin.ch/bafu/de/home/themen/wald/fachinformationen/strategien-und-massnahmen-des-bundes/waldpolitik.html, zuletzt geprüft am 28.07.2022.

BAFU – Bundesamt für Umwelt (2017a): Boden in der Schweiz. Online verfügbar unter https://www.bafu.admin.ch/dam/bafu/de/dokumente/boden/uz-umwelt-zustand/boden-schweiz.pdf.download.pdf/UZ-1721-D_Boden2017.pdf, zuletzt geprüft am 29.09.2022.

BAFU – Bundesamt für Umwelt (2017b): Switzerland's Greenhouse Gas Inventory 1990–2015, National Inventory Report 2017. Online verfügbar unter https://www.infras.ch/media/filer_public/7b/7c/7b7c5db3-6426-45db-88e2-a9ca3bb88a95/che-2017-apr-nir.pdf, zuletzt geprüft am 28.07.2022.

BAFU – Bundesamt für Umwelt (2020a): Bodenstrategie Schweiz (UI-2018-D). Online verfügbar unter https://www.bafu.admin.ch/bafu/de/home/themen/boden/publikationen-studien/publikationen/bodenstrategie-schweiz.html, zuletzt geprüft am 29.07.2022.

BAFU – Bundesamt für Umwelt (2020b): Wald- und Holzforschungsförderung Schweiz (WHFF-CH). Online verfügbar unter https://www.bafu.admin.ch/bafu/de/home/themen/wald/fachinformationen/bildung--forschung-und-wissenstransfer/wald-und-holzforschungsfoerderung.html, zuletzt geprüft am 28.07.2022.

BAFU – Bundesamt für Umwelt (2021a): Declaration of Intent between The Federal Office for the Environment of the Swiss Confederation and The Ministry for the Environment and Natural Resources of Iceland on cooperation on climate change mitigation in the field of Carbon Removal and Carbon Capture and Storage. Online verfügbar unter https://www.bafu.admin.ch/dam/bafu/de/dokumente/international/fachinfo-daten/2021.07.20%20MoU%20SUI-ISL%20Cooperation%20on%20climate%20change%20mitigation%20in%20the%20field%20of%20Carbon%20Removal%20and%20Carbon%20Capture%20and%20Storage.pdf.download.pdf/declaration-intent-iceland-cooperation-climate-change-mitigation.pdf, zuletzt geprüft am 30.12.2022.

BAFU – Bundesamt für Umwelt (2021b): Emissionshandelssystem für Betreiber von Anlagen. Online verfügbar unter https://www.bafu.admin.ch/dam/bafu/de/dokumente/klima/uv-umwelt-vollzug/emissionshandelssystemehs.pdf.download.pdf/emissionshandelssystemehs.pdf, zuletzt geprüft am 01.11.2022.

BAFU – Bundesamt für Umwelt (2021c): Faktenblatt – Langfristige Klimastrategie. Online verfügbar unter https://www.bafu.admin.ch/dam/bafu/de/dokumente/klima/fachinfo-daten/faktenblatt_langfristige_klimastrategie.pdf.download.pdf/Langfristige-Klimastrategie-Faktenblatt_DE.pdf, zuletzt geprüft am 20.03.2022.

BAFU – Bundesamt für Umwelt (2021d): Jahrbuch Wald und Holz 2021. Online verfügbar unter https://www.bafu.admin.ch/dam/bafu/de/dokumente/wald-holz/uz-umwelt-zustand/jahrbuch-wald-und-holz-2021.pdf.download.pdf/UZ-2125-D_JB-WaldHolz2021.pdf, zuletzt geprüft am 26.09.2022.

BAFU – Bundesamt für Umwelt (2021e): Langfristige Klimastrategie 2050. Online verfügbar unter https://www.bafu.admin.ch/bafu/de/home/themen/klima/fachinformationen/emissionsverminderung/verminderungsziele/ziel-2050/klimastrategie-2050.html, zuletzt geprüft am 15.08.2022.

BAFU – Bundesamt für Umwelt (2021f): Ressourcenpolitik Holz 2030, Strategie, Ziele und Aktionsplan Holz 2021–2026. Online verfügbar unter https://www.bafu.admin.ch/dam/bafu/de/dokumente/wald-holz/ud-umwelt-diverses/

ressourcenpolitik-holz-2030.pdf.download.pdf/de_BAFU_UI-2103_RPH_bf.pdf, zuletzt geprüft am 28.07.2022.

BAFU – Bundesamt für Umwelt (2021g): Sitzung des Intergouvernementalen Waldforums der UNO in Genf: Auf dem Weg zu einer globalen Waldkonvention. Online verfügbar unter https://www.admin.ch/gov/de/start/dokumentation/medienmitteilungen.msg-id-2981.html, zuletzt geprüft am 28.07.2022.

BAFU – Bundesamt für Umwelt (2021h): Strukturen und Betriebe in der Waldwirtschaft, Bundesamt für Umwelt. Online verfügbar unter https://www.bafu.admin.ch/bafu/de/home/themen/wald/fachinformationen/waldbewirtschaftung/strukturen-und-betriebe-in-der-waldwirtschaft.html, zuletzt geprüft am 28.07.2022.

BAFU – Bundesamt für Umwelt (2021i): Waldpolitik: Ziele und Massnahmen 2021–2024, Für eine nachhaltige Bewirtschaftung des Schweizer Waldes, zuletzt geprüft am 28.07.2022.

BAFU – Bundesamt für Umwelt (2021j): Rechtlicher Umgang mit Pflanzenkohle, Gutachten im Auftrag des BAFU. Maurer & Stäger, 15.02.2021. Online verfügbar unter https://www.bafu.admin.ch/bafu/de/home/suche.html#Rechtlicher%20Umgang%20mit%20Pflanzenkohle, zuletzt geprüft am 04.08.2022.

BAFU – Bundesamt für Umwelt (2022a): Bundesrat heisst Bericht zum Ausbau von Negativemissionstechnologien gut. Online verfügbar unter https://www.bafu.admin.ch/bafu/de/home/dokumentation/medienmitteilungen/anzeige-nsb-unter-medienmitteilungen.msg-id-88850.html, zuletzt geprüft am 25.11.2022.

BAFU – Bundesamt für Umwelt (2022b): CO_2-Abscheidung und Speicherung (CCS) und Negativemissionstechnologien (NET), Wie sie schrittweise zum langfristigen Klimaziel beitragen können. Online verfügbar unter https://www.newsd.admin.ch/newsd/message/attachments/71551.pdf.

BAFU – Bundesamt für Umwelt (2022c): CO_2-Kompensation. Online verfügbar unter https://www.bafu.admin.ch/bafu/de/home/themen/klima/fachinformationen/verminderungsmassnahmen/kompensation.html, zuletzt geprüft am 25.11.2022.

BAFU – Bundesamt für Umwelt (2022d): Emissionen von Treibhausgasen nach CO_2-Gesetz, Kyoto-Protokoll und Pariser Abkommen. Online verfügbar unter https://www.bafu.admin.ch/dam/bafu/de/dokumente/klima/fachinfo-daten/CO2_Statistik.pdf.download.pdf/CO2_Publikation_de_2022-07.pdf, zuletzt geprüft am 03.10.2022.

BAFU – Bundesamt für Umwelt (2022e): Projekte und Programme zur Emissionsverminderung und Erhöhung der Senkenleistung, Ein Modul der Mitteilung des BAFU als Vollzugsbehörde zur CO_2-Verordnung. Online verfügbar unter https://www.bafu.admin.ch/dam/bafu/de/dokumente/klima/uv-umwelt-vollzug/projekte-und-programme-zur-emissionsverminderung-und-erhoehung-der-senkenleistung-kop22.pdf.download.pdf/UV-1315-D_KOP2022.pdf, zuletzt geprüft am 28.07.2022.

BAFU – Bundesamt für Umwelt (2022f): Teilrevision der Verordnung über die Reduktion der CO_2-Emissionen (CO_2-Verordnung), Erläuternder Bericht. Online verfügbar unter https://www.newsd.admin.ch/newsd/message/attachments/71332.pdf.

BAFU – Bundesamt für Umwelt (2022g): Treibhausgasinventar 2020: Die Schweiz verfehlt ihr Klimaziel knapp (11. April). Online verfügbar unter https://www.bafu.admin.ch/bafu/de/home/dokumentation/medienmitteilungen/anzeige-nsb-unter-medienmitteilungen.msg-id-87952.html.

BAFU – Bundesamt für Umwelt; BFE – Bundesamt für Energie (2009): Energieholzpotenziale ausserhalb des Waldes. Online verfügbar unter https://www.ebp.ch/sites/default/files/project/uploads/schlussbericht_flurholz_09_12_def.pdf, zuletzt geprüft am 01.11.2022.

BAFU – Bundesamt für Umwelt; BFE – Bundesamt für Energie (2022): Decarbonizing Cement, Technology assessment and policy relevant evidence for the decarbonization of the Swiss cement industry. Online verfügbar unter https://www.aramis.admin.ch/Default?DocumentID=69298&Load=true, zuletzt geprüft am 25.09.2022.

BAG – Bundesamt für Gesundheit (2022): Aktionsplan Synthetische Nanomaterialien. Online verfügbar unter https://www.bag.admin.ch/bag/de/home/strategie-und-politik/politische-auftraege-und-aktionsplaene/aktionsplan-synthetische-nanomaterialien.html, zuletzt geprüft am 05.08.2022.

Baker, J.; Ochsner, T.; Venterea, R.; Griffis, T.: Tillage and soil carbon sequestration, What do we really know? In: *Agriculture, Ecosystems & Environment* 118 (1–4), S. 1–5. Online verfügbar unter https://www.sciencedirect.com/science/article/abs/pii/S0167880906001617.

Balesdent, J.; Basile-Doelsch, I.; Chadoeuf, J.; Cornu, S.; Derrien, D.; Fekiacova, Z.; Hatté, C. (2018): Atmosphere–soil carbon transfer as a function of soil depth. In: *Nature* 559 (7715), S. 599–602. DOI: 10.1038/s41586-018-0328-3.

Barker, T.; Bashmakov, I.; Bernstein, L.; Bogner, J. E.; Bosch, P. R.; Dave, R.; Metz, B.; Nabuurs, G. J. (2007): Climate Change 2007: Mitigation contribution of Working Group III to the Fourth Assessment Report of the Intergovernmental Panel on Climate Change, 2007. Online verfügbar unter https://edepot.wur.nl/4149, zuletzt geprüft am 28.07.2022.

Beuttler, C.; Keel, S. G.; Leifeld, J.; Schmid, M.; Berta, N.; Gutknecht, V.; Wohlgemuth, N.; Brodmann, U.; Stadler, Z.; Tinibaev, D. (2019): The role of atmospheric carbon dioxide removal in Swiss Climate Policy–Fundamentals and recommended actions. Bundesamt für Umwelt. Bern, 2019. Online verfügbar unter https://www.risiko-dialog.ch/wp-content/uploads/2019/09/CDR_Report_BAFU_Stiftung_Risiko_Dialog_2019_08_27.pdf, zuletzt geprüft am 20.03.2022.

BFE – Bundesamt für Energie (2021a): Energieperspektiven 2050+ Exkurs Biomasse, Potenziale und Einsatz in den Szenarien. Online verfügbar unter https://pubdb.bfe.admin.ch/de/publication/download/10640, zuletzt geprüft am 29.09.2022.

BFE – Bundesamt für Energie (2021b): Kommende Ausschreibungen des Förderprogramms SWEET (swiss energy research for the energy transition, 12/2021). Online verfügbar unter https://www.nlt.admin.ch/f/view.aspx?1DDCA2EA9C9DBB83096DBDFCA3496DBDACC38ADC9DBC-C35AEDE95A907A.

BFS – Bundesamt für Statistik (2021): Landwirtschaftsflächen. Online verfügbar unter https://www.bfs.admin.ch/bfs/de/home/statistiken/raum-umwelt/bodennutzung-bedeckung/landwirtschaftsflaechen.html, zuletzt geprüft am 20.12.2021.

Böll-Stiftung (2021): Direct Air Capture (DAC). Online verfügbar unter https://www.geoengineeringmonitor.org/wp-content/uploads/2021/04/direct-air-capture.pdf.

Caldecott, B.; Lomax, G.; Workman, M. (2015): Stranded Carbon Assets and Negative Emissions Technologies. University of Oxford. Online verfügbar unter https://www.allpowerlabs.com/wp-content/uploads/2020/05/Stranded_Carbon_assets_2015_02_03.pdf, zuletzt geprüft am 28.07.2022.

Cames, M.; Chaudry, S.; Göckeler, K.; Kasten, P.; Kurth, S. (2021): E-fuels versus DACCS. Öko-Institut. Online verfügbar unter https://www.transportenvironment.org/wp-content/uploads/2021/08/2021_08_TE_study_efuels_DACCS.pdf.

Cames, M.; Chaudry, S.; Keimeyer, F.; Sutter, J.; Vittorelli, L. von; Hasegawa, R.; Schilling, J. (2022):. Öko-Instiut; ECOS. Online verfügbar unter https://www.ecos.eu/files/content/downloads/publikationen/BMU_CCS%20&%20CCU.pdf, zuletzt geprüft am 01.11.2022.

Cames, M.; Harthan, R.; Füssler, J.; Lazarus, M.; Lee, C.; Erickson, P.; Spalding-Fecher, R. (2016): How additional is the Clean Development Mechanism? Analysis of the application of current tools and proposed alternatives. Öko-Institut. Online verfügbar unter https://ec.europa.eu/clima/sites/clima/files/ets/docs/clean_dev_mechanism_en.pdf, zuletzt geprüft am 13.06.2017.

Carlowitz, H. C. von (1713): Sylvicultura Oeconomica, Haußwirthliche Nachricht und Naturmäßige Anweisung Zur Wilden Baum-Zucht. Leipzig: Braun. Online verfügbar unter http://digital.slub-dresden.de/id380451980/127.

Center for Carbon Management (2021): [Zitat vom: 10.12.2021.]. Online verfügbar unter https://boku.ac.at/wabo/center-for-carbon-management.

Chenu, C.; Angers, D. A.; Barré, P.; Derrien, D.; Arrouays, D.; Balesdent, J. (2019): Increasing organic stocks in agricultural soils: Knowledge gaps and potential innovations. In: *Soil and Tillage Research* (188), S. 41–52. DOI: 10.1016/j.still.2018.04.011.

Consoli, C. (2019): Bioenergy and Carbon Capture and Storage, Global CCS Institute. Online verfügbar unter https://www.globalccsinstitute.com/wp-content/uploads/2020/04/BIOENERGY-AND-CARBON-CAPTURE-AND-STORAGE_Perspective_New-Template.pdf.

Creutzig, F.; Breyer, C.; Hilaire, J.; Minx, J.; Peters, G.; Socolow, R.: The mutual dependence of negative emission technologies and energy systems. In: *Energy & Environmental Science* (6). Online verfügbar unter https://pubs.rsc.org/en/content/articlelanding/2019/ee/c8ee03682a.

Dechow, R.; Fuß, R.; Well, R. (2021): Wie sich Lachgasemissionen landwirtschaftlicher Flächen durch ein klimaoptimiertes pH-Management senken lassen; MAGGE-pH (Project brief Thünen-Institut für Agrarklimaschutz, 2021/28). Online verfügbar unter https://literatur.thuenen.de/digbib_extern/dn064113.pdf.

Deluz, C.; Nussbaum, M.; Sauzet, O.; Gondret, K.; Boivin, P. (2020): Evaluation of the Potential for Soil Organic Carbon Content Monitoring With Farmers. In: *Frontiers in Environmental Science* 8. Online verfügbar unter https://www.frontiersin.org/articles/10.3389/fenvs.2020.00113.

Der Bundesrat (1985): Luftreinhalte-Verordnung (LRV) (814.318.142.1). Online verfügbar unter https://fedlex.data.admin.ch/filestore/fedlex.data.admin.ch/eli/cc/1986/208_208_208/20220101/de/pdf-a/fedlex-data-admin-ch-eli-cc-1986-208_208_208-20220101-de-pdf-a-6.pdf, zuletzt geprüft am 04.08.2022.

Der Bundesrat (1998): Gewässerschutzverordnung (GSchV) (814.201). Online verfügbar unter https://fedlex.data.admin.ch/filestore/fedlex.data.admin.ch/eli/cc/1998/2863_2863_2863/20210101/de/pdf-a/fedlex-data-admin-ch-eli-cc-1998-2863_2863_2863-20210101-de-pdf-a-2.pdf, zuletzt geprüft am 04.08.2022.

Der Bundesrat (2019): Bundesrat will bis 2050 eine klimaneutrale Schweiz. Online verfügbar unter https://www.admin.ch/gov/de/start/dokumentation/medienmitteilungen.msg-id-76206.html, zuletzt geprüft am 25.11.2022.

Der Bundesrat (2020a): Bodenstrategie Schweiz. Online verfügbar unter https://www.bafu.admin.ch/dam/bafu/de/dokumente/boden/ud-umwelt-diverses/bodenstrategie-schweiz.pdf.download.pdf/Bodenstrategie_2020-05-01.pdf, zuletzt geprüft am 25.09.2022.

Der Bundesrat (2020b): Von welcher Bedeutung könnten negative CO_2-Emissionen für die künftigen klimapolitischen Massnahmen der Schweiz sein? Online verfügbar unter https://www.bafu.admin.ch/dam/bafu/de/dokumente/klima/fachinfo-daten/bericht-br-2.09.20-postulat-18.4211-thorens-goumaz.pdf.download.pdf/01_d_Bericht_DE%20zu%20BRA%20UVEK%2020202008xx.pdf, zuletzt geprüft am 28.07.2022.

Der Bundesrat (2021a): Langfristige Klimastrategie der Schweiz. Online verfügbar unter https://www.bafu.admin.ch/dam/bafu/de/dokumente/klima/fachinfo-daten/langfristige-klimastrategie-der-schweiz.pdf.download.pdf/Langfristige%20Klimastrategie%20der%20Schweiz.pdf, zuletzt geprüft am 25.09.2022.

Der Bundesrat (2021b): Totalrevision des CO_2-Gesetzes: Bundesrat eröffnet Vernehmlassung zur CO_2-Verordnung. Online verfügbar unter https://biblio.parlament.ch/e-docs/1901453428.pdf.

Der Bundesrat (2022a): Bund erneuert Zusammenarbeit mit der Stiftung Klimarappen. Online verfügbar unter https://www.admin.ch/gov/de/start/dokumentation/medienmitteilungen.msg-id-88808.html, zuletzt geprüft am 25.11.2022.

Der Bundesrat (2022b): Bundesrat verabschiedet Botschaft zum revidierten CO_2-Gesetz. Online verfügbar unter https://www.admin.ch/gov/de/start/dokumentation/medienmitteilungen.msg-id-90389.html, zuletzt geprüft am 25.11.2022.

Der Bundesrat (2022c): Verordnung über das Inverkehrbringen von Düngern (Dünger-Verordnung, DüV). Online verfügbar unter https://fedlex.data.admin.ch/filestore/fedlex.data.admin.ch/eli/cc/2001/105/20220716/de/pdf-a/fedlex-data-admin-ch-eli-cc-2001-105-20220716-de-pdf-a.pdf, zuletzt geprüft am 05.10.2022.

DG Research – European Commission, Directorate-General for Research and Innovation (2019): Bioeconomy: the European way to use our natural resources: action plan 2018. Online verfügbar unter https://op.europa.eu/o/opportal-service/download-handler?identifier=775a2dc7-2a8b-11e9-8d04-01aa75ed71a1&format=pdf&language=en&productionSystem=cellar&part=.

Die Bundesversammlung der Schweizerischen Eidgenossenschaft (1983): Umweltschutzgesetz (USG) (814.01). Online verfügbar unter https://fedlex.data.admin.ch/filestore/fedlex.data.admin.ch/eli/cc/1984/1122_1122_1122/20220101/de/pdf-a/fedlex-data-admin-ch-eli-cc-1984-1122_1122_1122-20220101-de-pdf-a-5.pdf, zuletzt geprüft am 04.08.2022.

Die Bundesversammlung der Schweizerischen Eidgenossenschaft (1991): Gewässerschutzgesetz (GSchG) (814.20). Online verfügbar unter https://fedlex.data.admin.ch/filestore/fedlex.data.admin.ch/eli/cc/1992/1860_1860_1860/20220101/de/pdf-a/fedlex-data-admin-ch-eli-cc-1992-1860_1860_1860-20220101-de-pdf-a-2.pdf, zuletzt geprüft am 04.08.2022.

Dupla, X.; Gondret, K.; Sauzet, O.; Verrecchia, E.; Boivin, P. (2021): Changes in topsoil organic carbon content in the Swiss leman region cropland from 1993 to present. Insights from large scale on-farm study. In: *Geoderma* 400, S. 115125. DOI: 10.1016/j.geoderma.2021.115125.

Dupla, X.; Lemaître, T.; Grand, S.; Gondret, K.; Charles, R.; Verrecchia, E.; Boivin, P. (2022): On-Farm Relationships Between Agricultural Practices and Annual Changes in Organic Carbon Content at a Regional Scale. In: *Frontiers in Environmental Science* 10. Online verfügbar unter https://www.frontiersin.org/articles/10.3389/fenvs.2022.834055.

EASAC – European Academies Science Advisory Council (2017): Multi-functionality and sustainability in the European Union's forests (32). Online verfügbar unter https://easac.eu/fileadmin/PDF_s/reports_statements/Forests/EASAC_Forests_web_complete.pdf, zuletzt geprüft am 28.07.2022.

EASAC – European Academies Science Advisory Council (2018): Opportunities for soil sustainability in Europe (Science advice for the benefit of Europe, 36). Halle (Saale): EASAC Secretariat Deutsche Akademie der Naturforscher Leopoldina. Online verfügbar unter https://easac.eu/fileadmin/PDF_s/reports_statements/EASAC_Soils_complete_Web-ready_210918.pdf, zuletzt geprüft am 28.09.2022.

EASAC – European Academies Science Advisory Council (2022): Regenerative agriculture in Europe, A critical analysis of contributions to European Union farm to fork and biodiversity strategies (Science advice for the benefit of Europe, 44). Halle (Saale): EASAC Secretariat Deutsche Akademie der Naturforscher Leopoldina – German National Academy of Sciences. Online verfügbar unter https://easac.eu/fileadmin/PDF_s/reports_statements/Regenerative_Agriculture/EASAC_RegAgri_Web_290422.pdf, zuletzt geprüft am 29.09.2022.

EBC – European Biochar Certification: Positive list of permissible biomasses for the production of biochar. Online verfügbar unter https://www.european-biochar.org/media/doc/2/positivlist_en_2022_1_v10_1.pdf, zuletzt geprüft am 06.01.2022.

EDA – Eidgenössisches Departement für auswärtige Angelegenheiten (2022): Die Umsetzung der Agenda 2030 für nachhaltige Entwicklung, Länderbericht der Schweiz. Online verfügbar unter https://www.eda.admin.ch/dam/agenda2030/de/documents/laenderbericht2022_DE.pdf, zuletzt geprüft am 21.11.2022.

EK – Europäische Kommission (2014): Technology readiness levels (TRL), Commission Decision C(2014)4995. Online verfügbar unter https://ec.europa.eu/research/participants/data/ref/h2020/wp/2014_2015/annexes/h2020-wp1415-annex-g-trl_en.pdf, zuletzt geprüft am 18.08.2022.

EK – Europäische Kommission (2018): Supporting policy with scientific evidence, We mobilise people and resources to create, curate, make sense of and use knowledge to inform policymaking across Europe. Online verfügbar unter https://knowledge4policy.ec.europa.eu/glossary-item/cascading-use_en.

EK – Europäische Kommission (2021a): Angenommene Texte, Entschließung des Europäischen Parlaments vom 24. November 2021 zu einer europäischen Strategie für kritische Rohstoffe (2021/2011(INI)). Online verfügbar unter https://www.europarl.europa.eu/doceo/document/TA-9-2021-0468_DE.html, zuletzt geprüft am 24.09.2022.

EK – Europäische Kommission (2021b): Neue EU-Waldstrategie für 2030. Online verfügbar unter https://ec.europa.eu/commission/presscorner/detail/de/qanda_21_3548, zuletzt geprüft am 28.07.2022.

EK – Europäische Kommission (2021c): Sustainable Carbon Cycles (COM (2021) 800 final). Online verfügbar unter https://ec.europa.eu/transparency/documents-register/api/files/COM(2021)800_0/090166e5e7150c76?rendition=false, zuletzt geprüft am 17.11.2022.

EKHA – Ethikkommission für die Biotechnologie im Ausserhumanbereich (2022): Klimawandel, Landwirtschaft und die Rolle der Biotechnologie. Online verfügbar unter https://www.ekah.admin.ch/inhalte/dateien/EKAH-Bericht_Klimawandel__Landwirtschaft__Biotechnologie_2022_DE.pdf, zuletzt geprüft am 25.11.2022.

Erni, M.; Thees, O.; Lemm, R. (2017): Altholzpotenziale der Schweiz für die energetische Nutzung. Online verfügbar unter https://www.dora.lib4ri.ch/wsl/islandora/object/wsl%3A9107/datastream/PDF/Erni-2017-Altholzpotenziale_der_Schweiz_f%C3%BCr_die-%28published_version%29.pdf, zuletzt geprüft am 26.09.2022.

Fasihi, M.; Efimova, O.; Breyer, C. (2019): Techno-economic assessment of CO_2 direct air capture plants. In: *Journal of Cleaner Production* 224, S. 957–980. Online verfügbar unter https://www.sciencedirect.com/science/article/pii/S0959652619307772?via%3Dihub.

Fehrenbach, H.; Bischoff, M.; Böttcher, H.; Reise, J.; Hennenberg, K. J. (2022): The Missing Limb: Including Impacts of Biomass Extraction on Forest Carbon Stocks in Greenhouse Gas Balances of Wood Use. In: *Forests* 13 (3). DOI: 10.3390/f13030365.

FiBL – Forschungsinstitut für biologischen Landbau (2021): Kohle fürs Klima. Online verfügbar unter https://www.fibl.org/de/infothek/meldung/kohle-fuers-klima, zuletzt geprüft am 05.08.2022.

Florin, M. V.; Rouse, P.; Hubert, A. M.; Honegger, M.; Reynolds, J. (2020): International governance issues on climate engineering Information for policymakers. Online verfügbar unter https://infoscience.epfl.ch/record/277726.

FOEN – Federal Office for the Environment (2021): Harvested wood products (HWP) in the Swiss National Inventory Report 2021 (GHG inventory 1990-2019). Online verfügbar unter https://www.bafu.admin.ch/dam/bafu/en/dokumente/klima/klima-climatereporting-referenzen-cp2/FOEN-2021e.pdf.download.pdf/FOEN-2021e_HWP_in_the_Swiss_GHG_inventory.pdf, zuletzt geprüft am 26.09.2022.

Fuss, S.; Lamb, W. F.; Callaghan, M. W.; Hilaire, J.; Creutzig, F.; Amann, T.; Beringer, T.; Oliveira Garcia, W. de; Hartmann, J.; Khanna, T.; Luderer, G.; Nemet, G. F.; Rogelj, J. et al. (2018): Negative emissions – Part 2: Costs, potentials and side effects. In: *Environmental Research Letters*. Online verfügbar unter https://publications.pik-potsdam.de/rest/items/item_22961_3/component/file_22962/content, zuletzt geprüft am 28.07.2022.

GBV (2020): Der Bundesrat. Grundbuchverordnung, GBV, Fassung vom Stand am 01.07.2020. Online verfügbar unter https://www.fedlex.admin.ch/eli/cc/2011/667/de.

GIZ – Gesellschaft für Internationale Zusammenarbeit (2015): Kooperationsmanagement in der Praxis, Gesellschaftliche Veränderungen gestalten mit Capacity WORKS. Wiesbaden: Springer Fachmedien.

Gletscher-Initiative (2019): Eidgenössische Volksinitiative «Für ein gesundes Klima (Gletscher-Initiative)». Online verfügbar unter https://www.bk.admin.ch/ch/d/pore/vi/vis498t.html, zuletzt geprüft am 25.11.2022.

Gletscher-Initiative (2022a): Bundesgesetz über die Ziele im Klimaschutz, die Innovation und die Stärkung der Energiesicherheit (KIG), Vorlage der Redaktionskommission für die Schlussabstimmung. Online verfügbar unter https://gletscher-initiative.ch/media/pages/gegenvorschlag/90ee43f441-1665395539/klg_deutsch.pdf, zuletzt geprüft am 25.11.2022.

Gletscher-Initiative (2022b): Klimaschutz ist Alpenschutz! Online verfügbar unter https://www.alpeninitiative.ch/themen/gletscherinitiative/.

Günther, A.; Barthelmes, A.; Huth, V.; Joosten, H.; Jurasinski, G.; Koebsch, F.; Couwenberg, J. (2020): Prompt rewetting of drained peatlands reduces climate warming despite methane emissions. In: *Nature communications* 11 (1), S. 1644. DOI: 10.1038/s41467-020-15499-z.

Hände, S. (2022): Rückschlag für geplante Klima-Taskforce, Ablösung der Covid-Stelle. Der Tagesanzeiger. Online verfügbar unter https://www.tagesanzeiger.ch/rueckschlag-fuer-geplante-klima-taskforce-783167442505.

Hennenberg, K.; Böttcher, H.; Braungardt, S.; Köhler, B.; Reise, J.; Köppen, S.; Bischoff, M.; Fehrenbach, H.; Pehnt, M.; Werle, M.; Mantau, U. (2022): Aktuelle Nutzung und Förderung der Holzenergie, Teilbericht zu den Projekten BioSINK und BioWISE (Climate Change, 12/2022). Öko-Institut; Institut für Energie- und Umweltforschung; Informationssysteme für Rohstoffe. Umweltbundesamt (Hg.). Dessau-Roßlau. Online verfügbar unter https://www.umweltbundesamt.de/sites/default/files/medien/479/publikationen/cc_12-2022_aktuelle_nutzung_und_foerderung_der_holzenergie.pdf, zuletzt geprüft am 25.09.2022.

Hofer, P.; Taverna, R.; Werner, F.; Kaufmann, E.; Thürig, E. (2007): CO_2-Effekte der Schweizer Wald- und Holzwirtschaft, Szenarien zukünftiger Beiträge zum Klimaschutz. Bundesamt für Umwelt. Bern. Online verfügbar unter https://www.lignum.ch/files/images/Downloads_deutsch/CO2-Effekte_der_Schweizer_Wald-_und_Holzwirtschaft.pdf, zuletzt geprüft am 28.07.2022.

infras; Perspectives (2020): Negative Emissionen und Treibhausgas-Zertifikatehandel Potenziale, Kosten und mögliche Handlungsoptionen. Online verfügbar unter https://www.infras.ch/media/filer_public/98/db/98dbf1bb-8770-48af-8994-7f4c962a5324/grundlagenbericht_senken_zertifikate_200602_final.pdf.

IPCC – Intergovernmental Panel on Climate Change (2018): Global warming of 1.5 C, An IPCC Special Report on the impacts of global warming of 1.5°C above pre-industrial levels and related global greenhouse gas emission pathways, in the context of strengthening the global response to the threat of climate change, sustainable development, and efforts to eradicate poverty (5). Online verfügbar unter https://www.ipcc.ch/site/assets/uploads/sites/2/2019/06/SR15_Full_Report_High_Res.pdf.

IPCC – Intergovernmental Panel on Climate Change (2022): Climate Changes 2022 – Mitigation of Climate Change, Summary for Policymakers. Online verfügbar unter https://www.ipcc.ch/report/ar6/wg3/downloads/report/IPCC_AR6_WGIII_SPM.pdf, zuletzt geprüft am 25.09.2022.

Jendrischik, M. (2022): Climeworks legt Grundstein für modulare DACS-Anlage Mammoth auf Island. Online verfügbar unter https://www.cleanthinking.de/climeworks-direct-air-capture-grundstein-mammoth-island/, zuletzt geprüft am 13.07.2022.

Juncu, D.; Árnadóttir, Th.; Geirsson, H.; Guðmundsson, G.B.; Lund, B.; Gunnarsson, G.; Hooper, A.; Hreinsdóttir, S.; Michalczewska, S. (2020): Injection-induced surface deformation and seismicity at the Hellisheidi geothermal field, Iceland (Volume 391). Online verfügbar unter https://www.sciencedirect.com/science/article/pii/S0377027317304080?via%3Dihub.

Keel, S.G.; Anken, T.; Büchi, L.; Chervet, A.; Fliessbach, A.; Flisch, R.; Huguenin-Elie, O.; Mäder, P.; Mayer, J.;Sinaj, S.;Sturny, W.; Wüst-Galley, C.; Zihlmann, U.; Leifeld, J. (2019): Loss of soil organic carbon in Swiss long-term agricultural experiments over a wide range of management practices. In: *Agriculture, Ecosystems & Environment* 286. Online verfügbar unter https://www.sciencedirect.com/science/article/abs/pii/S0167880919302701.

Kemmler, A.; Lübbers, S.; Ess, F.; Thormeyer, C. (2021): Energieperspektiven 2050+, Exkurs Negativemissionstechnologien und CCS-Potenziale, Kosten und Einsatz. Bundesamt für Energie. Online verfügbar unter https://www.bfe.admin.ch/bfe/de/home/politik/energieperspektiven-2050-plus.html.

Lackner, K. S. (2020): Practical constraints on atmospheric methane removal. In: *Nature Sustainability* 3 (5), S. 357. DOI: 10.1038/s41893-020-0496-7.

Lenton, T. M. (2010): The potential for land-based biological CO_2 removal to lower future atmospheric CO_2 concentration. In: *Carbon Management* (1), S. 145–160. Online verfügbar unter http://www.homepages.ed.ac.uk/shs/Climatechange/Carbon%20sequestration/Lenton%20CO2.pdf, zuletzt geprüft am 28.07.2022.

Logbau AG (2022): KLARK – Der Klimabeton. Online verfügbar unter https://www.klark.swiss/, zuletzt geprüft am 02.08.2022.

Lübbers, S.; Hobohm, J.; Thormeyer, C.; Dambeck, H. (2021): Technische CO_2-Senken – Techno-ökonomische Analyse ausgewählter CO_2-Negativemissionstechnologien, Kurzgutachten im Rahmen der dena-Leitstudie Aufbruch Klimaneutralität. Prognos AG. Deutsche Energie-Agentur (Hg.). Berlin. Online verfügbar unter https://www.dena.de/fileadmin/dena/Publikationen/PDFs/2021/Kurzgutachten_dena-LEITSTUDIE_AUFBRUCH_KLIMANEUTRALITAET_Prognos.pdf, zuletzt geprüft am 09.01.2022.

Luo, Z.; Wang, E.; Sun, O. (2010): Can no-tillage stimulate carbon sequestration in agricultural soils?, A meta-analysis of paired experiments. In: *Agriculture, Ecosystems & Environment* 139 (1–2). Online verfügbar unter https://www.sciencedirect.com/science/article/abs/pii/S0167880910002094?via%3Dihub.

Madhu, K.; Pauliuk, S.; Dhathri, S.; Creutzig, F. (2021): Understanding environmental trade-offs and resource demand of direct air capture technologies through comparative life-cycle assessment. In: *Nature Energy* (6), S. 1035–1044. Online verfügbar unter https://www.nature.com/articles/s41560-021-00922-6, zuletzt geprüft am 01.08.2022.

Majcher, K. (2015): What Happened to Green Concrete? Concrete that absorbs carbon dioxide has made slow progress but is finally hitting the market. MIT Technology Review. Online verfügbar unter https://www.technologyreview.com/2015/03/19/73210/what-happened-to-green-concrete/.

Martens, M.; Karlsson, N. P.; Ehde, P. M.; Mattsson, M.; Weisner, S. E. (2021): The greenhouse gas emission effects of rewetting drained peatlands and growing wetland plants for biogas fuel production. In: *Journal of Environmental Management* 277, S. 111391. DOI: 10.1016/j.jenvman.2020.111391.

Material Economics (2021): EU Biomass Use in a Net-Zero Economy, Priorities for EU biomass resources in a low-carbon transition. Online verfügbar unter https://www.sitra.fi/en/publications/eu-biomass-use-in-a-net-zero-economy/.

Matter, J.; Stute, M.; Snæbjörnsdottir, S.; Oelkers, E.; Gislason, S.; Aradottier, E.; Sigfusson, B.; Gunnarsson, I.; Sigurdardottier, H.; Roecker, W. (2016): Rapid carbon mineralization for permanent disposal of anthropogenic carbon dioxide emissions. In: *Science* 352 (6291), S. 1312–1314. Online verfügbar unter https://www.science.org/doi/epdf/10.1126/science.aad8132.

McLaren, D. (2011): Megatonnes, an initial assessment of the potential for negative emission techniques to contribute safely and fairly to meeting carbon budgets in the 21st Century. Friends of the Earth. London. Online verfügbar unter http://www.homepages.ed.ac.uk/shs/Climatechange/Carbon%20 sequestration/negatonnes.pdf, zuletzt geprüft am 28.07.2022.

Minasny, B.; Malone, B.P.; McBratney, A.B.; Angers, D.A.; Arrouays, D.; Chambers, A.; Chaplot, V.; Chen, Z.-S.; Cheng, K.; Das, B.S.; Field, D.J.; Gimona, A.; Hedley, C.B.; Hong, S.Y.; Mandal, B.; Marchant, B.P.; Martin, M.; McConkey, B.G.; Mulder, V.L.; O'Rourke, S.; Richer-de-Forges, A.C.; Odeh, I.; Padarian, J.; Paustian, K.; Pan, G.; Poggio, L.; Savin, I.; Stolbovoy, V.; Stockmann, U.; Sulaeman, U.; Tsui, C.-C.; Vågen, T.-G.; van Wesemael, B.; Winowiecki, L. (2017): Soil carbon 4 per mille. In: *Geoderma* 292, S. 59–86. Online verfügbar unter https://www.sciencedirect.com/science/article/pii/S0016706117300095?via%3Dihub.

Minx, J. C.; Lamb, W. F.; Callaghan, M. W.; Fuss, S.; Hilaire, J.; Creutzig, F.; Amann, T.; Beringer, T.; Oliveira Garcia, W. de; Hartmann, J.; Khanna, T.; Lenzi, D.; Luderer, G. et al. (2018): Negative emissions – Part 1: Research landscape and synthesis. In: *Environmental Research Letters*. Online verfügbar unter https://eprints.whiterose.ac.uk/140961/1/Minx_2018_Environ._Res._Lett._13_063001.pdf, zuletzt geprüft am 28.07.2022.

Neustark GmbH (2021): Neustark GmbH. Online verfügbar unter https://www.neustark.com/, zuletzt geprüft am 02.08.2022.

Nick, S.; Thalmann, P. (2021): Carbon removal, net zero, and implications for Switzerland. Online verfügbar unter https://e4s.center/wp-content/uploads/2021/12/CCUS_WhitePaper-1.pdf.

Nygaard, P.; Leemann, A. (2012): Kohlendioxidaufnahme von Stahlbetonbauten durch Karbonatisierung. Online verfügbar unter https://www.cemsuisse.ch/app/uploads/2020/04/2012_Kohlendioxidaufnahme-von-Stahlbetonbauten-durch-Karbonatisierung_Dr-Nygaard_Dr-Leemann.pdf.

Odermatt, B.; Delb, V.; Buser, B.; Gertel, E.; Müller, D. (2022): Förderung von Holz als Bau- und Werkstoff im Kanton Zürich. econcept AG; ALN. Online verfügbar unter https://www.zh.ch/content/dam/zhweb/bilder-dokumente/themen/umwelt-tiere/klima/klimaschutz/be_foerderung_holz_baustoff_zh.pdf.

Olivier, J.; Guizzardi, D.; Schaaf, E.; Solazzo, E.; Crippa, M.; Vignati, E.; Banja, M.; Muntean, M.; Grassi, G.; Monforti-Ferrario, F.; Rossi, S. (2021): GHG emissions of all world, 2021 report. Joint Research Centre. Online verfügbar unter https://edgar.jrc.ec.europa.eu/booklet/GHG_emissions_of_all_world_countries_booklet_2021report.pdf.

Ostovari, H.; Sternberg, A.; Bardow, A. (2020): Rock 'n' use of CO_2, Carbon footprint of carbon capture and utilization by mineralization. In: *Sustainable Energy & Fuels* (9). Online verfügbar unter https://pubs.rsc.org/en/content/articlelanding/2020/se/d0se00190b.

Pittau, F.; Habert, G.; Savi, D.; Klingler, M. (2022): Carbon storage project, Technical report: Methodology for biogenic carbon accounting and carbonation in LCA of buildings and construction product. Online verfügbar unter https://www.research-collection.ethz.ch/bitstream/handle/20.500.11850/554234/1/2022-05-nb-Carbon-Storage-Project.pdf, zuletzt geprüft am 29.09.2022.

Quartier, R. (2018): Energetische Verwertung von Altholz in der Schweiz. Online verfügbar unter https://docplayer.org/130549396-Energetische-verwertung-von-altholz-in-der-schweiz-r-quartier-forum-biogene-abfaelle-2018.html, zuletzt geprüft am 05.08.2022.

Ramer, R. (2022): Negativemissionstechnologien (NET), Notwendiges Standbein der Klimapolitik. In: *die Umwelt* (2/2022). Online verfügbar unter https://www.bafu.admin.ch/dam/bafu/de/dokumente/klima/magazin-umwelt/magazin-die-umwelt-22022-co2ausderluftentfernen.pdf.download.pdf/magazin_die_umwelt_2_2022_o2_aus_der_luft_entfernen.pdf, zuletzt geprüft am 28.09.2022.

Raumplanungsgesetz, RPG (2019): Der Bundesrat. Bundesgesetz über die Raumplanung, Raumplanungsgesetz, RPG, Fassung vom Stand am 01.01.2019. Online verfügbar unter https://www.fedlex.admin.ch/eli/cc/1979/1573_1573_1573/de.

Richner Kalt, M. (2013): Geförderte Leistungen für die Kulturlandschaft. In: *FLS Bulletin* (43). Online verfügbar unter https://fls-fsp.ch/fileadmin/user_upload/bulletins/pdfs/fls-bulletin_nr_43.pdf, zuletzt geprüft am 28.07.2022.

Rigling, A.; Schaffer, H. P. (2015): Waldbericht 2015, Zustand und Nutzung des Schweizer Waldes. Bundesamt für Umwelt. Bern. Online verfügbar unter https://www.bafu.admin.ch/bafu/de/home/themen/wald/publikationen-studien/publikationen/waldbericht-2015.html, zuletzt geprüft am 28.07.2022.

Roberts, K.; Gloy, B.; Joseph, S.; Scott, N.; Lehmann, J. (2010): Life Cycle Assessment of Biochar Systems: Estimating the Energetic, Economic, and Climate Change Potential. In: *Environmental Science & Technology* 44 (2), S. 827–833. Online verfügbar unter https://pubs.acs.org/doi/abs/10.1021/es902266r.

Robinson, K. S. (2020): The Ministry for the Future. Online verfügbar unter https://lesen.amazon.de/kp/kshare?asin=B08C5DWVRK&id=5lgryck4hnchfk3mk7vkzgccuu&reshareId=2V6FG1T6GFX4QRQ4EH4P&reshareChannel=system.

Rohrleitungsgesetz, RLG (2021): Der Bundesrat. Bundesgesetz über Rohrleitungsanlagen zur Beförderung flüssiger oder gasförmiger Brenn- oder Treibstoffe, Rohrleitungsgesetz, RLG, Fassung vom Stand am 01.01.2021. Online verfügbar unter https://www.fedlex.admin.ch/eli/cc/1964/99_95_95/de.

Rosa, L.; Sanchez, D.; Mazzotti, M. (2021): Assessment of carbon dioxide removal potential via BECCS in a carbon-neutral Europe. In: Energy & Environmental Science (5). Online verfügbar unter https://pubs.rsc.org/en/content/articlelanding/2021/ee/d1ee00642h.

Royal Academy of Engineering (2018): Greenhouse gas removal. Online verfügbar unter https://royalsociety.org/-/media/policy/projects/greenhouse-gas-removal/royal-society-greenhouse-gas-removal-report-2018.pdf.

Sánchez-Bastardo, N.; Schlögl, R.; Ruland, H. (2021): Methane Pyrolysis for Zero-Emission Hydrogen Production: A Potential Bridge Technology from Fossil Fuels to a Renewable and Sustainable Hydrogen Economy. In: *Industrial & Engineering Chemistry Research* 60 (32), S. 11855–11881. DOI: 10.1021/acs.iecr.1c01679.

Schmid, S. (2021): CO_2-Speicherung im Beton: Richtig Gas geben bei der Dekarbonatisierung (Baublatt). Online verfügbar unter https://www.baublatt.ch/baupraxis/co2-speicherung-im-beton-richtig-gas-geben-bei-der-dekarbonatisierung-30871.

Schmidt, H.-P.; Hagemann, N.; Abächerli, F.; Leifeld, J.; Bucheli, T. (2021): Pflanzenkohle in der Landwirtschaft, Hintergründe zur Düngerzulassung und

Potentialabklärung für die Schaffung von Kohlenstoff-Senken. In: *Agroscope Science* (112). Online verfügbar unter https://www.agrarforschungschweiz.ch/wp-content/uploads/2021/06/112_AS_Leifeld_Pflanzenkohle_Landwirtschaft_d_layout_def_hani.pdf, zuletzt geprüft am 28.07.2022.

Schmidt, M.W.I.; Torn, M.S.; Abiven, S.; Dittmar, T.; Guggenberger, G.; Janssens, I.A.; Kleber, M.; Kögel-Knabner, I.; Lehmann, J.; Manning, D.A.C.; Nannipieri, P.; Rasse, D.P.; Weiner, S.; Trumbore, S.E. (2011): Persistence of soil organic matter as an ecosystem property. In: *Nature* (478) S. 49–56. Online verfügbar unter https://www.nature.com/articles/nature10386.

Schneider, L.; Duan, M.; Stavins, R.; Kizzier, K.; Broekhoff, D.; Jotzo, F.; Winkler, H.; Lazarus, M.; Howard, A.; Hood, C. (2019): Double counting and the Paris Agreement rulebook. In: *Science* 366 (6462), S. 180–183. DOI: 10.1126/science.aay8750.

Schweizer Bauer (2022): Klimawende braucht «Carbon Farming». In: *Schweizer Bauer*. Online verfügbar unter https://www.schweizerbauer.ch/politik-wirtschaft/international/klimawende-braucht-carbon-farming/, zuletzt geprüft am 04.08.2022.

SCNAT – Akademien der Wissenschaften Schweiz (2018): Emissionen rückgängig machen oder die Sonneneinstrahlung beeinflussen, Ist «Geoengineering» sinnvoll, überhaupt machbar und, wenn ja, zu welchem Preis? Online verfügbar unter https://portal-cdn.scnat.ch/asset/a6093ed3-a0f2-5b8c-8bfa-9b39ddeb504c/FactsheetGeoengineering_D_web.pdf, zuletzt geprüft am 26.06.2022.

SE – Schweizerische Eidgenossenschaft (2021): Botschaft zur Volksinitiative «Für ein gesundes Klima (Gletscher-Initiative)» und zum direkten Gegenentwurf (Bundesbeschluss über die Klimapolitik). Online verfügbar unter https://www.fedlex.admin.ch/filestore/fedlex.data.admin.ch/eli/fga/2021/1972/de/pdf-a/fedlex-data-admin-ch-eli-fga-2021-1972-de-pdf-a.pdf, zuletzt geprüft am 28.09.2022.

SE – Schweizerische Eidgenossenschaft (2022a): Entwurf: Bundesgesetz über die Ziele im Klimaschutz (KIG), BBl 2022 1537. Online verfügbar unter https://www.fedlex.admin.ch/eli/fga/2022/1537/de, zuletzt geprüft am 25.11.2022.

SE – Schweizerische Eidgenossenschaft (2022b): Vereinbarung zwischen UVEK und VBSA über die Reduktion der fossilen CO_2-Emissionen aus der Abfallverbrennung und Umsetzung von Technologien zur Abscheidung, Speicherung und Nutzung von CO_2 in Schweizer Kehrichtverwertungsanlagen. Online verfügbar unter https://www.bafu.admin.ch/dam/bafu/de/dokumente/klima/fachinfo-daten/zielvereinbarung.pdf.download.pdf/Vereinbarung%20VBSA-UVEK%20DE%20sig.pdf, zuletzt geprüft am 18.08.2022.

Seitz, B.; Carrard, E.; Burgos, S.; Tatti, D.; Herzog, F.; Jäger, M.; Sereke, F. (2017): Effekte auf Umwelt und Landschaft. Agroscope. Online verfügbar unter https://www.agroscope.admin.ch/agroscope/de/home/themen/umwelt-ressourcen/biodiversitaet-landschaft/agrarlandschaft/agroforstwirtschaft/effekte-umwelt-landschaft.html.

Sika AG (2014): International patent application, Retrieving aggregates and powedry mineral from demolition waste (PCT/EP2014/056047). Online verfügbar unter https://patentimages.storage.googleapis.com/d9/ce/4c/1f6f144565a985/WO2014154741A1.pdf, zuletzt geprüft am 04.08.2022.

Sika AG (2021): Sika gelingt Durchbruch beim Betonrecycling mit der Entwicklung eines bahnbrechenden neuen Verfahrens. Online verfügbar unter https://www.sika.com/content/dam/dms/corporate/media/glo-de-medienmitteilung-betonrecycling-01032021.pdf, zuletzt geprüft am 30.12.2022.

Smith, P.; Martino, D.; Cai, Z.; Gwary, D.; Janzen, H.; Kumar, P.; McCarl, B.; Ogle, S.; O'Mara, F.; Rice, C.; Scholes, B.; Sirotenko, O.; Howden, M.; McAllister, T.; Pan, G.; Romanenkov, V.; Schneider, U.; Towprayoon, S.; Wattenbach, M.; Smith, J. (2007): Greenhouse gas mitigation in agriculture. In: *Philosophical Transactions of the Royal Society B* 363 (1492). Online verfügbar unter https://royalsocietypublishing.org/doi/full/10.1098/rstb.2007.2184.

Smith, P.; Bustamante, M. (2014): Agriculture, Forestry and Other Land Use (AFOLU). Online verfügbar unter https://www.ipcc.ch/site/assets/uploads/2018/02/ipcc_wg3_ar5_chapter11.pdf.

Smith, P.; Davis, S. J.; Creutzig, F.; Fuss, S.; Minx, J.; Gabriel, B.; Kato, E.; Jackson, R. B.; Cowie, A.; Kriegler, E.; van Vuuren, D. P.; Rogelj, J.; Ciais, P. et al. (2015): Biophysical and economic limits to negative CO_2 emissions. In: *nature climate change*. Online verfügbar unter https://www.globalcarbonproject.org/global/pdf/Smith_2015_Biophysical%20and%20economic%20limits%20to%20negative%20CO2%20emissions.NatureCC.pdf, zuletzt geprüft am 28.07.2022.

Soimakallio, S.; Böttcher, H.; Niemi, J.; Mosley, F.; Turunen, S.; Hennenberg, K. J.; Reise, J.; Fehrenbach, H. (2022): Closing an open balance: The impact of increased tree harvest on forest carbon. In: *GCB Bioenergy* 14 (8), S. 989–1000. DOI: 10.1111/gcbb.12981.

SP – Schweizer Parlament (2020): Schluss mit der Blackbox. Klimaschutz, Energiesicherheit und Infrastrukturnutzung dank Erforschung des Untergrunds | Geschäft | Das Schweizer Parlament, Motion 20.4063. Online verfügbar unter https://www.parlament.ch/de/ratsbetrieb/suche-curia-vista/geschaeft?AffairId=20204063, zuletzt geprüft am 25.11.2022.

SP – Schweizer Parlament (2021a): Forschung und Entwicklung von Negativemissionstechnologien fördern, Motion 21.4333. Online verfügbar unter https://www.parlament.ch/de/ratsbetrieb/suche-curia-vista/geschaeft?AffairId=20214333, zuletzt geprüft am 25.11.2022.

SP – Schweizer Parlament (2021b): Indirekter Gegenentwurf zur Gletscher-Initiative. Netto-Null-Treibhausgasemissionen bis 2050, Parlamntarische Initiative 21.501. Online verfügbar unter https://www.parlament.ch/de/ratsbetrieb/suche-curia-vista/geschaeft?AffairId=20210501, zuletzt geprüft am 25.11.2022.

Spuhler, M.; Fliessbach, A.; Steffens, M.; Leifeld, J.; Weisskopf, P. (2020): Faktenblatt Humus und Klima, Zusammenfassung des AGRIDEA-Kurses vom 8.6.2020. AGRIDEA. Online verfügbar unter https://www.liebegg.ch/api/rm/84334YYP2E3F9RF.

SRD – Stiftung Risiko-Dialog (2019): The Role of Atmospheric Carbon Dioxide Removal in Swiss Climate Policy. Online verfügbar unter https://www.bafu.admin.ch/dam/bafu/en/dokumente/klima/externe-studien-berichte/the-role-of-atmospheric-carbon-dioxide-removal-in-swiss-climate-policy.pdf.download.pdf/The_Role_of_Atmospheric_Carbon_Dioxide_Removal_in_Swiss_Climate_Policy.pdf.

Stadt Zürich (2021): Kohle fürs Klima. Online verfügbar unter https://www.stadt-zuerich.ch/ted/de/index/departement/medien/medienmitteilungen/2021/mai/210520b.html.

Stadt Zürich (2022): Kohlenstoffspeicherung im Holzbau: Potenzial des Gebäudeparks in der Schweiz. Online verfügbar unter https://www.stadt-zuerich.ch/content/dam/stzh/hbd/Deutsch/Hochbau/Weitere%20Dokumente/Bauen-2000-Watt/Grundlagen-Studienergebnisse/NB/2022/2022-05-nb-Kohlenstoffspeicherung-im-Holzbau-Schlussbericht.pdf, zuletzt geprüft am 22.08.2022.

Suter, F.; Steubing, B.; Hellweg, S. (2016): Life Cycle Impacts and Benefits of Wood along the Value Chain: The Case of Switzerland. In: *Journal of industrial ecology* 21 (4), S. 874–886. Online verfügbar unter https://onlinelibrary.wiley.com/doi/10.1111/jiec.12486.

SVUT – Schweizerischer Verband für Umwelttechnik (2020): Annahme von Altholz bei Holzfeuerungsanlagen, Handbuch. Online verfügbar unter https://www.bafu.admin.ch/dam/bafu/de/dokumente/abfall/fachinfo-daten/handbuch-altholz.pdf.download.pdf/handbuch-altholz.pdf, zuletzt geprüft am 01.11.2022.

Swiss Carbon Removal Platform (2022): Ethische Herausforderungen von Negativemissionstechnologien. Online verfügbar unter https://www.carbon-removal.ch/de/workshop-zu-ethischen-herausforderungen-von-net-in-der-schweiz/.

Thees, O.; Burg, V.; Erni, M.; Bowman, G.; Lemm, R. (2017): Biomassepotenziale der Schweiz für die energetische Nutzung. Ergebnisse des Schweizerischen Energiekompetenzzentrums SCCER BIOSWEET (WSL Berichte 57). Online verfügbar unter https://www.wsl.ch/de/publikationen/biomassepotenziale-der-schweiz-fuer-die-energetische-nutzung-ergebnisse-des-schweizerischen-energiekompetenzzentrums-sccer-biosweet.html.

Tiefenthaler, J.; Braune, L.; Bauer, C.; Sacchi, R.; Mazzotti, M. (2021): Technological Demonstration and Life Cycle Assessment of a Negative Emission Value Chain in the Swiss Concrete Sector. Front. Clim., Sec. Negative Emission Technologies, Volume 3. DOI: https://doi.org/10.3389/fclim.2021.729259

UN – United Nations (2015): Resolution adopted by the General Assembly on 25 September 2015 (25. September). Online verfügbar unter https://www.un.org/ga/search/view_doc.asp?symbol=A/RES/70/1&Lang=E.

UNFCCC – United Nations Framework Convention on Climate Change (2022): Tool for monitoring, reporting and verification of emissions, reductions and removals. Online verfügbar unter https://unfccc.int/sites/default/files/resource/SB002-call-for-input-5.3-MRV-Tool.pdf, zuletzt geprüft am 30.12.2022.

VBB (2018): Der Bundesrat. Verordnung über das bäuerliche Bodenrecht, VBB, Fassung vom Stand am 01.04.2018. Online verfügbar unter https://www.fedlex.admin.ch/eli/cc/1993/2904_2904_2904/de.

VBBo (2016): Der Bundesrat. Verordnung über Belastungen des Bodens, VBBo, Fassung vom Stand am 12.04.2016. Online verfügbar unter https://fedlex.data.admin.ch/eli/cc/1998/1854_1854_1854.

VDZ – Verein Deutscher Zementwerke (2020): Dekarbonisierung von Zement und Beton, Minderungspfade und Handlungsstrategien. Online verfügbar unter https://www.vdz-online.de/wissensportal/publikationen/dekarbonisierung-von-zement-und-beton-minderungspfade-und-handlungsstrategien.

Viebahn, P.; Scholz, A.; Zelt, O. (2019): Entwicklungsstand und Forschungsbedarf von Direct Air Capture, Ergebnis einer multidimensionalen Analyse. Online verfügbar unter https://epub.wupperinst.org/frontdoor/deliver/index/docId/7438/file/7438_Viebahn.pdf.

WaG (2022): Die Bundesversammlung der Schweizerischen Eidgenossenschaft. Bundesgesetz über den Wald, WaG, Fassung vom vom 04.10.1991 (Stand am 01.01.2022). Online verfügbar unter https://www.fedlex.admin.ch/eli/cc/1992/2521_2521_2521/de.

Wang, S.; Wen, Y.; Shi, Z.; Nuran Zaini, I.; Göran Jönsson, P.; Yang, W. (2022): Novel carbon-negative methane production via integrating anaerobic digestion and pyrolysis of organic fraction of municipal solid waste. In: *Ener-*

gy Conversion and Management 252, S. 115042. DOI: 10.1016/j.enconman.2021.115042.

WaV (2021): Der Bundesrat. Verordnung über den Wald, WaV, Fassung vom vom 30.11.1992 (Stand am 01.07.2021). Online verfügbar unter https://www.fedlex.admin.ch/eli/cc/1992/2538_2538_2538/de.

Wenger, F.; Ziegler, M.; Wullkop, A.; Keberle, A. (2022): Klimastandort Schweiz. Online verfügbar unter https://www.mckinsey.com/ch/our-insights/klimastandort-schweiz.

Werner, F.; Taverna, R.; Hofer, P.; Thürig, E.; Kaufmann, E. (2010): National and global greenhouse gas dynamics of different forest management and wood use scenarios: a model-based assessment. In: *Environmental Science & Policy* 13 (1), S. 72–85. DOI: 10.1016/j.envsci.2009.10.004.

WSL – Eidg. Forschungsanstalt für Wald, Schnee und Landschaft (2022): Der Wald als Kohlenstoffspeicher. Online verfügbar unter https://www.wsl.ch/de/wald/bewirtschaftung-und-waldfunktionen/wald-und-co2.html, zuletzt geprüft am 05.08.2022.

WWF – World Wildlife Fund (2022): Alles aus Holz, Rohstoffe der Zukunft oder Kommende Krise. Ansätze zu einer ausgewogenen Bioökonomie. Online verfügbar unter https://www.wwf.de/fileadmin/fm-wwf/Publikationen-PDF/Wald/WWF-Studie-Alles-aus-Holz.pdf.

Zickfeld, K.; Azevedo, D.; Mathesius, S.; Matthews, D. (2021): Asymmetry in the climate–carbon cycle response to positive and negative CO_2 emissions. In: *nature climate change* (11), S. 613–617. Online verfügbar unter https://www.nature.com/articles/s41558-021-01061-2.

Zihlmann, U.; Weisskopf, P.; Chervet, A.; Seitz, B. (2019): Humus in Ackerböden, vermehren statt verzehren. AGRIDEA. Online verfügbar unter https://ira.agroscope.ch/en-US/publication/43402.

Autorinnen und Autoren

Dr. Martin Cames ist Senior Researcher im Bereich Energie & Klimaschutz des Öko-Instituts. Bis Ende 2022 war er 14 Jahre Leiter des Bereichs in Berlin.

Dr. Clemens Mader ist Dozent für Wirkungsanalyse, Technikfolgenabschätzung und Nachhaltigkeit am Kompetenzzentrum für Wissenstransfer der OST – Ostschweizer Fachhochschule, St. Gallen. Bis Ende 2022 war er als wissenschaftlicher Mitarbeiter an der Abteilung Technologie und Gesellschaft der Empa tätig.

Andreas Hermann arbeitet als Umweltjurist zu Fragen des Stoff- und Ressourcenschutzrechts.

Andreas R. Köhler beschäftigt sich als Senior Researcher im Bereich Produkte & Stoffströme des Öko-Instituts mit der Nachhaltigkeitsbewertung von Technologien und Materialien.

Nadia Malinverno ist wissenschaftliche Mitarbeiterin an der Empa in der Abteilung Technologie und Gesellschaft. Sie hat Umweltnaturwissenschaften (Umweltsysteme und Politikanalyse) an der ETH Zürich studiert.

Martin Möller ist Senior Researcher im Bereich Produkte & Stoffströme des Öko-Instituts.

Dr. Björn Niesen ist Geschäftsführer des Forschungsschwerpunkts «Energie, Ressourcen und Emissionen» der Empa und leitet dort seit 2021 auch das Scientific Management Support Team.

Claudia Som ist Senior Scientist in der Abteilung Technologie und Gesellschaft der Empa und forscht seit über 25 Jahre im Bereich Nachhaltigkeitsbewertung und nachhaltige Innovation.

Dr. Patrick Wäger leitet die Abteilung Technologie und Gesellschaft der Empa, welche sich mit der Rolle neuer Materialien und Technologien in der Nachhaltigkeitstransformation befasst.

Begleitgruppe

Dr. Stefan Vannoni, Ökonom, CEO cemsuisse, Präsident der Begleitgruppe, Mitglied des Leitungsausschusses von TA-SWISS

Dr. David Altwegg, Ökonom und Ingenieur, Mitglied des Leitungsausschusses von TA-SWISS

Dr. Andreas Bachmann, Ethiker und Philosoph, Sekretariat Comité d'éthique, Bundesamt für Umwelt

Prof. Dr. Pascal Boivin, Agronom, HEPIA

Prof. Dr. Alfredo Bondolfi, Universität Genf, Mitglied des Leitungsausschusses von TA-SWISS

Prof. Dr. Jacques Dubochet, Biophysiker, Nobelpreisträger in Chemie, Universität Lausanne, Mitglied des Leitungsausschusses von TA-SWISS

Dr. Samuel Eberenz, Experte für Wetter- und Klimarisiken, Stiftung Risiko-Dialog

Floris Heim, Experte Umweltverträglichkeitsprüfung, Amt für Abfall, Wasser, Energie und Luft, Kanton Zürich

Dr. Sonja Keel, Umweltwissenschaftlerin, Agroscope

Dr. Selma L'Orange Seigo, Umweltpsychologin und Politikerin

Dr. Urs Neu, Meteorologe, stv. Geschäftsleiter ProClim

Dr. Otto Schäfer, Biologe und Ökotheologe

Dr. Daniel Sutter, Chemiker, Climeworks

Adèle Thorens, Ethikerin und Politikerin, Beraterin und Ständerätin

Dr. Esther Thurig, Naturwissenschaftlerin, Gruppenleiterin Waldressourcen und Waldmanagement, Eidg. Forschungsanstalt für Wald, Schnee und Landschaft

Dr. Sophie Wenger Hintz, Physikerin, Sektion Klimapolitik, Bundesamt für Umwelt BAFU

TA-SWISS

Dr. rer. soc. Elisabeth Ehrensperger, Geschäftsführung

Bénédicte Bonnet-Eymard, Projektleitung

Fabian Schluep, Kommunikation